何不把各式各樣的和布縫合在一起製成迷你和服呢？
振袖、袴、浴衣⋯等，將日本一年四季應時穿著的和服，用迷你的尺寸再次呈現出來。

和服是由腰帶、半衿、帶締等多數的部分構成的。各種不同的組合方式呈現出華麗、高雅、時髦等不同的風情樣貌也是耐人尋味的樂趣。無論如何請各位盡情享受不同組合的愉悅。

Part1為依據日本獨有之季節性活動印象，刊登各種不同的和服和搭配的包包與和服涼鞋。
Part2為娃娃屋作品的介紹。和服店的女兒節人偶、復古的昭和時代廚房擺設、聖誕節之新鮮的和風×西洋的組合，還有故事中有關和服的有趣內容。

雖然和服的裁縫和穿著難度很高，我希望可以有更輕鬆愉快的方法享受和服的樂趣，於是做了盡可能可以簡單完成的修正，不一定要固定格式的規則，這一點如果各位可以

瞭解的話，我就覺得很榮幸了。
希望各位能經由這本書對日本的和服文化感覺到更親近與熟悉。

秋田廣子

作者介紹

秋田廣子 Hiroko Akita

1981 年開始在黑羽拼布班學習拼布的基礎。後來在自宅主持拼布教室「QUILT-CIRCLE」。拼布和娃娃屋共同合作的作品中，娃娃屋拼布是最受歡迎的。至今親手完成很多數量的和布迷你作品。除了自宅教室之外，還主持了京島田區、江東區的拼布教室和東中野 ANGE 的教室。目前正在 VOGUE 學園東京校講座開課中。

http://quilt-circle.com

目錄

part 1 各種和服

part 2

和服與娃娃屋

關於本書和服的尺寸

本書刊登的和服全部是以迷你尺寸製成。

穿在人台上當作裝飾或者

穿在娃娃身上都是很有樂趣的。

1 穿在人台上

當作裝飾時，推薦穿在人台上擺飾。人台是使用不織布，很簡單就能完成。（製作方法29頁）人台的尺寸分為大、中、小三種尺寸。和服修長的樣子擺飾時看起來很可愛。

基本的尺寸

刊登的作品大部分是這個大小

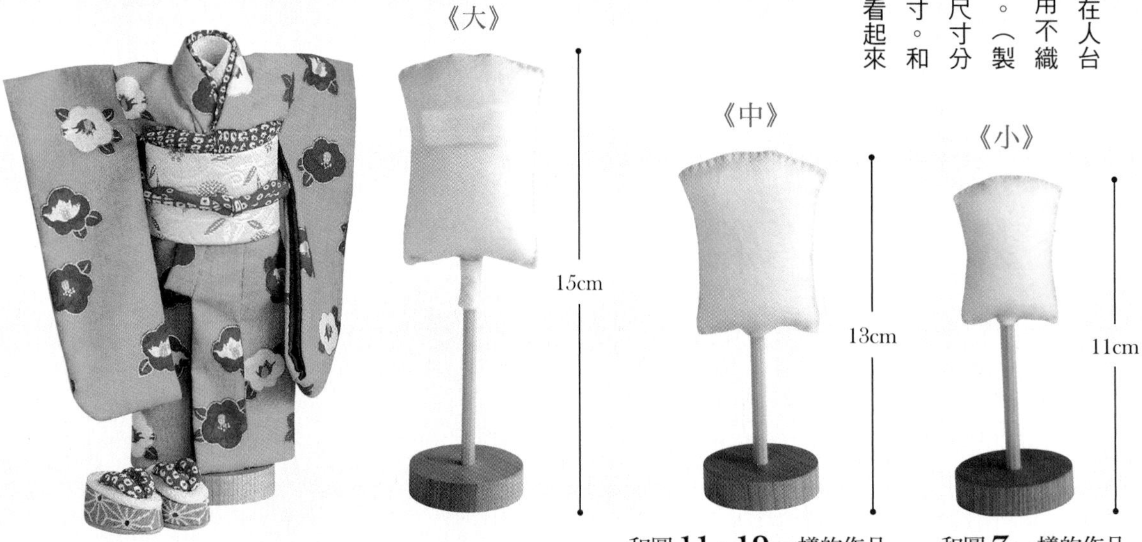

和圖 **11・19** 一樣的作品

和圖 **7** 一樣的作品

2 穿在娃娃身上

娃娃可以穿著的

有上面這個標記的和服是22公分的娃娃可以穿著的。此時，請使用指定為「娃娃尺寸」的紙型。比起1的人台尺寸，身長和袖子寬度會再長一點，需要做些調整（詳細情形請參照87頁）。

使用暗釦能簡單地穿脫！

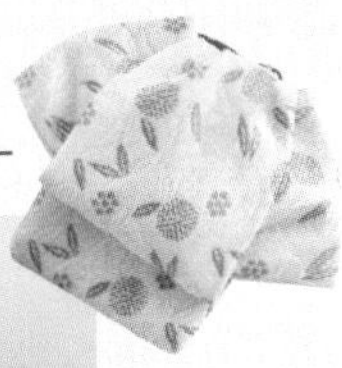

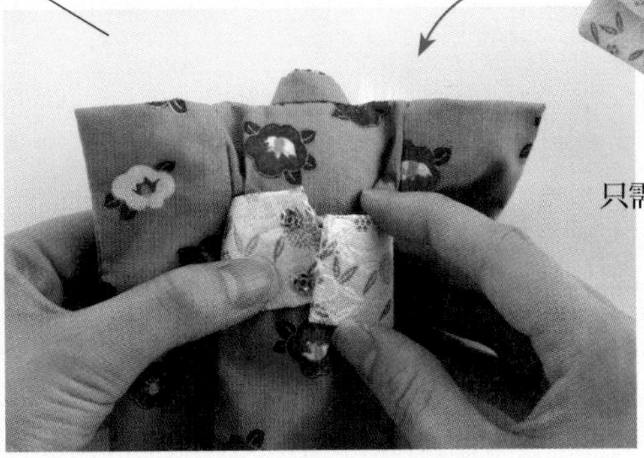

腰帶只需要插上去！

part 1

各種和服

這個章節是介紹各式各樣的迷你尺寸和服。提袋、和服涼鞋與適合和服搭配的小配件，請務必作為參考。

2　　1

振袖 furisode

振袖被認為是未婚女性穿著之最高等級的和服。優雅搖曳的長袖子是它的特徵。給人印象為成人式或結婚典禮時穿著，使用華麗的和布製作而成的。

製作方法44頁

4　3

娃娃可以穿著的

腰帶安排「花文庫結」和「豐雀結」兩種。

四種附有袋蓋的圓形提袋，重點是使用與和服搭配的花色製成。

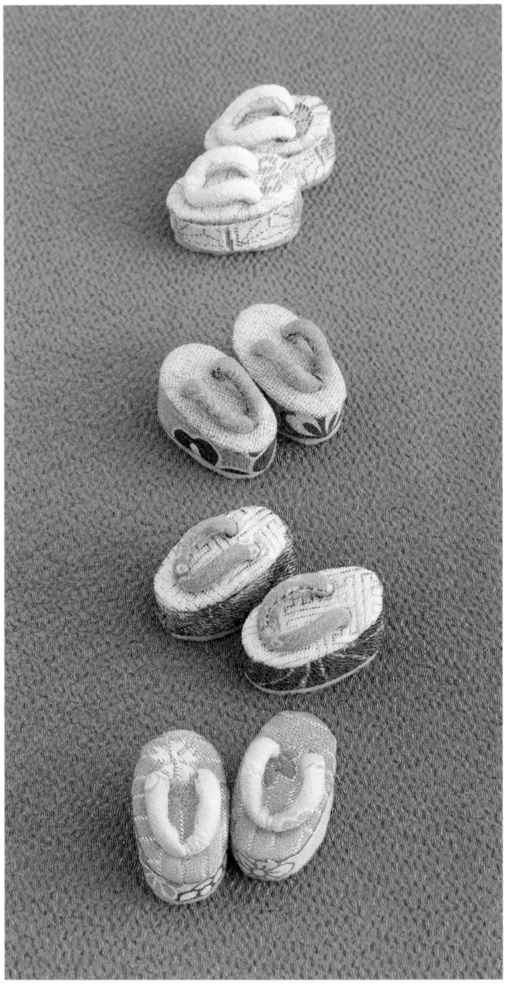

和服涼鞋的木屐帶、側邊部位的顏色和花樣起了搭配的作用。

半衿、伊達衿和帶締的組合，正式地完成了。

豐滿的輪廓是可愛「豐雀」風格的腰帶。

袴 hakama

袴是近代女學生熟知的造型。
圖5是搭配華麗和服的畢業典禮風格，
圖6是結合羽毛箭圖案和服的通學風格。
實際的袴相比，
調整為簡單完成的作法。

製作方法49頁

6　　5

娃娃可以穿著的

袴的褶子仔細地摺疊。

當然除了和服涼鞋之外，
推薦靴子也是很時髦的搭配。

方型提袋使用金襴製成，
呈現高級感。
抽繩布袋是麻葉圖案和藤籃風印花的高明結合。

22cm 娃娃可以穿著的

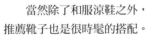

浴衣 yukata

牽牛花和櫻花圖案的親子尺寸浴衣，淡淡的色調富有清涼感。
使用手巾布料製作而成的。
添加遮陽傘和抽繩布袋更有臨場感。

製作方法54頁

8　7

使用現代感條紋布的腰帶別緻又時髦。

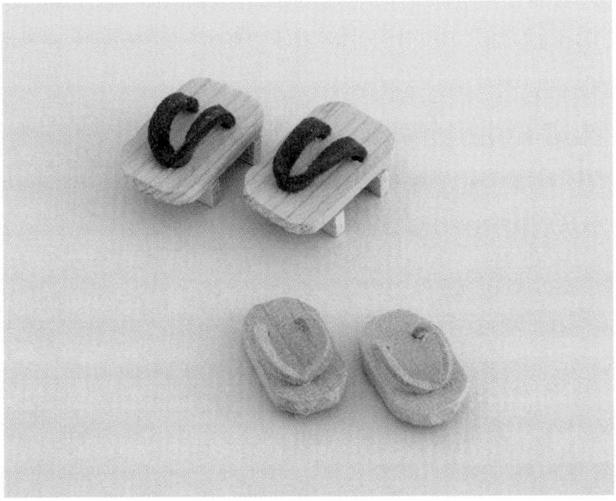

木屐也有親子的尺寸。

遮陽傘使用竹籤和木珠製成。

遮陽傘、抽繩布袋和浴衣相容性絕配。會伴隨著一起搭配。

小紋 komon

小紋的特徵是和服整體都是細小的圖案，這是日常生活穿著的和服，如學習課程或上街等。以出門去說書場聽一下講古…的印象而完成的。

製作方法57頁

9

娃娃可以穿著的

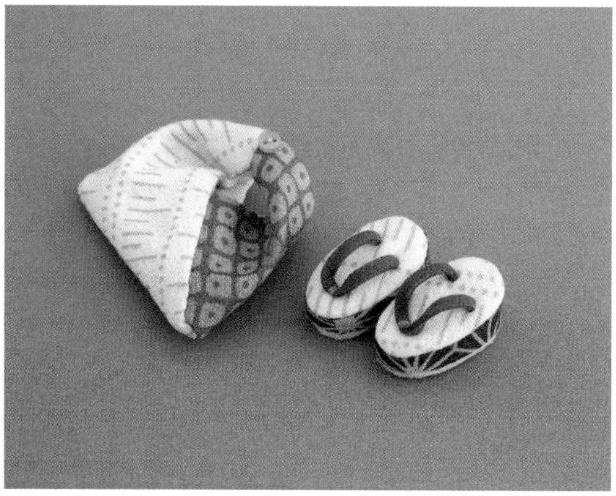

包袱式提袋與和服涼鞋皆使用和服相同的布料。絞染圖案的綠色搭配起來很顯眼。

使用麻葉圖案的腰帶。
綁成高尚品味的「太鼓」風格。

羽織 haori

秋天給人的印象是變得有點寒冷，
於是製作了搭配在和服上的羽織。
使用蜻蜓圖案的和布，
洋溢著秋天情懷的古典氛圍之中。

製作方法59頁

10

娃娃可以穿著的

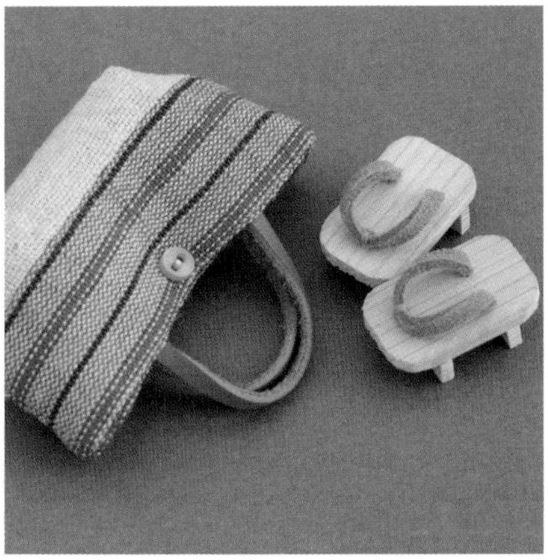

稍微大一點的提袋使用磚紅色的素雅條紋圖案。

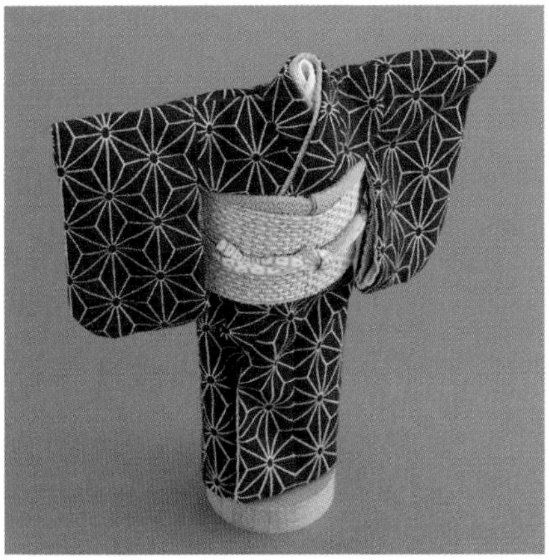

羽織的裡面穿著麻葉圖案的別緻和服。

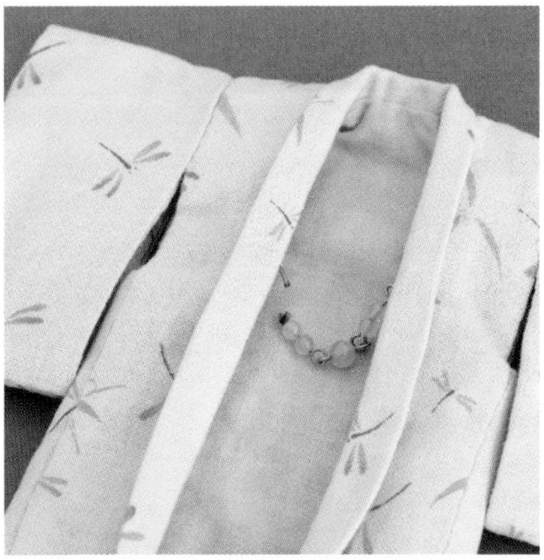

羽織繫帶是使用串珠和9針組成，穿脫時可以輕鬆拆卸的構造。

七五三 shichigosan

七五三節的時候，會再次出現親子和服。小孩子的和服是華麗的紅色印花圖案，母親的是高雅的乳白素色風格。

製作方法圖11……61頁
圖12……64頁

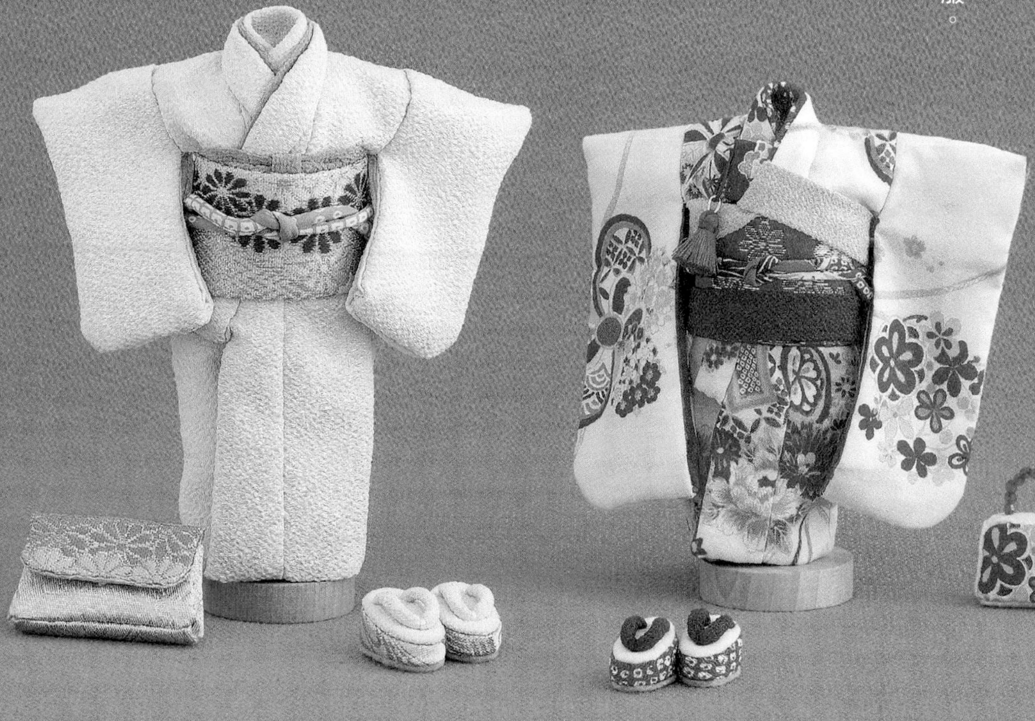

12 11

12
娃娃可以穿著的

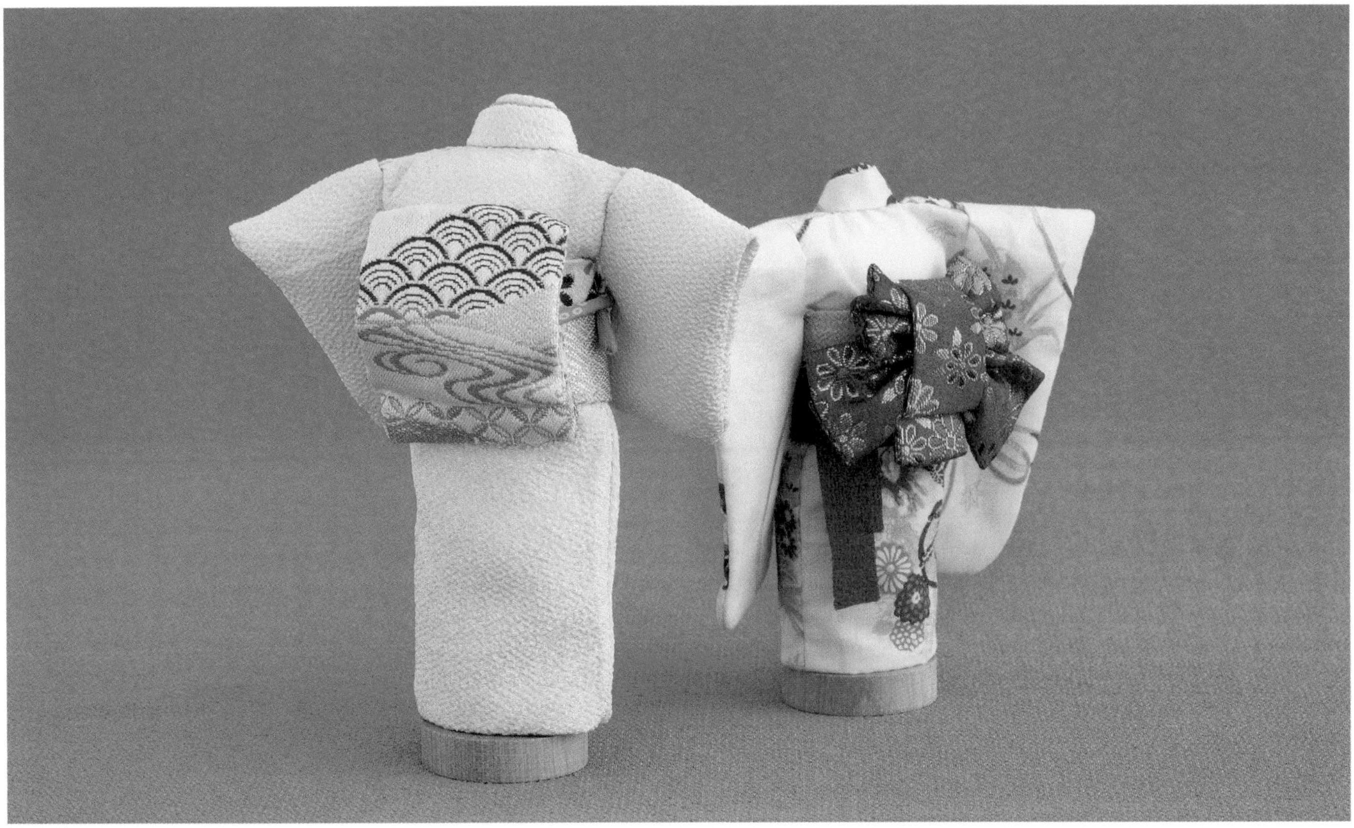

小孩子的腰帶是下垂的扱帶，
母親的腰帶是使用高級感的金襴完成的。

親子各準備了同款的提袋與和服涼鞋。

在胸口正統地放入和服錢包。

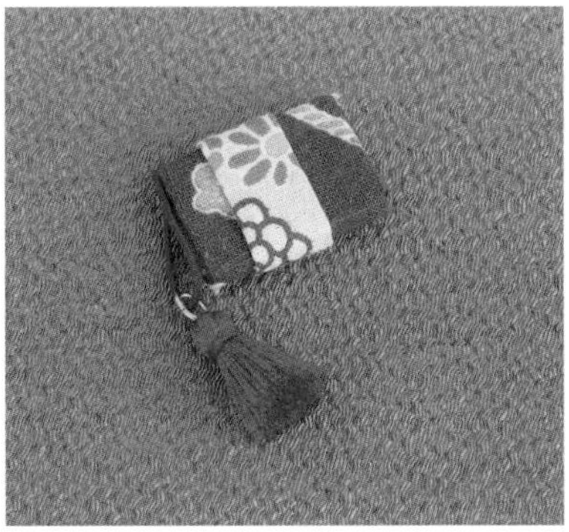

和服錢包是用布包住木板，
繫上流蘇作成的。

衣桁 ikou

將和服掛在衣桁上，
更能生動地享受和風花紋的美麗。
想要華麗地裝飾房間時大推！

製作方法65頁

14

13

圖13和服是黃色為基調的明亮菊花圖案。

圖14和服是黑色酷帥有勁的摩登圖案。

有關和服事項的開始

介紹製作迷你尺寸和服時，應該知道各部位的名稱、材料、基本的製作方法（振袖和豐雀結腰帶）和人台的穿著方法。同樣的和服搭配不同色調的伊達衿或帶揚，氣氛將會改變。和服不只有裁縫製作，顏色的搭配也是很有趣的。

※因為是迷你尺寸，將會調整實際上和服的作法來製作。

和服各部位的名稱

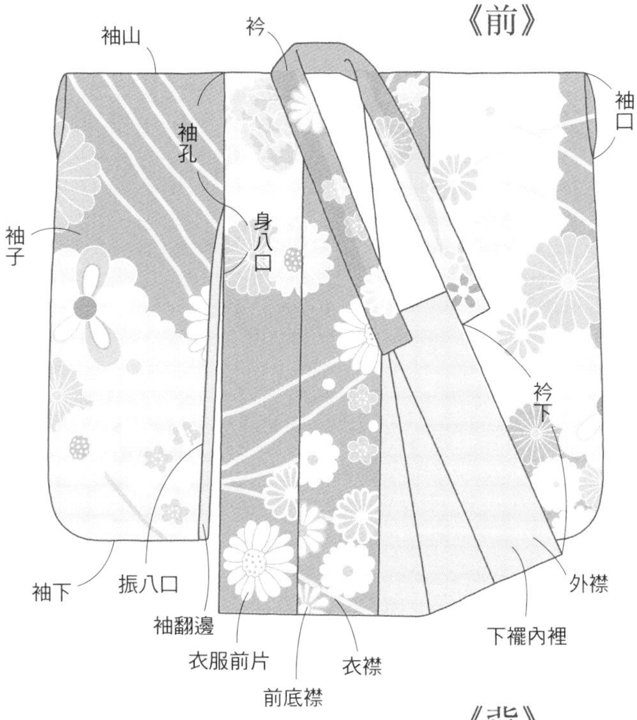
《前》
袖山
衿
袖口
袖孔
身八口
袖子
衿下
袖下
振八口
外襟
袖翻邊
下襬內裡
衣服前片
衣襟
前底襟

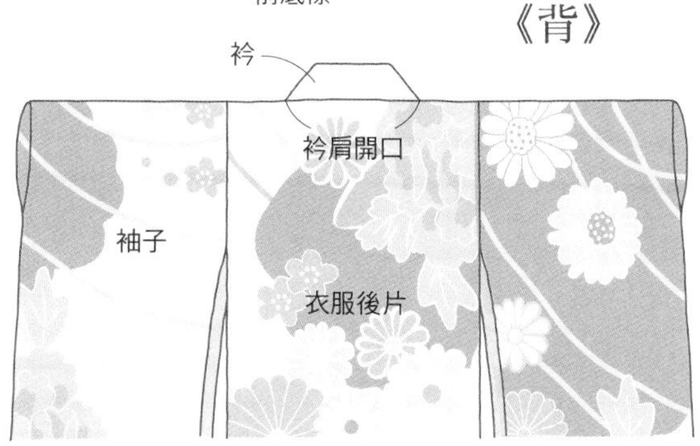
《背》
衿
衿肩開口
袖子
衣服後片

半衿
伊達衿
帶揚
腰帶
帶締
《前》

《背》
豐雀

和服的製作方法和穿著

為了容易理解，介紹本書刊登的作品，將布料和線的顏色做了變換。

紙型

實物大紙型將會隨書附錄。
用厚紙製作紙型，加上指定的縫份後裁剪下來。

實物大紙型・A 面

振袖：衣服前片①、衣服後片①、衣襟①、衿①、袖子①、袖翻邊①、下襬內裡衣服前片①、下襬內裡衣服後片①、下襬內裡衣襟① **伊達衿：**伊達衿① **帶揚：**帶揚① **帶締：**帶締① **腰帶：**胴①、太鼓①、太鼓襯①、羽① **半衿** **半衿襯** **人台：**身體①

縫製方法

取 50 號手縫線 1 條單線縫製。縫份不用縫，沿著記號處縫合，開始縫製和結束縫製時一針回針縫。

便利的用具

鑷子
將布料翻面的時候，使用前端彎曲的鑷子將會變得很簡單。

材料

振袖：A 布 45cm 寬 27cm
B 布 32cm 寬 22cm
棉質扁繩 (9mm 寬)18cm 2 條
腰帶：C 布 30cm 寬 20cm
布襯（超硬）12cm×3cm
暗釦（6mm）2 組
厚紙 2cm×2cm
伊達衿：D 布 15cm 寬 3cm（斜裁）
帶揚：E 布 18cm 寬 3cm（斜裁）
帶締：F 布 30cm 寬 1.5cm（斜裁）
毛線（粗）50cm
半衿：G 布 10cm 寬 2.5cm（斜裁）
厚紙 9cm×0.5cm
人台：不織布 13cm×10cm
木棒（粗 5mm）12cm
圓木片（直徑 4cm 厚 1cm）1 片
手藝用棉花　適量

1 準備和服表面的各個部分

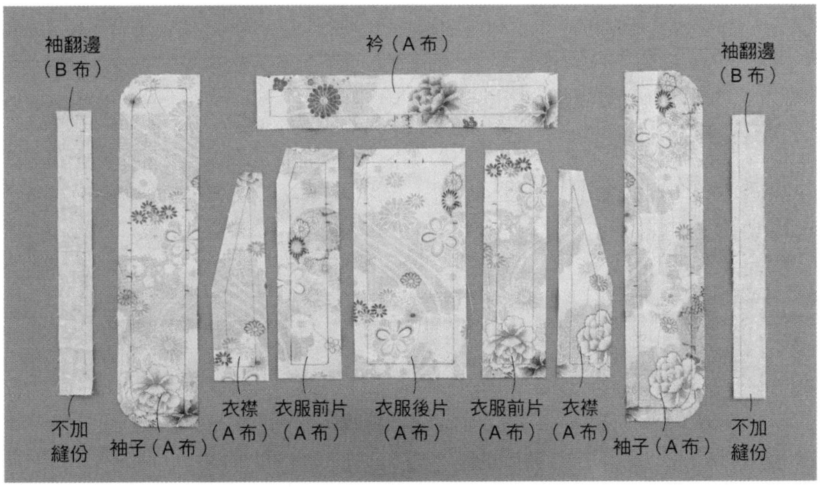
袖翻邊（B布）
衿（A布）
袖翻邊（B布）
不加縫份
袖子（A布）
衣襟（A布）
衣服前片（A布）
衣服後片（A布）
衣服前片（A布）
衣襟（A布）
袖子（A布）
不加縫份

用厚紙製作紙型，將紙型放在布的背面描繪下來。加上 1cm 的縫份（袖翻邊除外），衿和衣服後片各 1 片、衣服前片和衣襟左右對稱各 1 片、袖子 2 片、袖翻邊 2 片裁剪好。不要忘了標上記號。

2 衣襟和衣服前片的縫合

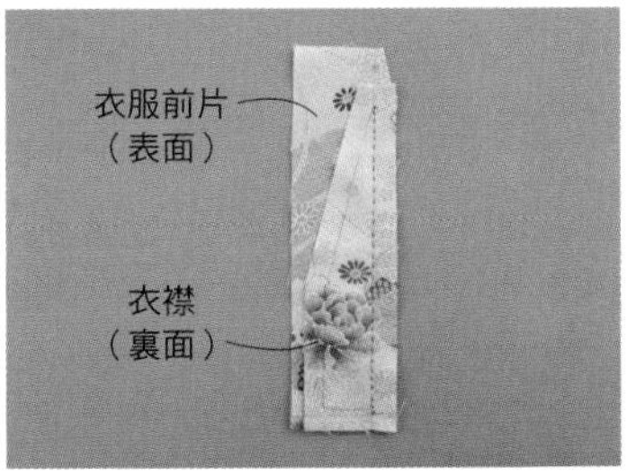
衣服前片（表面）
衣襟（裏面）

1　衣服前片和衣襟正面對齊，從標記處縫合起來。

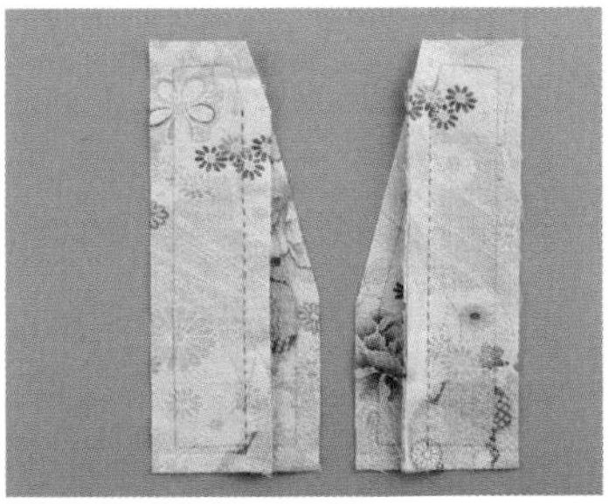

2　縫份倒向衣襟側邊。將對稱的 2 片完成。

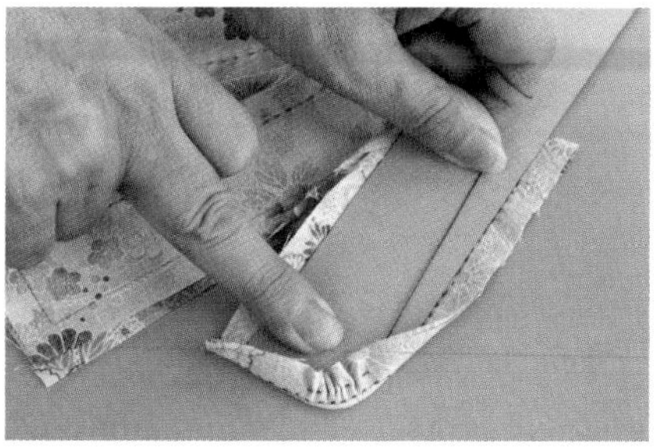

7　袖子圓角的部位墊上紙型，將線拉緊。

8　袖下的圓角部位往內摺並整燙。

9　將圓角調整好，打結後將線剪掉。

5 振八口的縫製

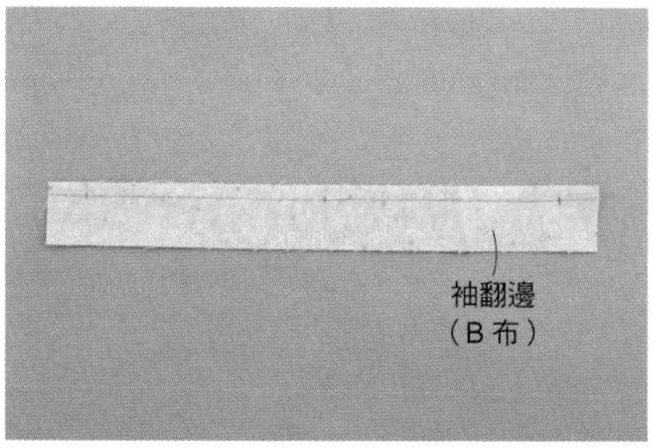
袖翻邊
（B 布）

1　準備好袖翻邊。袖下和袖孔下方的縫紉線和記號不要忘了標記。

3　另一邊的袖孔也縫好。

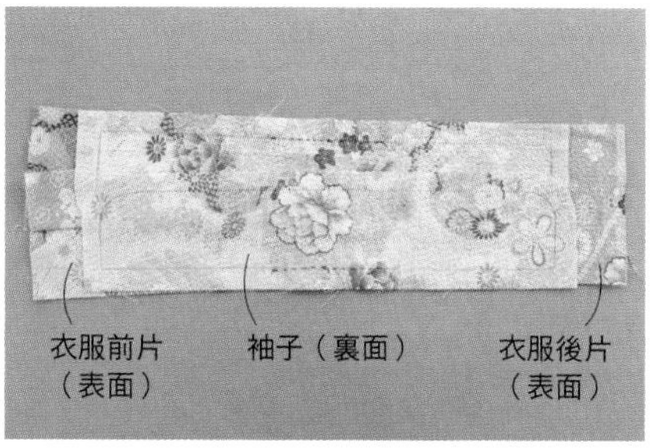
衣服前片
（表面）
袖子（裏面）
衣服後片
（表面）

4　從袖子這一側看的呈現圖。

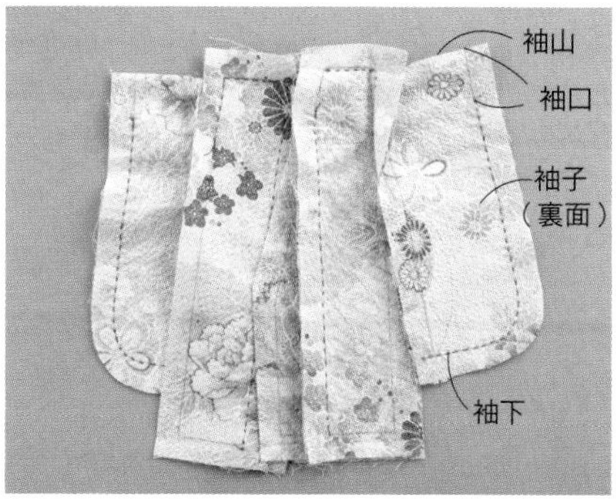
袖山
袖口
袖子
（裏面）
袖下

5　將袖山摺起來，從袖口開始縫合到袖下。

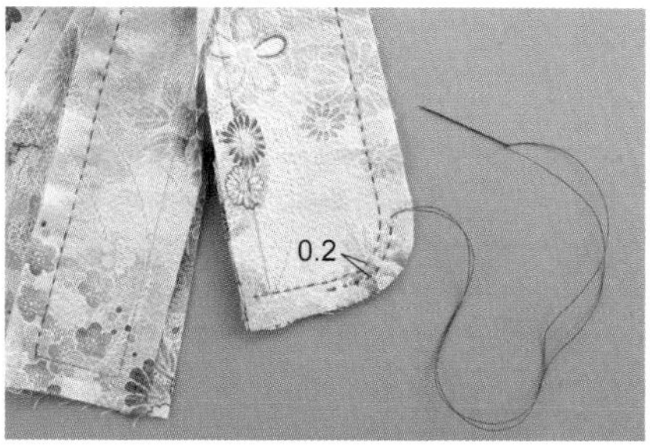
0.2

6　袖子圓角的縫份用雙線做縮縫。

3 肩部縫製

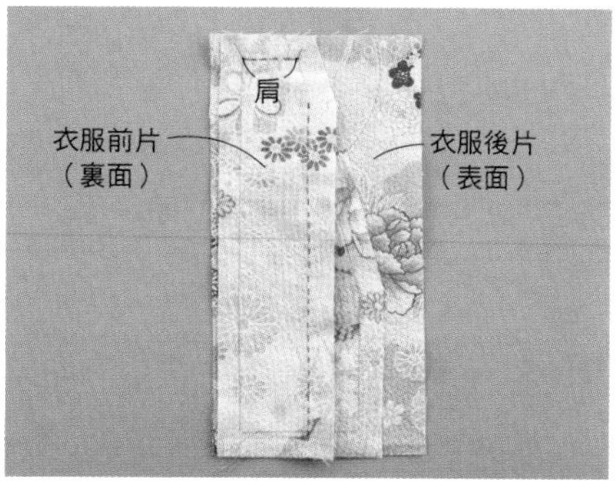
肩
衣服前片
（裏面）
衣服後片
（表面）

1　衣服前片和衣服後片的肩線部分對齊縫合。

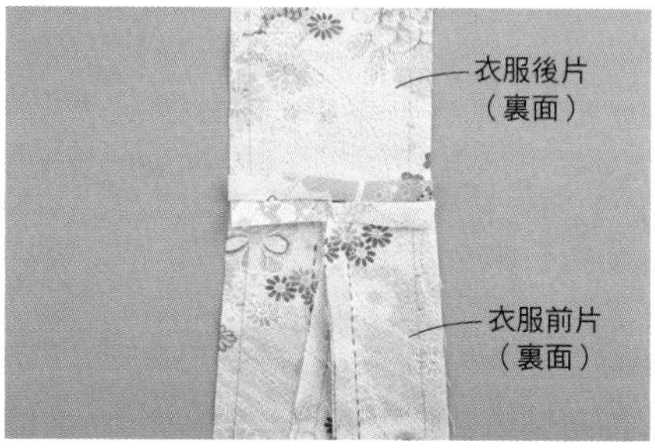
衣服後片
（裏面）
衣服前片
（裏面）

2　再縫合 1 片，將縫份攤開。

4 袖子的縫製

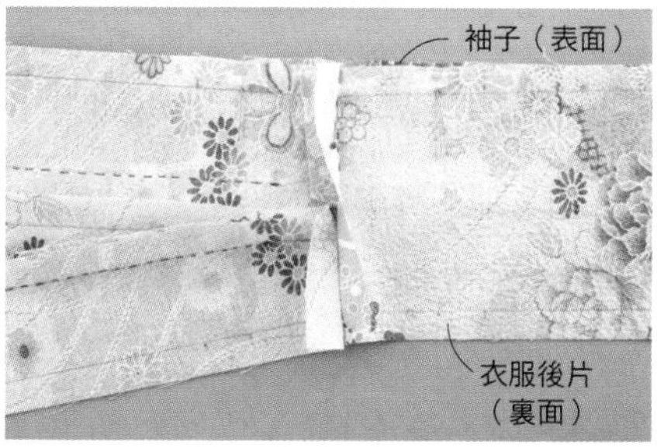
袖子（表面）
衣服後片
（裏面）

1　將本體和袖子表面的袖山、肩部縫線對齊，避開肩部縫份用珠針暫時固定。

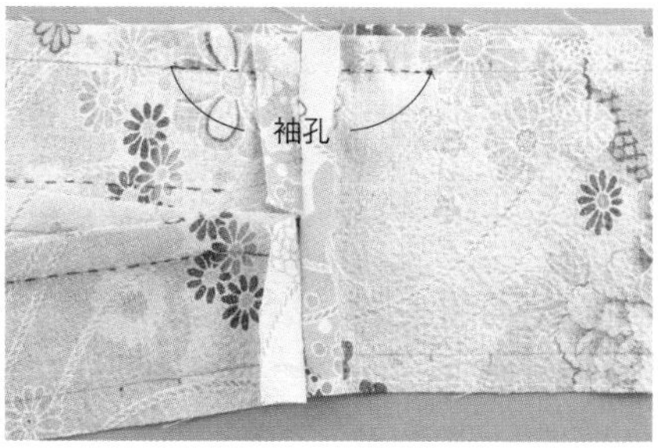
袖孔

2　避開肩部縫份，將袖孔縫合。

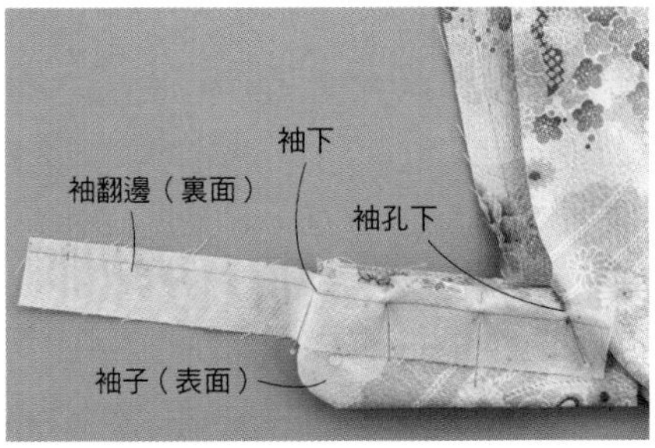

2　袖翻邊的袖下、袖孔下和袖子的記號對齊，將袖子的完成線和袖翻邊縫紉線對齊，用珠針暫時固定。

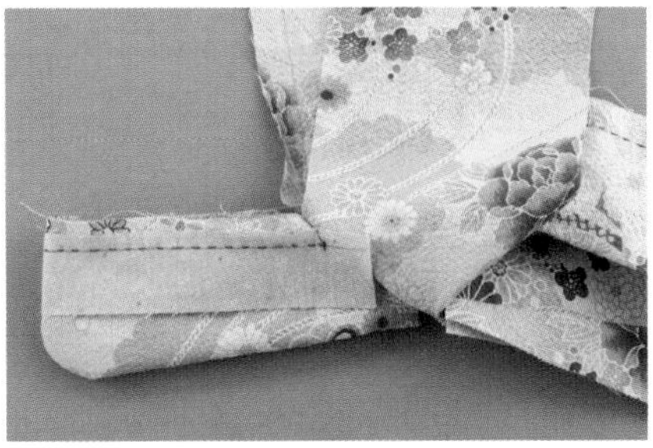

3　從袖孔下開始經袖下到另一邊的袖孔下縫合。

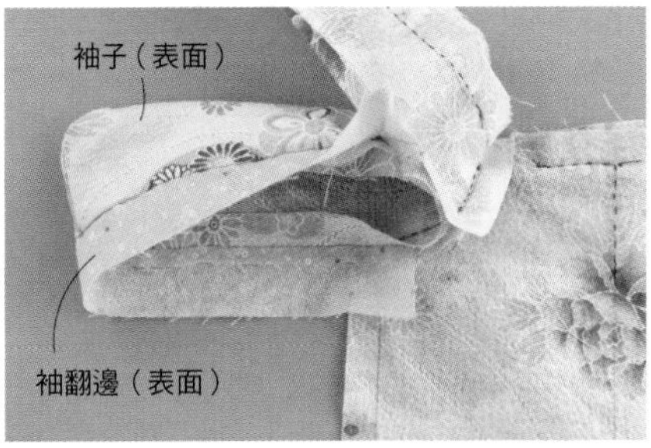

4　縫份攤開。

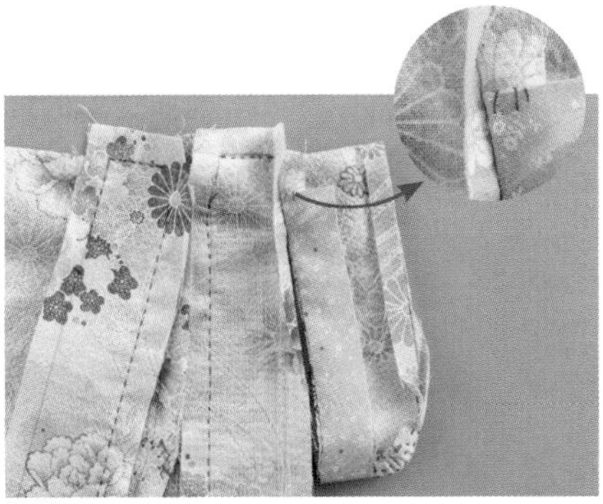

5　將袖翻邊翻回表面。袖翻邊的開端和袖子的縫份縫合固定。袖口的縫份沿著完成線摺起來。

6 脇邊縫製

1　衣服前片和衣服後片對齊，從身八口開始縫合到下襬的記號為止。

2　將脇邊的縫份攤開。

3　連帶著袖子的脇邊縫製完成。

7 準備好下襬內裡

用厚紙製作紙型，將型紙墊在布的裏面並描繪。除了上半部之外加上 1cm 的縫份，下襬內裡之衣服後片 1 片，下襬內裡之衣服前片 2 片，下襬內裡之衣襟左右對稱各 1 片剪裁好。

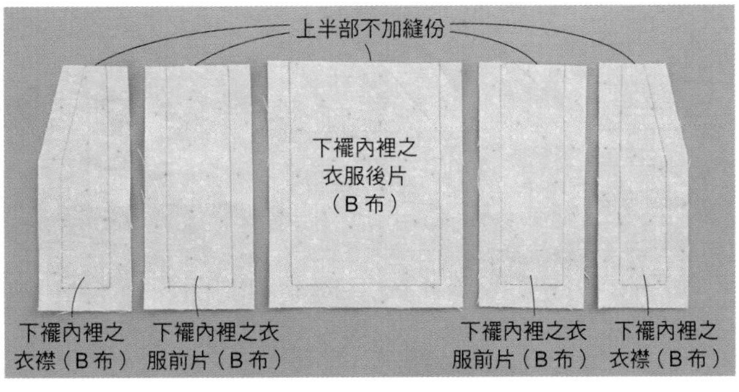

8 縫製下襬內裡、和服的結合

※ 為了能簡單地理解，使用沒有縫上袖子和肩部的和服做介紹。

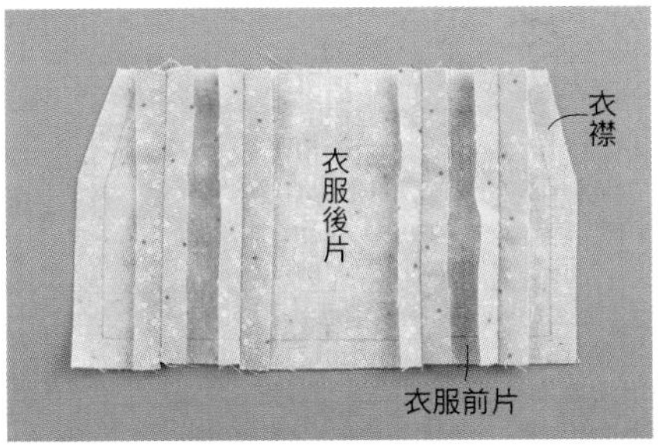

1　各個部位的表面與表面對齊，從標記的地方縫合，將縫份攤開。

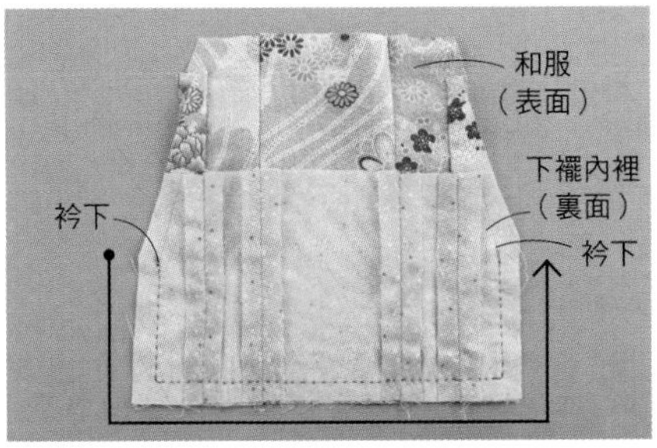

2　和服表面和下襬內裡表面對齊，衿下→下襬→衿下縫合。

3　邊角的縫份摺疊好用手指緊壓地拿著，翻至表面。

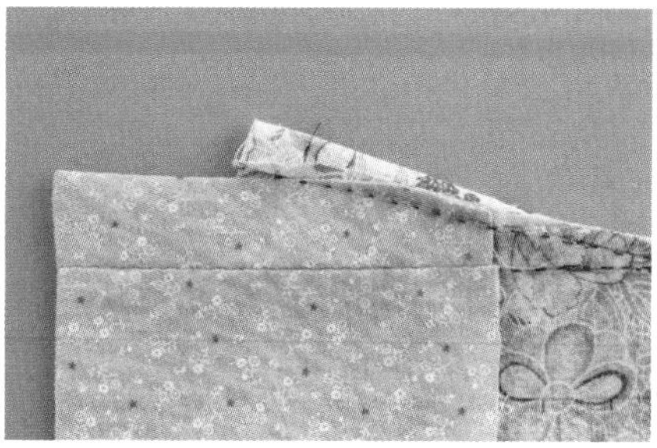

7　6 翻至背面。

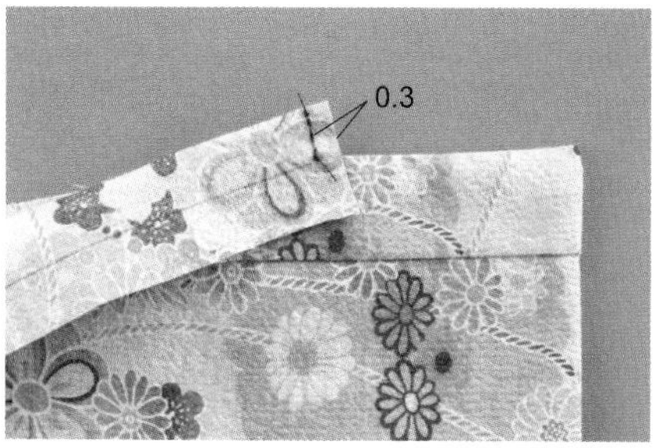
0.3

8　衿前端的縫份剪到剩 0.3cm。

9　衿前端的縫份往衿這側摺過來。

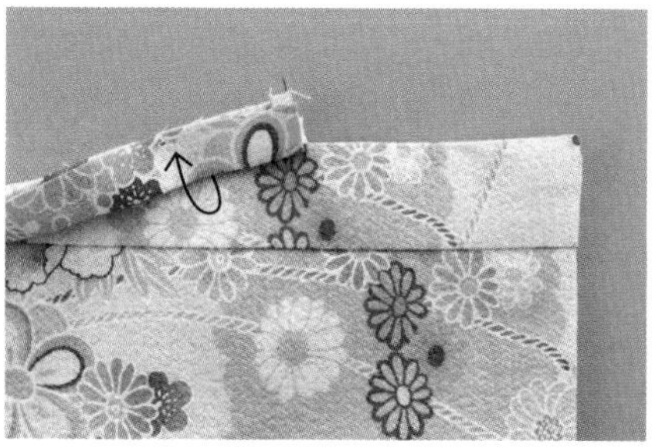

10　縫份沿著完成線往上摺。

（裏面）

3　衿沿著縫紉線縫合。

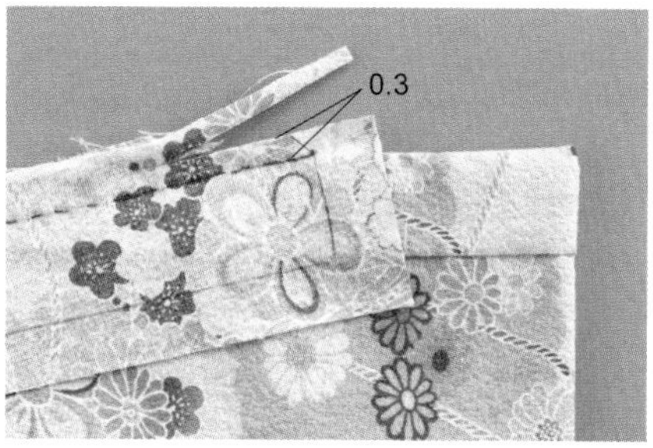
0.3

4　縫份在 0.3cm 處剪齊。

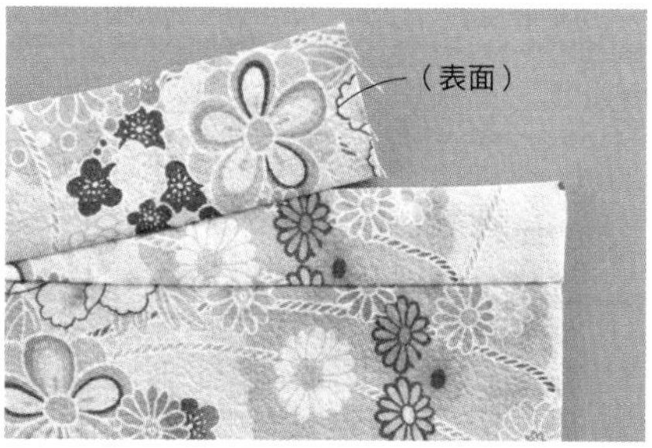
（表面）

5　衿往上摺。

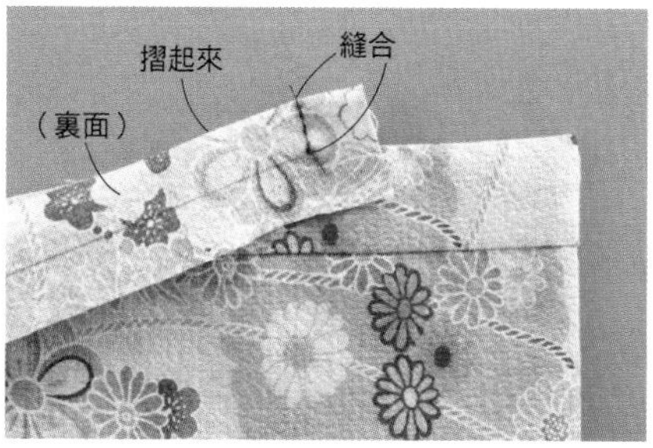
摺起來
縫合
（裏面）

6　將衿對摺並將前端縫合。

4　如果邊角不能完美地翻出來的話，用針從縫份處挑出來。

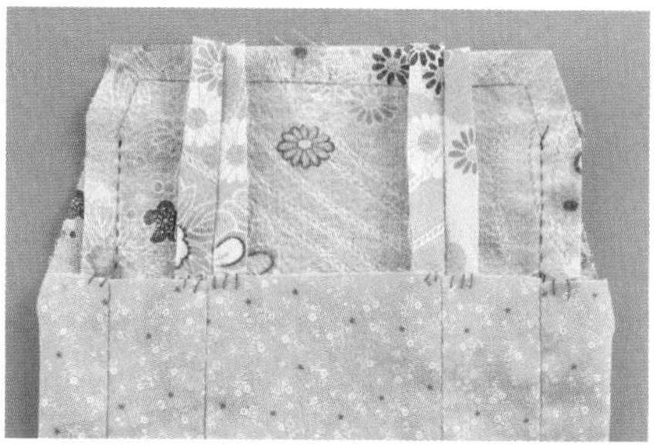

5　將和服的縫份和下襬內裡開端縫合固定。

9 衿的連接

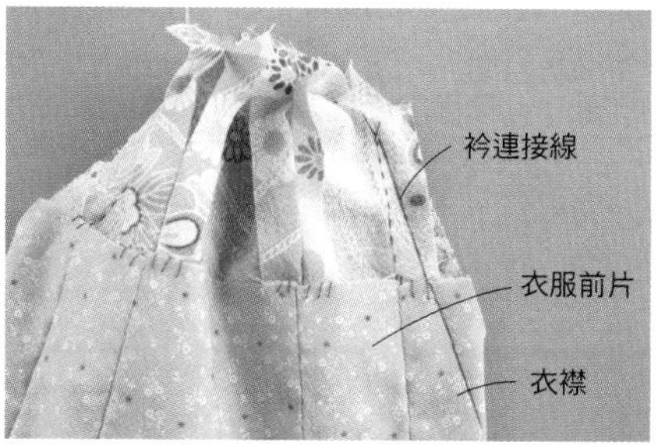
衿連接線
衣服前片
衣襟

1　為了連接衿，墊上衣襟的紙型畫出斜斜的衿連接線。

衿（裏面）

2　衿表面和衣服後片表面對齊。衿肩開口和中心記號對齊，衿和衣襟→本體→衣襟的表面與表面對齊之後用珠針暫時固定。由於衿的前端沒有衣服本體這部分的縫份，珠針固定朝向靠自己的方向。

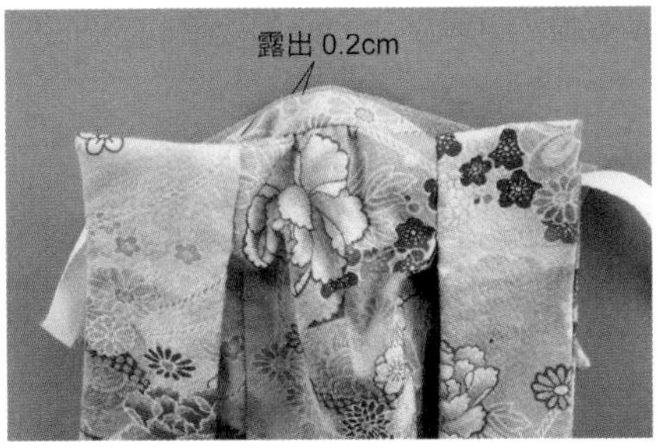

2　伊達衿從衿開始露出 0.2cm。

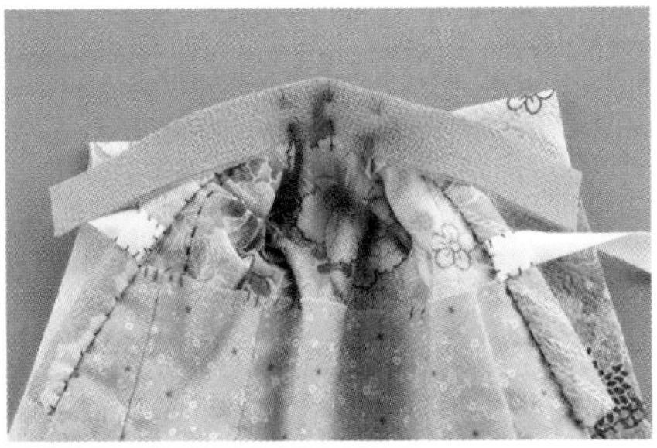

3　1 的中心與和服的中心對齊之後用珠針暫時固定，衿肩開口處也用珠針固定。

4　表面看不到接縫以暗縫縫合，調整兩端，使其從衿的表面看不出來。

5　和服縫製完成。

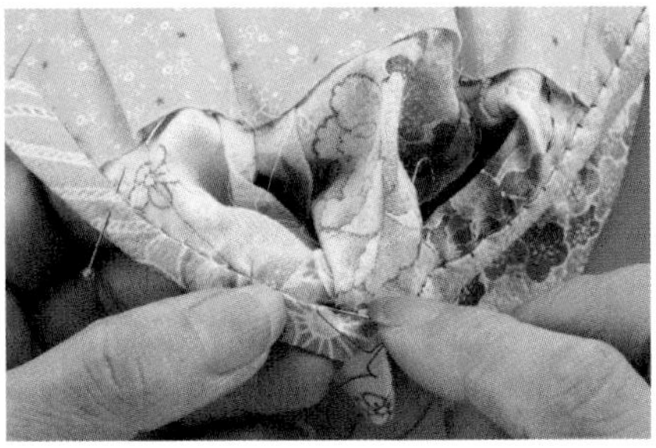

15　暗縫至另一邊的衿開端為止。

16　衿的部分連接完成。

10 扁繩的製作

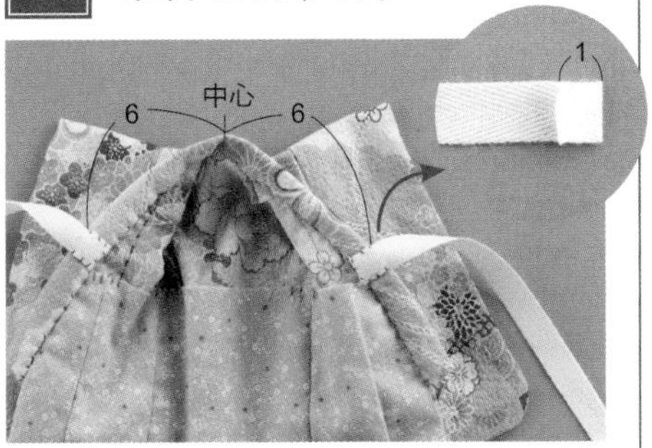

扁繩的前端摺入 1cm，從中心開始左右各 6cm 的位置縫合固定。

11 伊達衿的製作

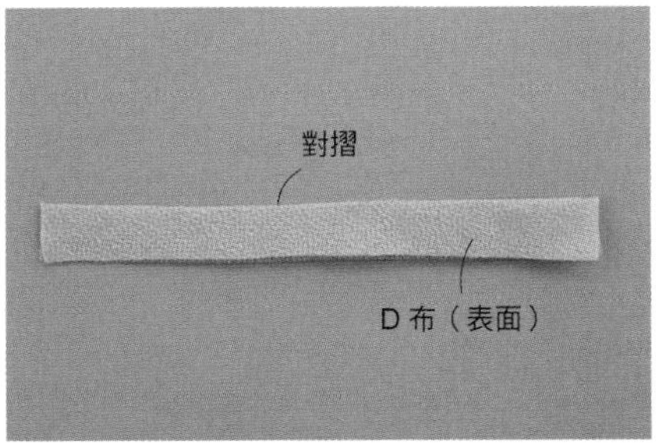

1　用厚紙製作紙型，將紙型墊在布的裏面並描繪，加上縫份剪好之後對摺。

11　摺疊好的衿前端用鑷子壓好，翻回表面。

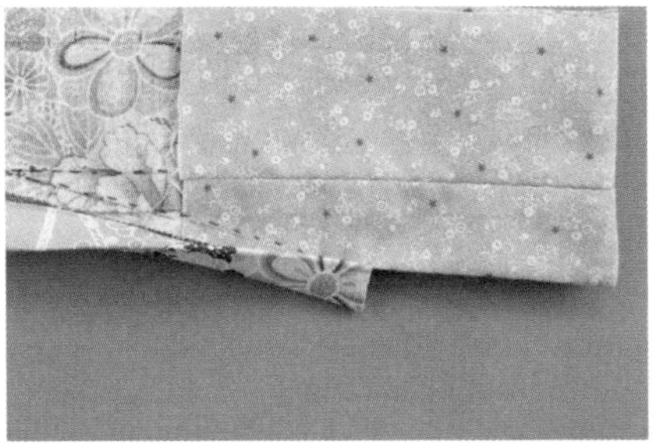

12　翻回表面。

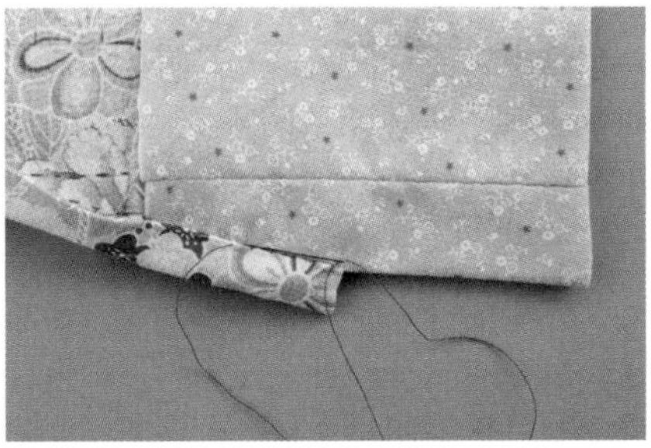

13　表面看不到接縫以暗縫縫至肩部邊緣。

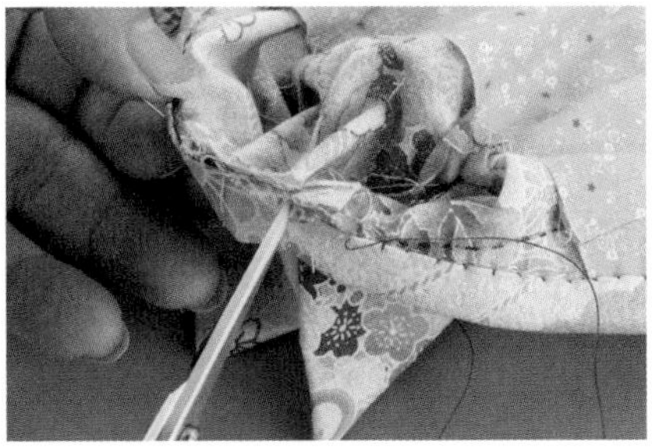

14　為了要讓衿的弧度可以完美呈現，將衣服後片的肩部縫份剪出牙口。

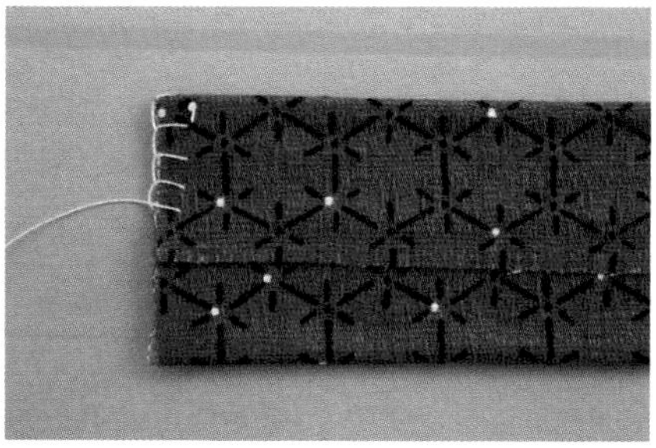

7　一端用毛邊縫（手縫，請參照 P.87）處理好。

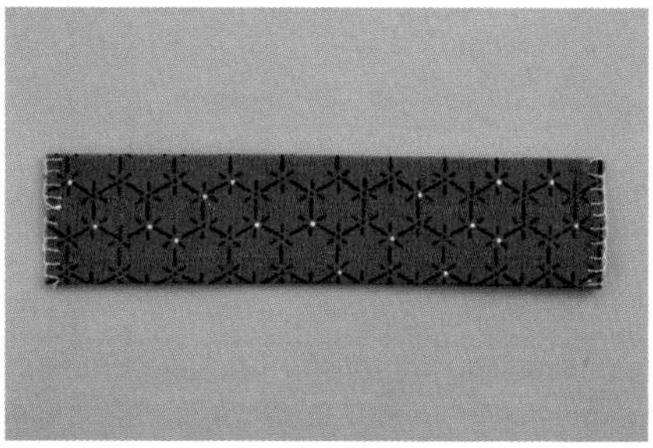

8　另一邊也用毛邊縫處理。

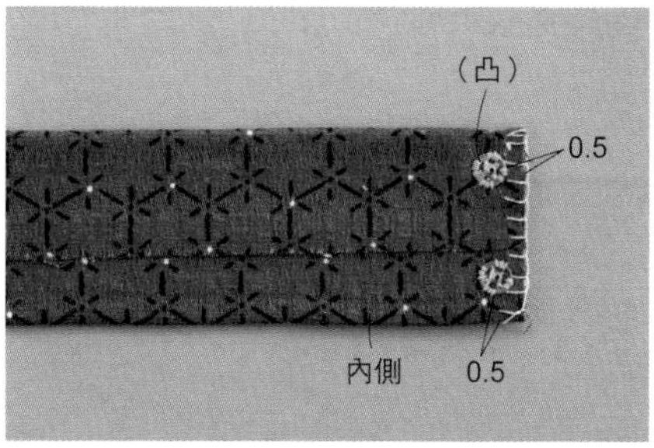

（凸）
0.5
內側
0.5

9　在布料黏貼的那一側（內側），縫上兩組暗釦（凸）。

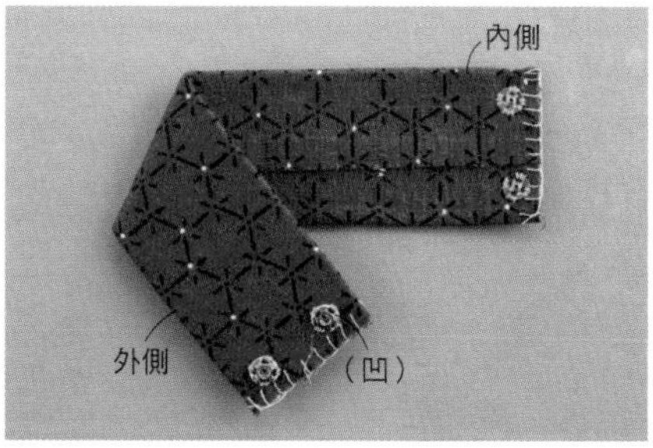

內側
外側
（凹）

10　9 的另外一側（外側）縫上兩組暗釦（凹）。

12 腰帶配件的準備

用厚紙製作紙型，將紙型墊在布的裏面並描繪。胴和胴的布襯照紙型裁剪下來。太鼓襯的厚紙也照原樣剪好。羽外加 1cm 的縫份，除了太鼓的上半部之外，外加 1cm 縫份剪下來。

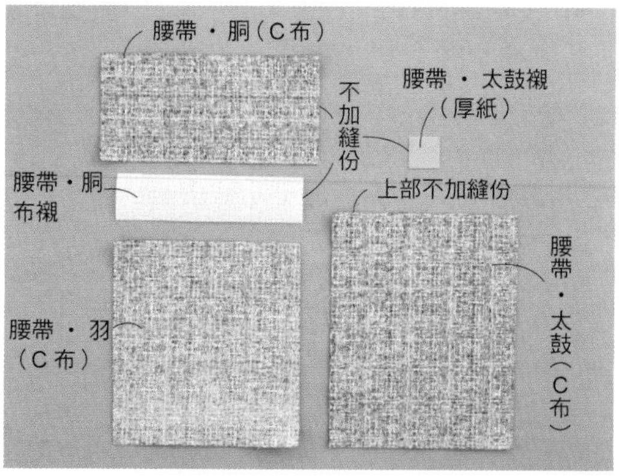

腰帶・胴（C 布）
不加縫份
腰帶・太鼓襯（厚紙）
腰帶・胴布襯
上部不加縫份
腰帶・羽（C 布）
腰帶・太鼓（C 布）

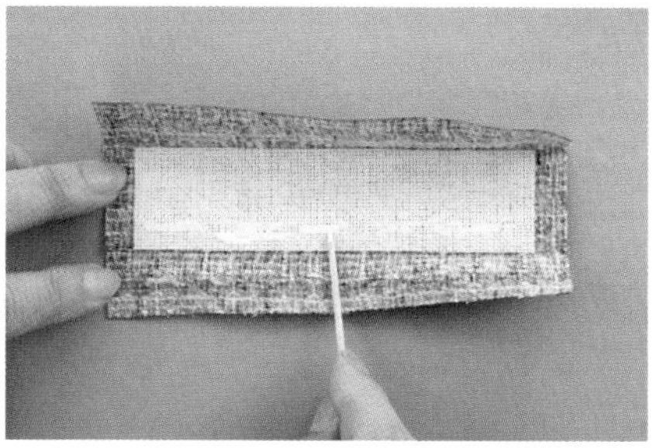

4　將布展開，布襯全部塗上黏著劑。用牙籤一點一點地塗抹，不要塗過量了。

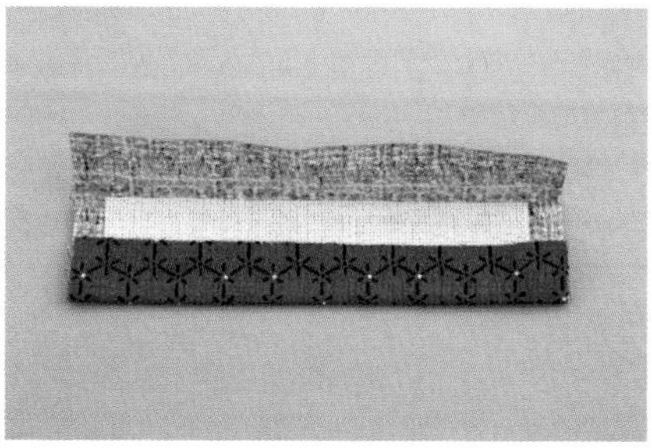

5　下半部摺起來並黏貼。

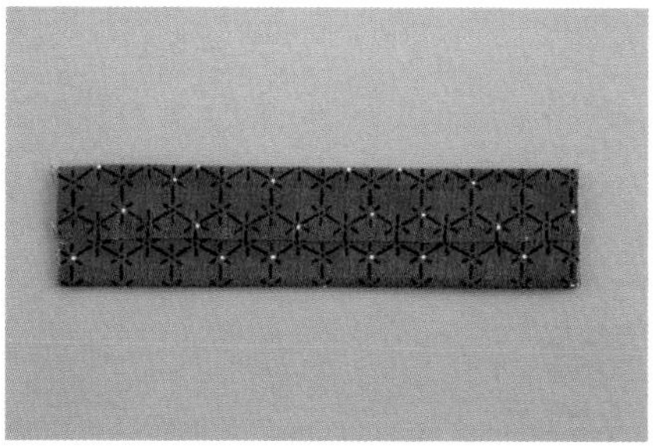

6　上半部也摺起來並黏貼。

13 腰帶・胴的製作

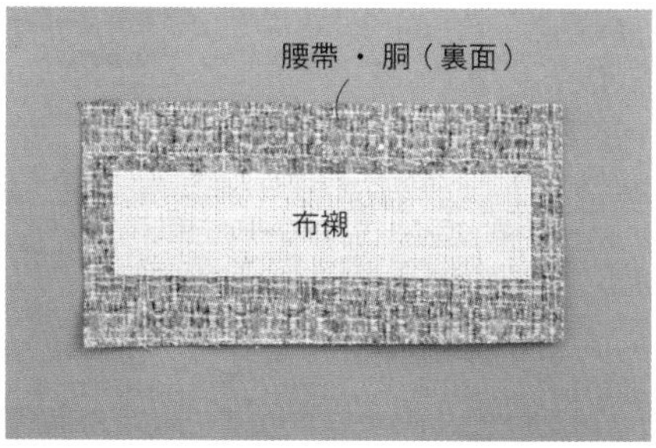

腰帶・胴（裏面）
布襯

1　將布襯放在胴裏面貼布襯的位置上，用熨斗燙貼。

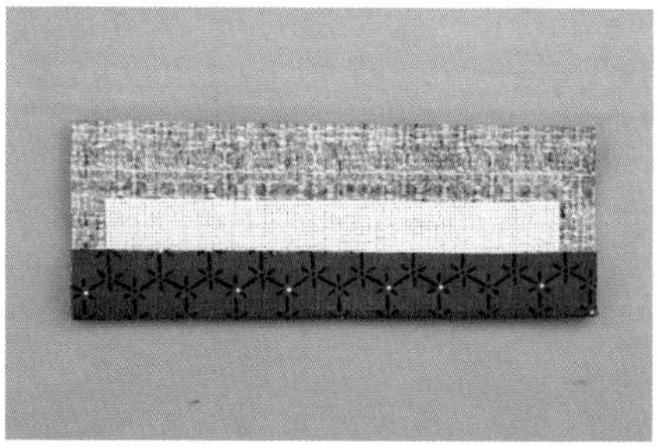

2　下半部的縫份沿著布襯位置摺起來。

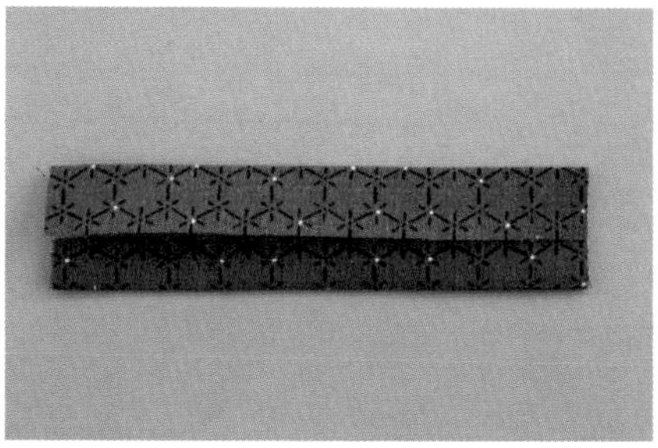

3　上半部同 2 一樣摺起來。

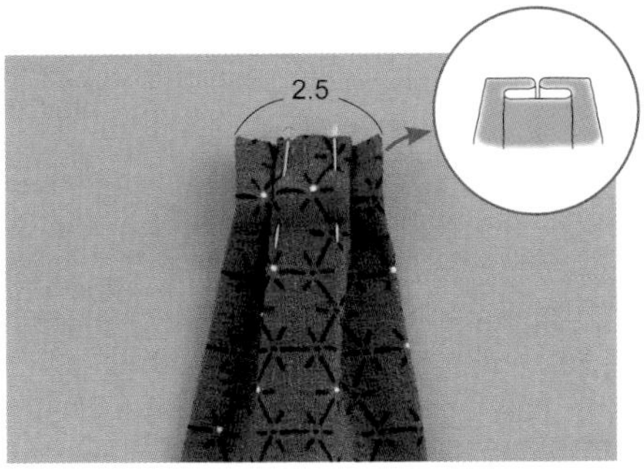

4　不加縫份的那一側摺疊起來，用珠針固定。

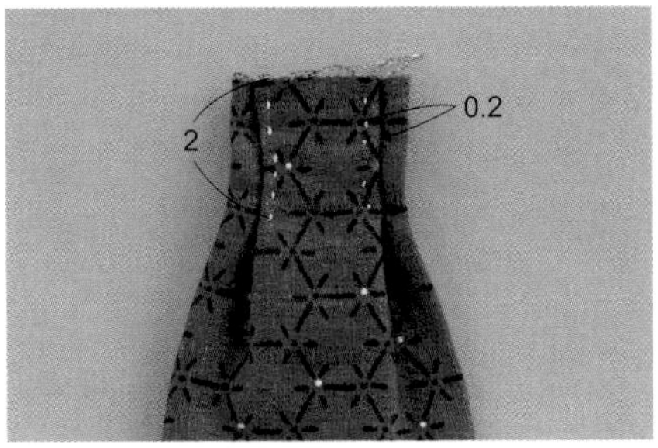

5　取 2 條手縫線縫合 2cm。

6　將 5 翻至背面，將厚紙襯用黏著劑黏貼在摺疊的位置。

16 羽和太鼓的結合

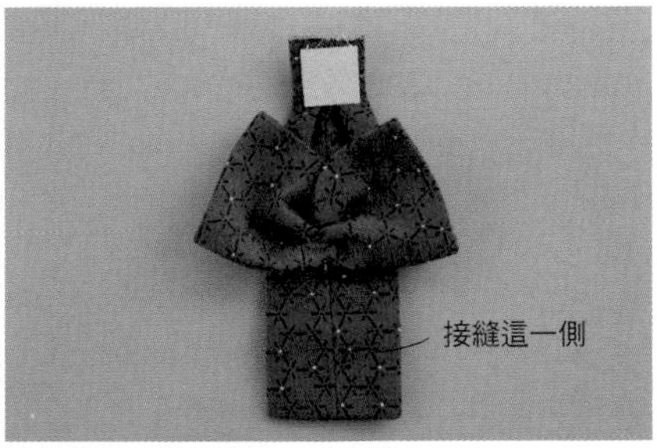

1　將太鼓疊放在羽上面。

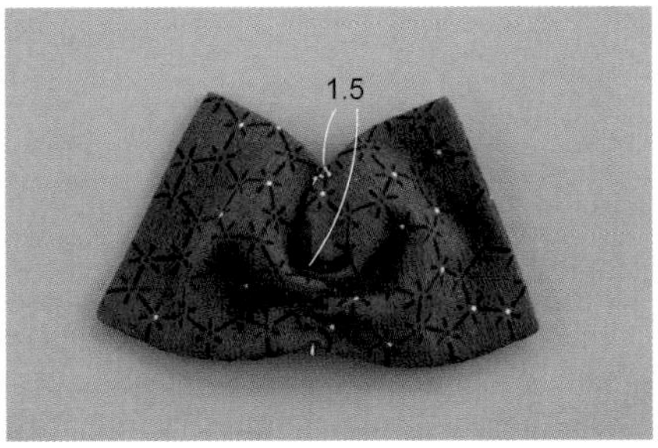

5　兩端稍微地往上拉，在 1.5cm 的位置細縫固定。

15 腰帶・太鼓的製作

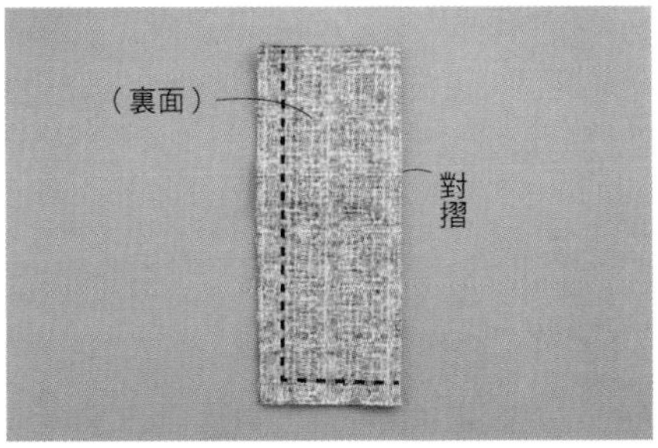

1　太鼓對摺之後並縫合。

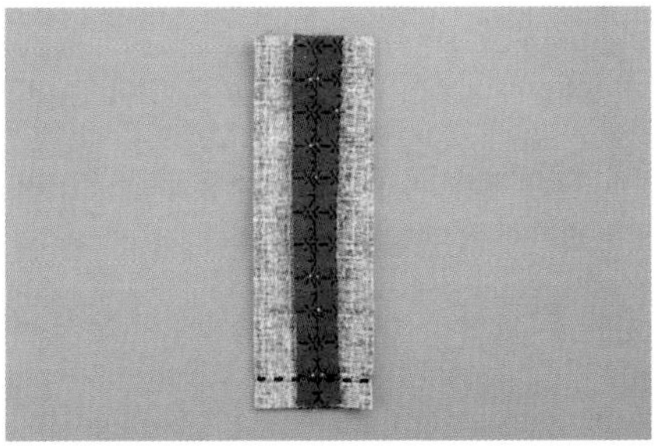

2　將縫份攤開，接縫放在中央，下端縫合。

3　翻回表面。

14 腰帶・羽的製作

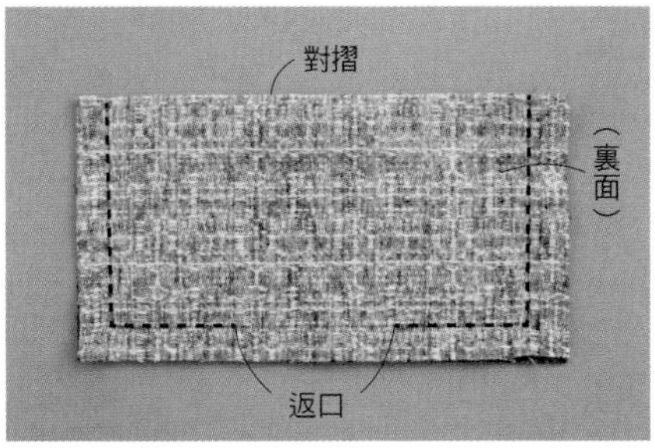

1　將羽對摺，除了返口之外縫合起來。

2　從返口翻回表面，將返口藏針縫（請參照 P.87）。

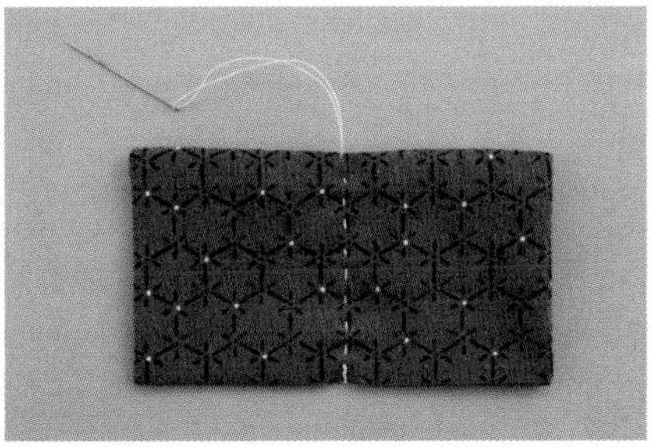

3　取 2 條手縫線在中央位置做縮縫。

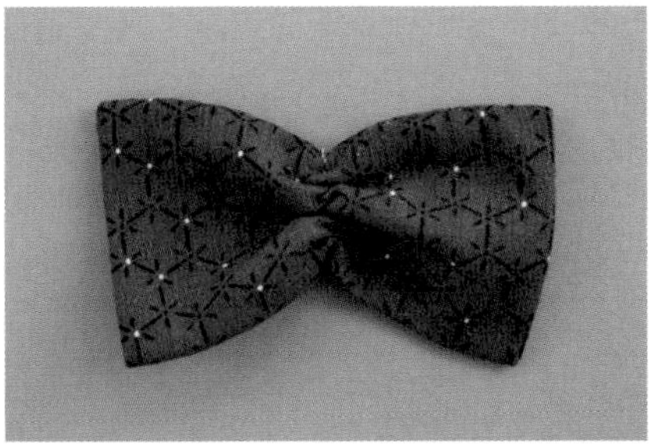

4　將線拉緊，回針縫固定住。

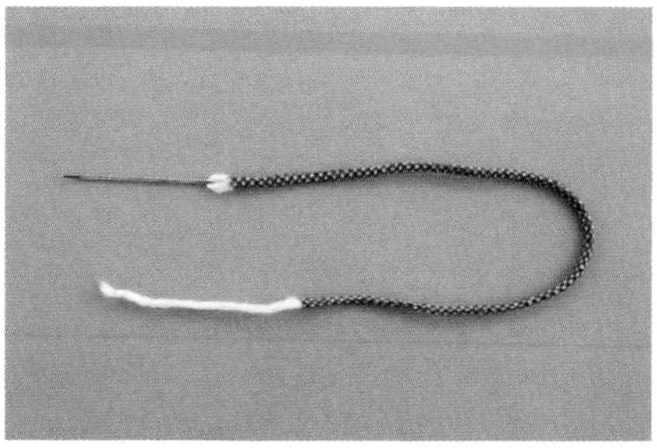

5　毛線穿過帶締。

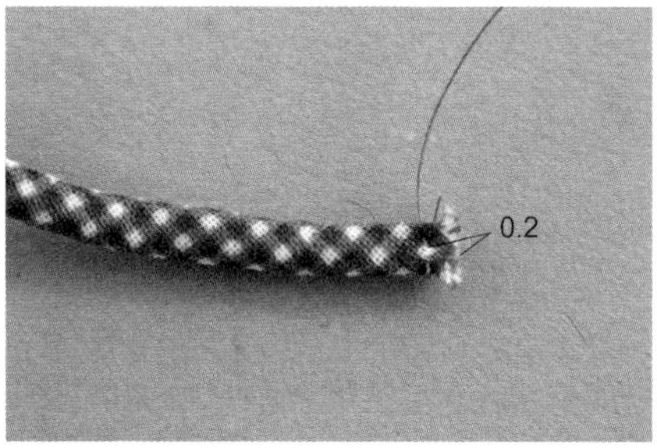

6　多出來的毛線剪掉，縫一圈。

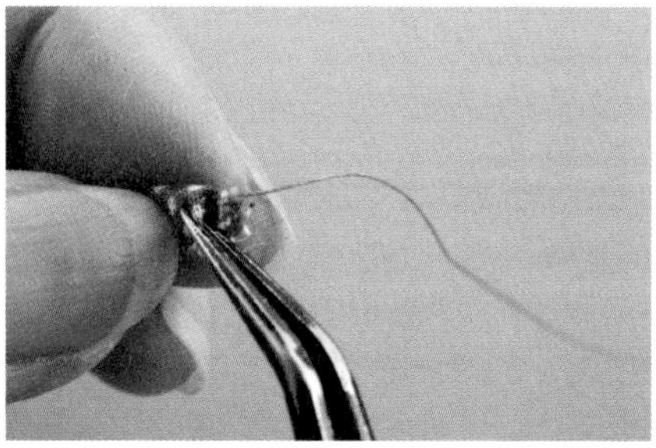

7　用鑷子將前端往內摺入。

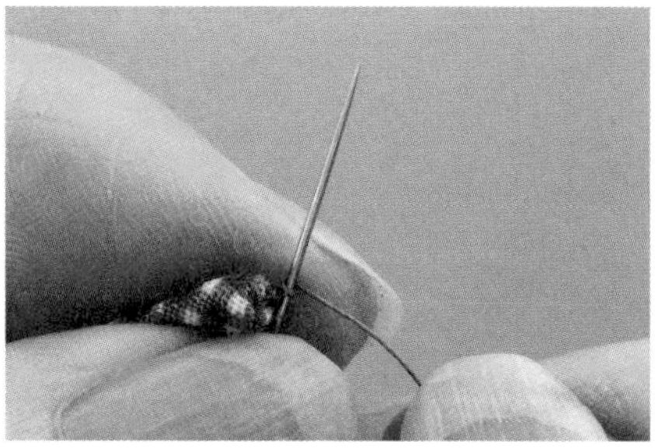

8　將線拉緊打結，剪掉多餘的部分。

17 帶締的製作

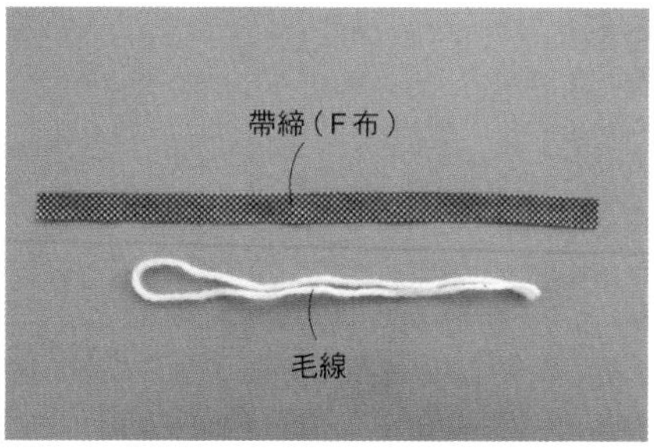

1　用厚紙製作紙型，將紙型墊在布的裏面描繪。加上縫份後裁剪下來。毛線準備好。

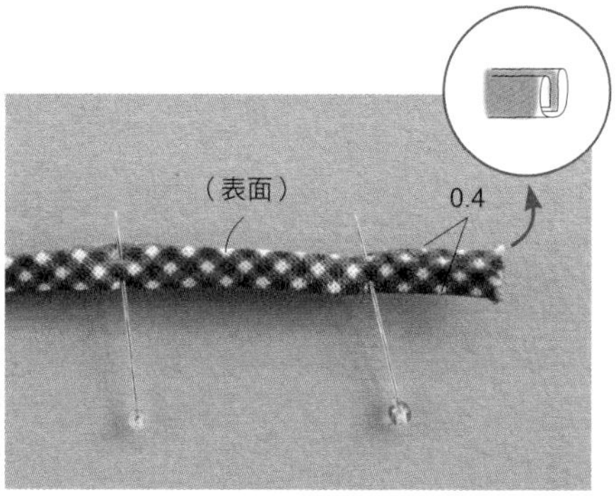

2　摺成四摺。

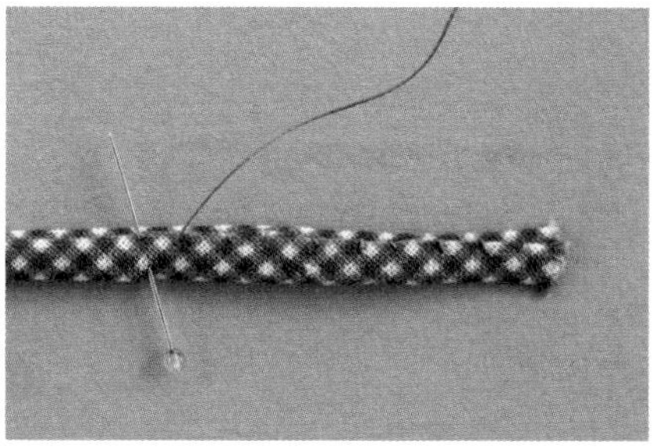

3　間隔 1 ～ 2mm 暗縫。

4　毛線針穿好毛線。

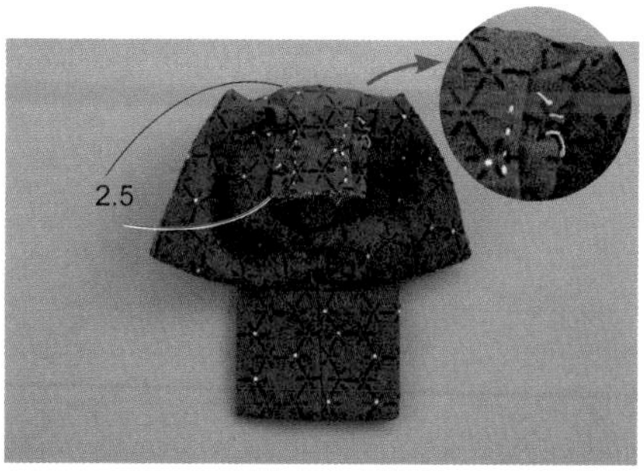

2　將羽包住，並將貼布襯的部位往下摺 2.5cm。太鼓和羽用細縫固定。

3　下半部摺疊起來。摺疊處和羽用表面看不出接縫的細縫固定。

4　縫製結束。從後側看的呈現圖。

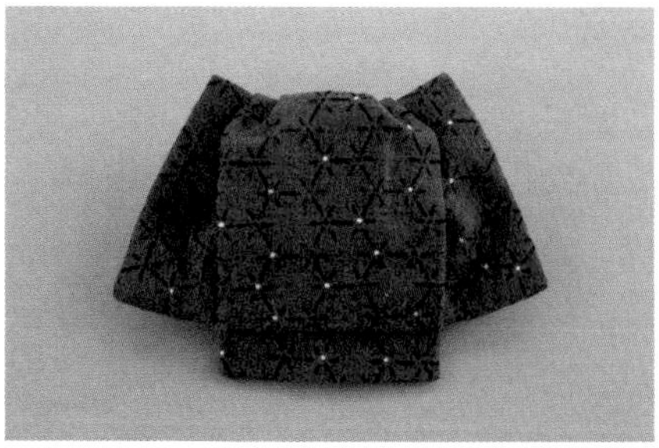

5　豐雀結腰帶完成。從前側看的呈現圖。

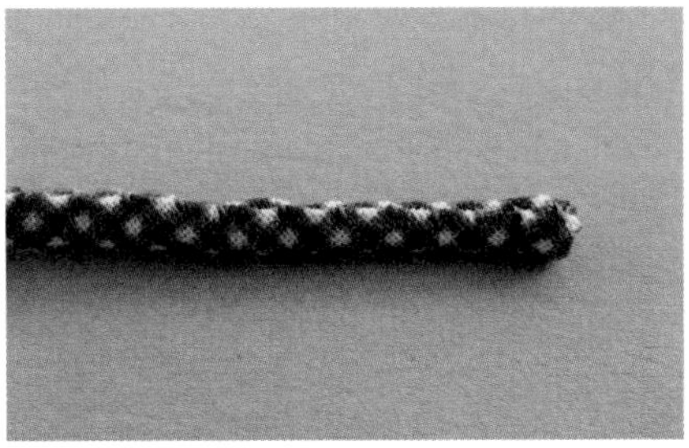

9　一端處理完畢。另一端也用相同的處理方式。

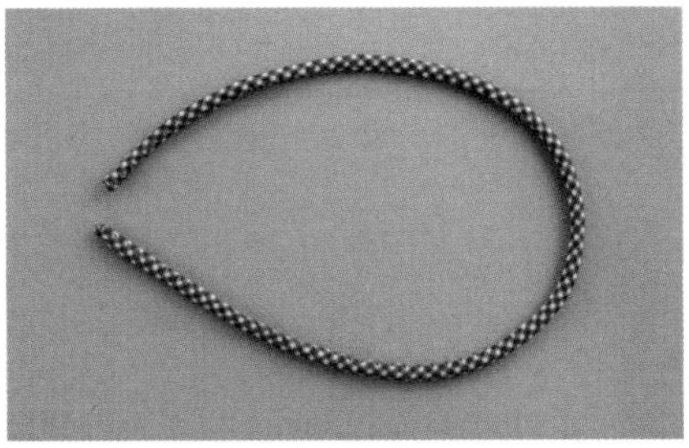

10　帶締製作完成。

18 帶揚的製作

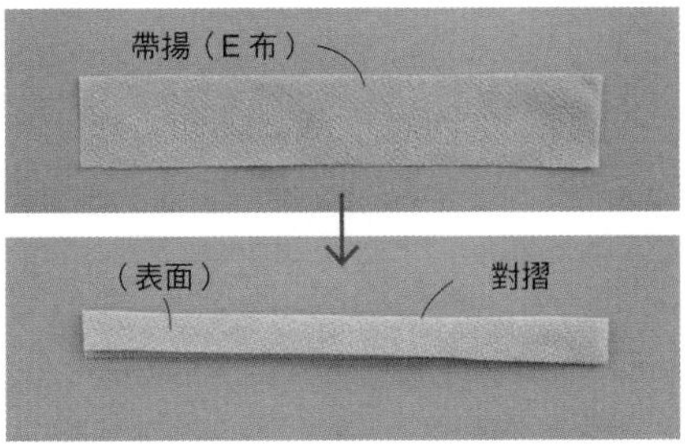

用厚紙製作紙型，將紙型墊在布的裏面並描繪。加上縫份後裁剪下來再對摺。

19 人台的製作

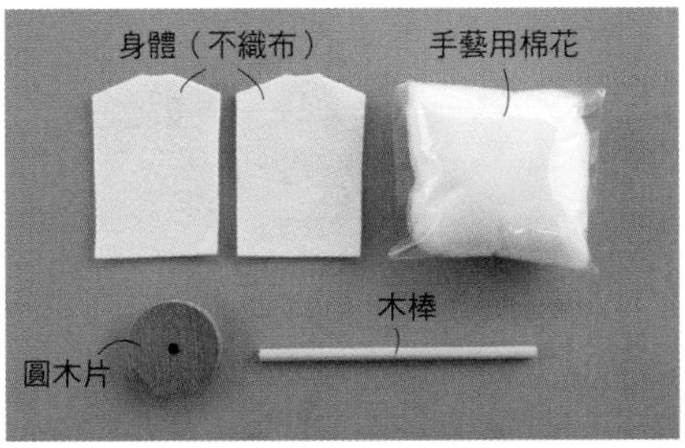

1　用厚紙製作紙型，將紙型墊在不織布上並描繪。加上縫份後裁剪 2 片。準備好手藝用棉花、木棒和圓木片。

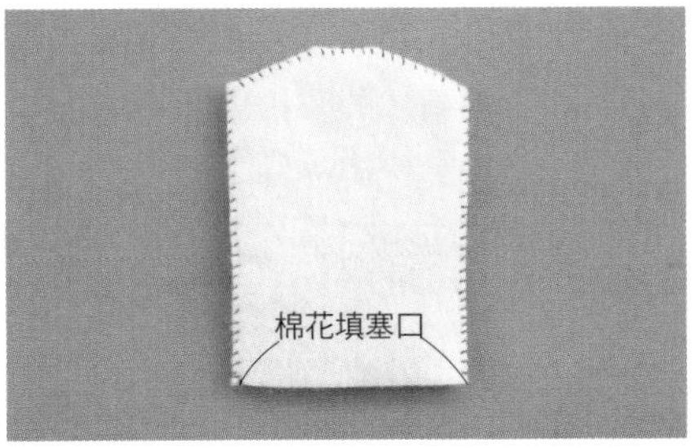

2　身體 2 片對齊，留下棉花填塞口其餘以捲邊縫（P87）縫合。

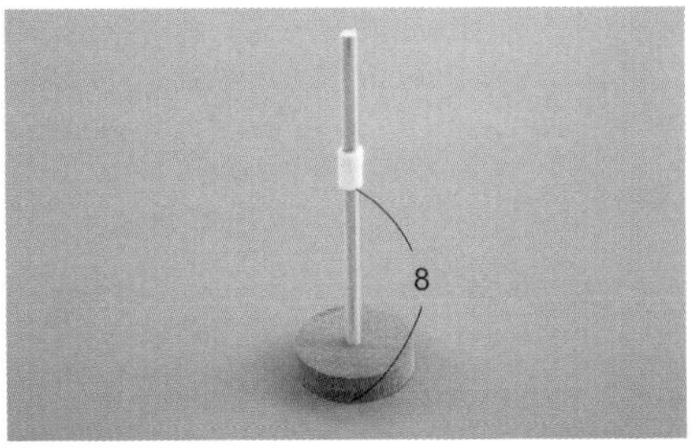

3　圓木片插上木棒。剪一塊 1.5cm×1.5cm 大小的不織布，在從下方開始 8cm 處捲一圈，用黏著劑黏貼。

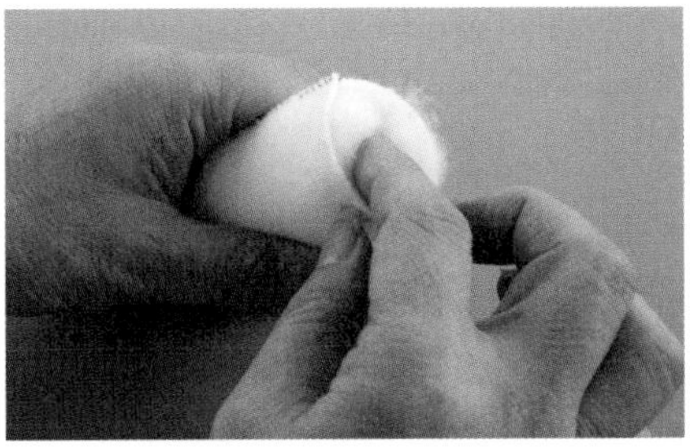

4　從棉花填塞口開始將手藝用棉花一點一點地填進去，中央留個空洞。

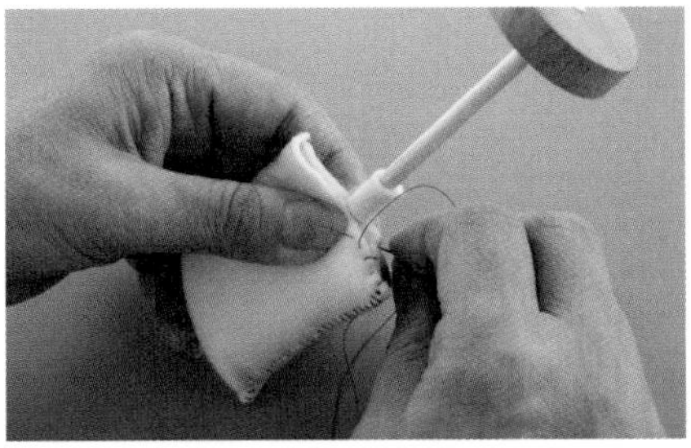

5　木棒插進去步驟 3 黏貼不織布的位置，棉花塞填口用捲邊縫縫合。

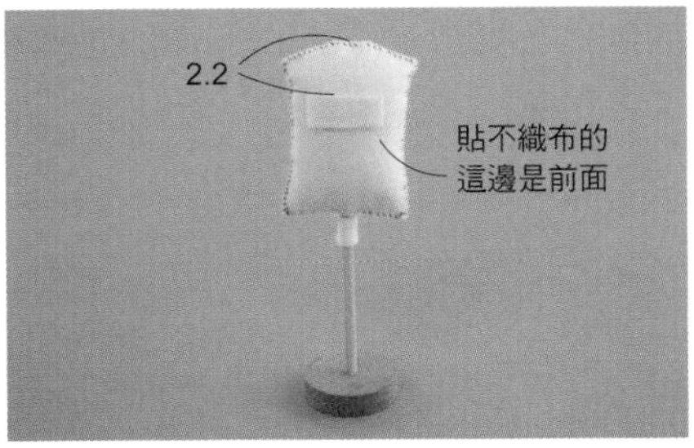

6　為了增加胸部周圍的厚度，剪一塊 3cm×1cm 的不織布用黏著劑貼在從上面往下 2.2cm 的位置。人台製作完成。

20 半衿的製作

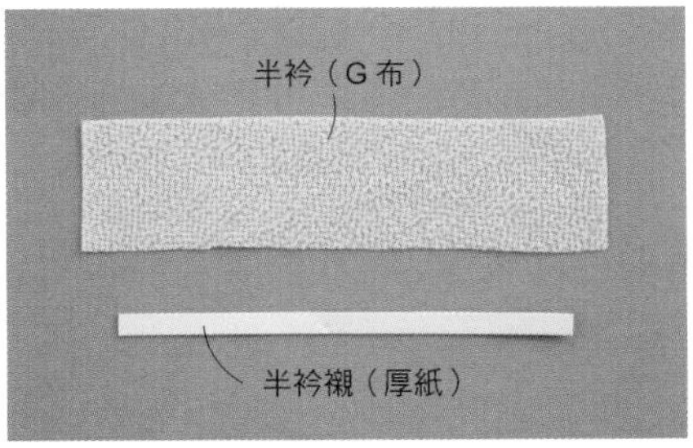

1　用厚紙製作紙型，將紙型墊在布的裏面並描繪。加上縫份後裁剪下來。準備好半衿襯用的厚紙。

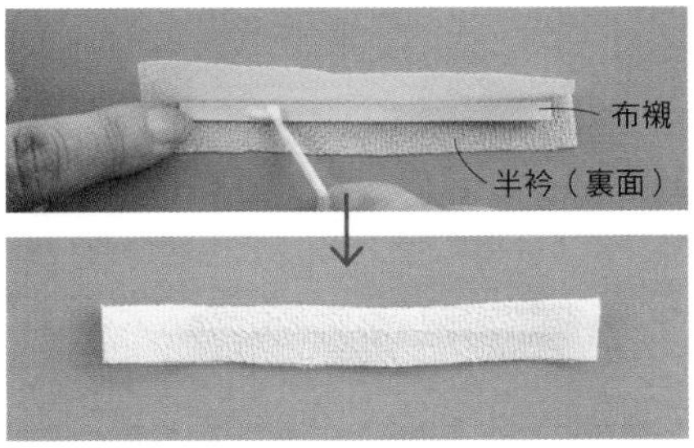

2　將半衿對摺後攤開，沿著摺線對齊放上布襯，用黏著劑黏貼固定。

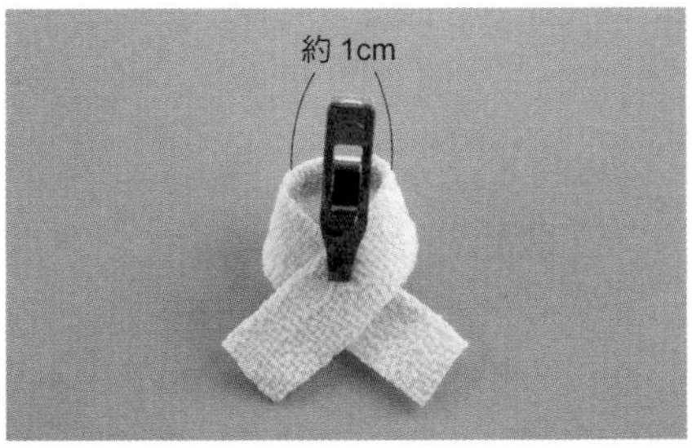

3　半衿捲成圓形，用夾子暫時固定住。

8　將帶締穿過豐雀結太鼓摺疊的部位。

9　太鼓貼襯的部位插進腰帶・胴的背後。

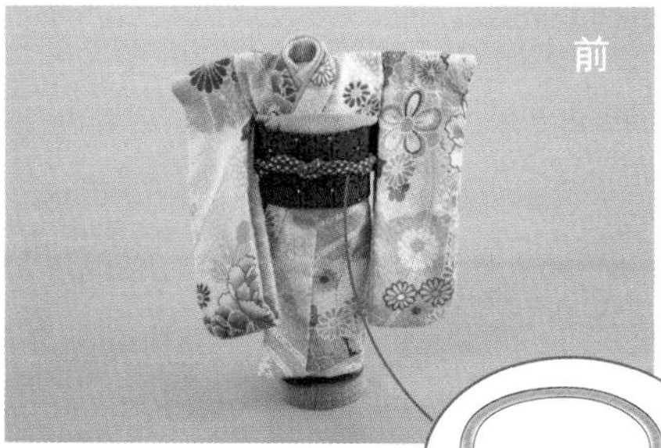

打結的方法

10　帶締在前方打個結，完成。

5　打好結的帶子在腰帶・胴繞一圈，背後用暗釦固定。

6　帶揚的褶峰往上，腰帶・胴從背後往前繞，用鑷子從腰帶・胴的中間部位塞進去。

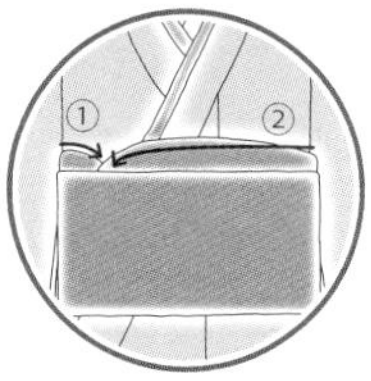

7　帶揚的佩戴完成。

21 穿著

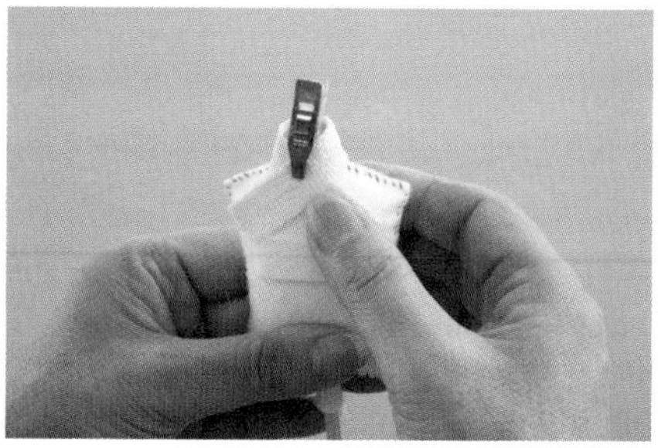

1　人台放上半衿。

2　穿上和服，衣服右片在下方。前底襟的帶子穿過身八口。

3　帶子在背後扭轉交叉到前方後再打一個結。

4　將半衿上的夾子移去，用鑷子調整好位置。

關於素材

介紹製作作品適合的布料。初學者的話，建議用沒有方向性的小圖案。

和服布料

在浴衣方面
浴衣推薦手巾布料。有很多適合柔和色調的可愛圖案。因為素材很柔軟，貼上薄布襯後很容易縫製。

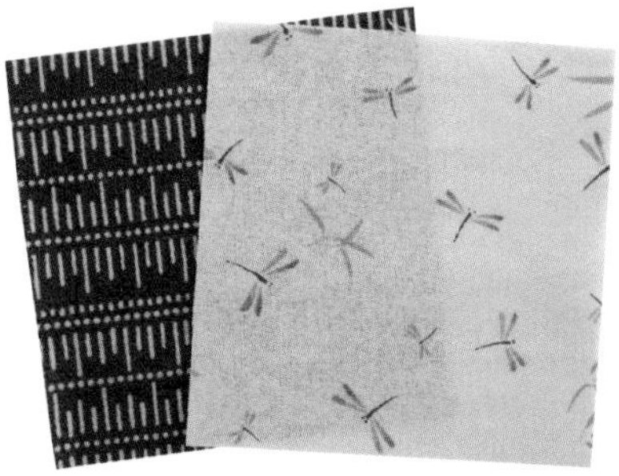

在小紋方面
沒有方向性之和風圖案的棉質素材。柔和的顏色搭配樸素的花樣易於使用。

在振袖方面
雖然推薦華麗的小圖案布料，以小圖案為主搭配一個大的花樣，也是很搶眼的。黑色或深藍色這種素雅暗色的振袖也是很有魅力的。

在小紋 · 浴衣方面
稍微厚的棉質素材容易縫製，在樸素的氣氛中完成。

腰帶

在振袖 · 素色方面
金色和銀色的線交織出花紋而成的「金襴」。振袖或素色很適合華麗高級的裝扮。有點容易綻線，製做時手腳要敏捷一點。

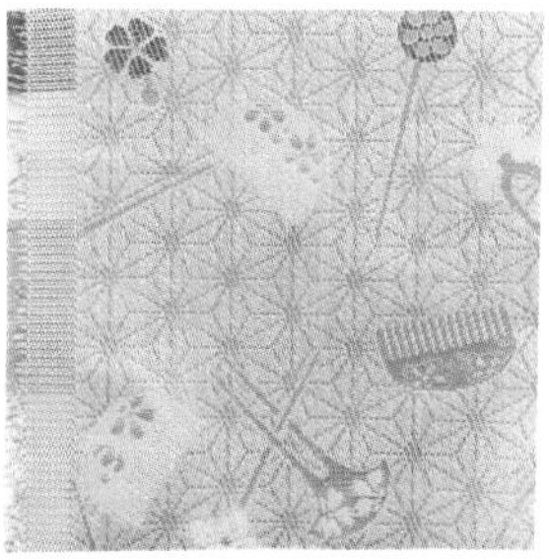

帶締

製作細帶有困難的話，推薦可以使用市面上販售的和風印花棉質細帶，顏色和花樣都很豐富。

半衿 · 伊達衿 · 帶揚

使用如縮緬、和風圖案布料與雲紋染的棉質素材等各式各樣的布料。覺得縮緬不容易處理的話，可以使用棉質素材。

所謂「縮緬」的特徵是細小的凹凸皺褶。顏色很豐富，除了皺褶的大小之外，還有其他幾種不同種類。

小紋手ぬぐい
小紋手ぬぐい
小紋手ぬぐい

part 2

和服與娃娃屋

這個章節介紹用和布製作的娃娃屋。和服屋、廚房、聖誕節的房間……等，各種不同場景的作品製作完成。和服擺設在故事背景裏，可以享受不同的觀賞樂趣。

金黃色的腰帶搭配深藍色的浴衣看起來很顯眼。

抽繩布袋的下半部高明地使用了藤籃風圖案的布料。

在切開的竹籤上，只要黏貼上布料就簡單完成了團扇。

22cm 娃娃可以穿著的

利用竹籤和木珠作成遮陽傘。
清涼感的白布裝飾著蕾絲花邊。

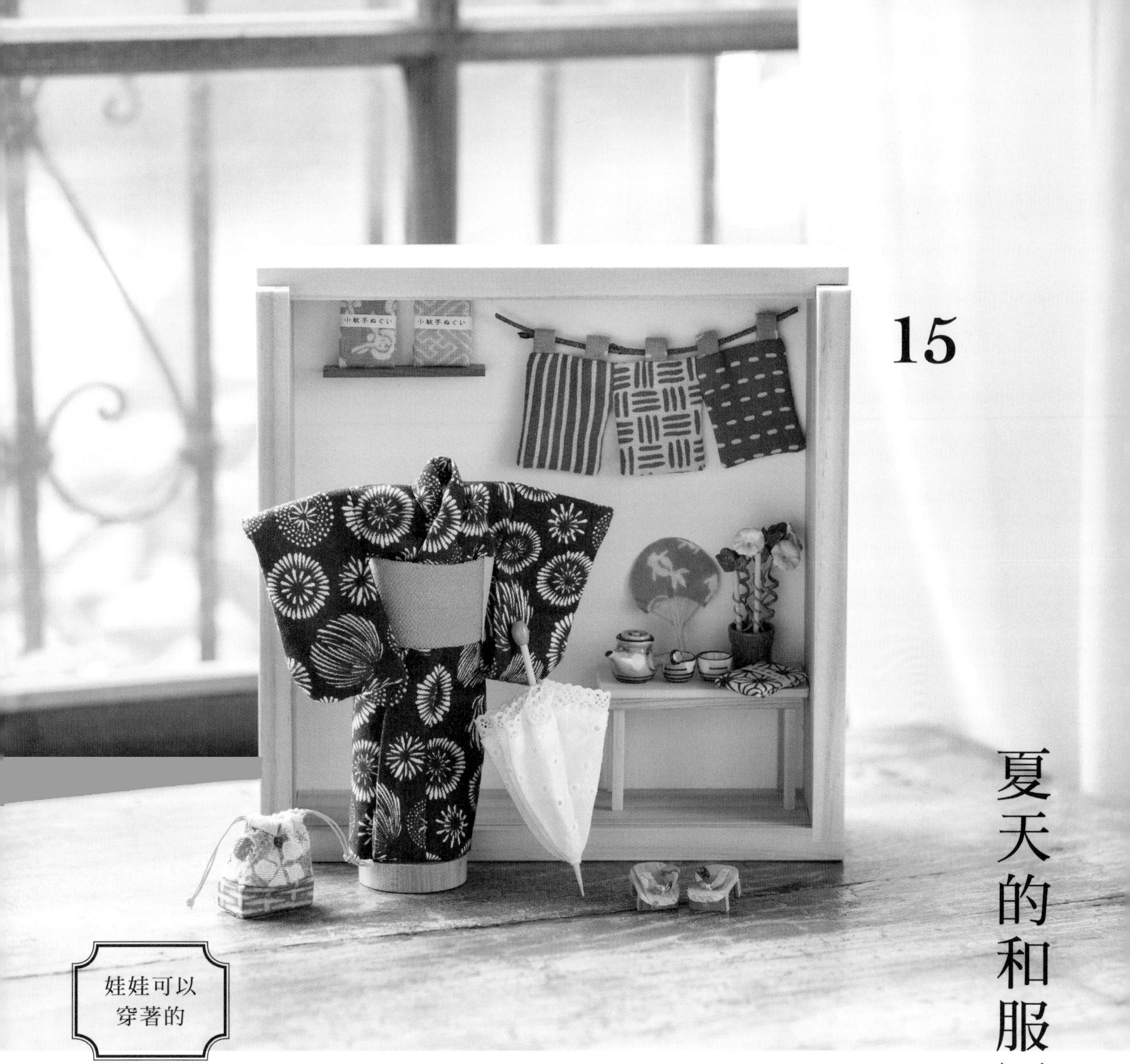

娃娃可以穿著的

15

夏天的和服屋

yukata

以深藍色的浴衣為主，搭配蕾絲布的遮陽傘、團扇、抽繩布袋等，組合成夏日感的娃娃屋。使用各種青色系的和布匯聚出清涼舒爽。

製作方法68頁

剪好的布塊摺疊成擦手巾。

復古生活

epuron

以塞滿各種令人心喜之物品如古董和服、提袋、雜貨等的房間為印象而作成。附帶圍裙的和服有著復古的可愛氣氛。

製作方法71頁

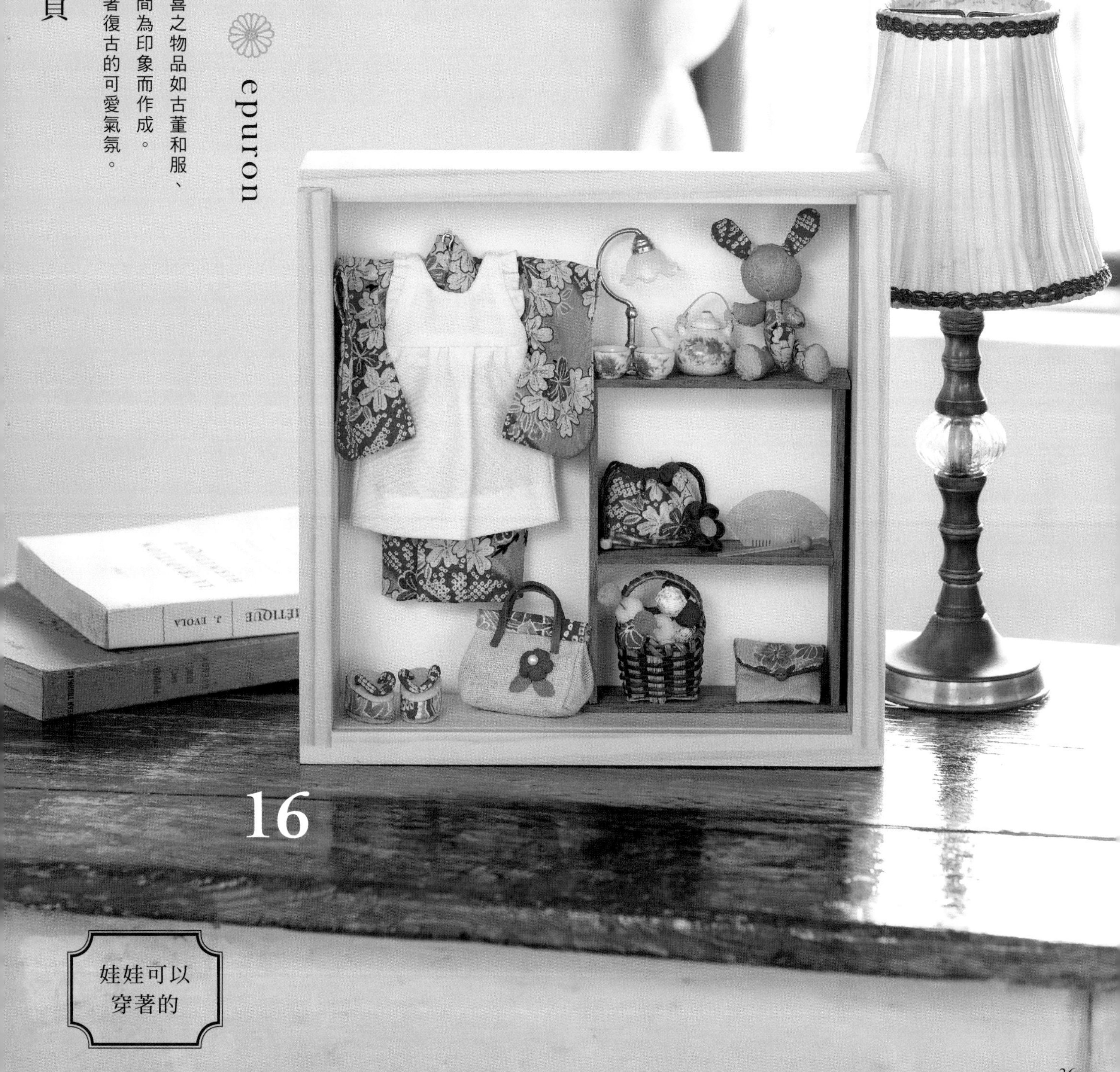

16

娃娃可以穿著的

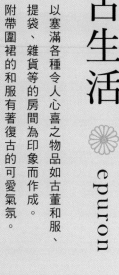

提袋、和服涼鞋和填充玩偶是和服與花色的組合。

棚架上擺放抽繩布袋、花、藤籃和小布包等各式各樣的雜貨。

花朵圖案的和服搭配純白色附有荷葉邊的圍裙。

圍裙上安裝暗釦以便穿脫。

工作圍裙和廚房 kappougi

過去令人懷念的日本廚房和布
再次呈現。
母親穿著圍裙在廚房裏
辛勤工作的場景似乎浮現在眼前。
講究如抹布、購物籃、
圓板凳等各種細節，
製作完成了。

製作方法76頁

17

娃娃可以穿著的

圓凳子上包著麻葉圖案的布料，
茶壺和茶杯底下各自墊著
茶壺墊和茶杯墊。

水壺的旁邊是刺子繡風格的擦手巾。

工作圍裙將和服從上開始完全包住。

打掃用具的水桶上
掛著刺子繡壓線的抹布。

藤籃風圖案的提袋裝著
縮緬製作成的白蘿蔔，
一目瞭然。

聖誕節的房間

furisode

有著紅與綠醒目的茶花圖案之和服
正好和聖誕節的色彩相稱。
「和布與聖誕節」
是令人意外的歡樂娃娃屋。

製作方法80頁

18

娃娃可以穿著的

22cm 娃娃可以穿著的

各式各樣綠色系的和風圖案組合而成聖誕樹。
縮緬製作成的提袋上裝飾著蕾絲花邊和珍珠。

襪子、禮物包裹、
花圈等各式各樣可愛的雜貨。

腰帶是白 × 金的花朵圖案。

牆上掛著使用 yoyo
技法作成的壁毯。

被布和女兒節人偶

ohifu

女兒節時期在房間裏擺飾似乎很有趣，於是完成了被布和女兒節人偶的套組。女兒節人偶以兔子為主題，非常可愛。菱餅、女兒節吊飾等一同製作完成，敬請欣賞。

製作方法84頁

19

串連桃花和抽繩布袋，
迷你小物的女兒節吊飾。

男人偶是藍色布，女人偶是紅色布，各有各的印象色彩。
使用花朵圖案和絞染印花等布料。

被布安裝暗釦以便穿脫。
紅色絞染印花的布料上搭配著流蘇。

裏面的和服是可愛的粉紅色花朵圖案。

實物大紙型—A 面

振袖：衣服前片①、衣服後片①、衣襟①、衿①、袖子①、袖翻邊①、下襬內裡之衣服前片①、下襬內裡之衣服後片①、下襬內裡之衣襟① **伊達衿：**伊達衿① **帶揚：**帶揚① **帶締：**帶締① **半衿** **半衿襯** **人台：**身體①
腰帶：1・3・4／胴①、太鼓①、太鼓襯①、羽① **2**／胴①、太鼓②、太鼓襯②、羽ⓐ②、羽ⓑ②

6・7 頁 1・2・3・4

振袖材料（一件份）

振袖：A 布（1／縮緬・花紋 2～4／和風圖案）
45cm 寬 27cm
B 布（棉・素色）32cm 寬 22cm
棉質扁帶（9mm 寬）18cm 2 條
1・3・4／腰帶：C 布（金襴）30cm 寬 20cm
布襯（超級硬）12cm 寬 3cm
暗釦（6mm）2 組
厚紙 2cm×2cm
2／腰帶：C 布（金襴）35cm 寬 20cm
布襯（超級硬）12cm 寬 3cm
暗釦（6mm）2 組
厚紙 3cm×3cm
伊達衿：D 布（縮緬・素色）
15cm 寬 3cm（斜裁）
帶揚：D 布（縮緬・素色）
18cm 寬 3cm（斜裁）
帶締：E 布（和風圖案）30cm 寬 1.5cm（斜裁）
毛線（粗）50cm
半衿：F 布（縮緬・素色）
10cm 寬 2.5cm（斜裁）
厚紙 9cm×0.5cm
人台：不織布 13cm×10cm
木棒（厚度 5mm）12cm
圓木（直徑 4cm 厚 1cm）1 枝
手藝用棉花 適量

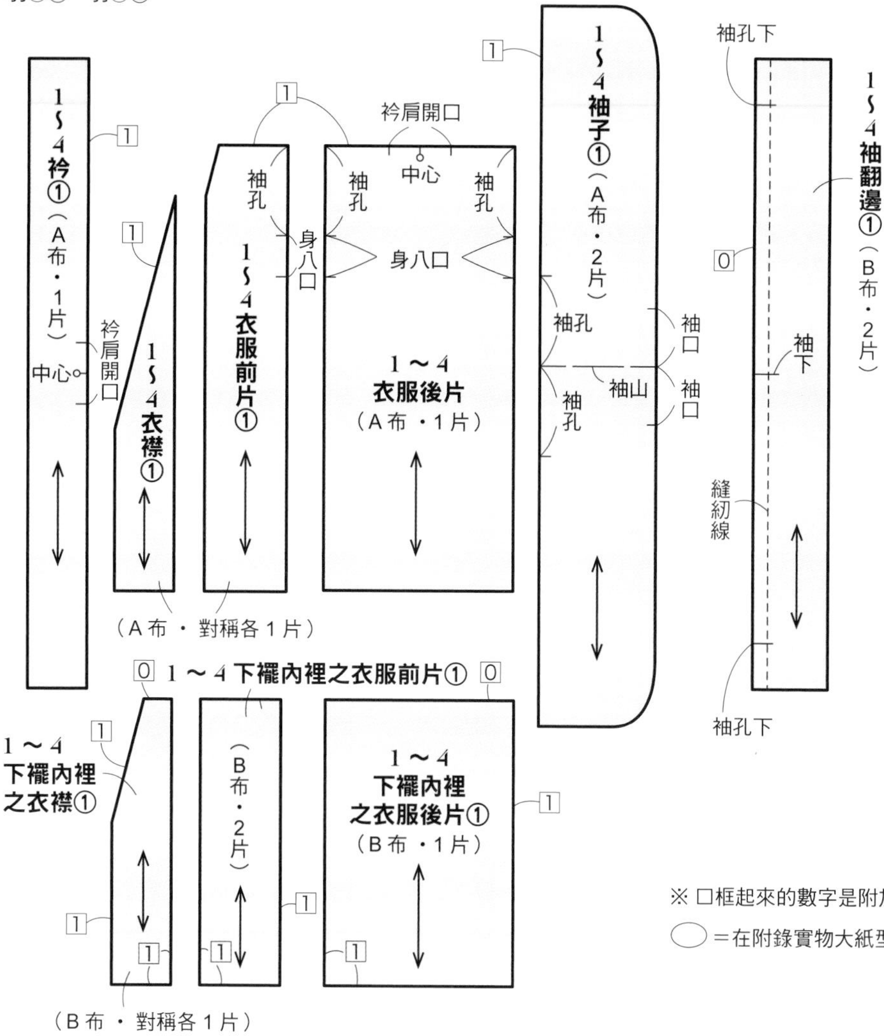

1～4 衿①（A 布・1 片）
中心
衿肩開口
1～4 衣襟①
1～4 衣服前片①
袖孔
身八口
衿肩開口
中心
身八口
1～4 衣服後片①（A 布・1 片）
（A 布・對稱各 1 片）
1～4 袖子①（A 布・2 片）
袖孔
袖山
袖口
袖孔下
1～4 袖翻邊①（B 布・2 片）
袖下
縫紉線
1～4 下襬內裡之衣服前片①
1～4 下襬內裡之衣襟①
（B 布・2 片）
1～4 下襬內裡之衣服後片①（B 布・1 片）
（B 布・對稱各 1 片）

準備紙型和縫份尺寸

※ 口框起來的數字是附加的縫份
◯＝在附錄實物大紙型

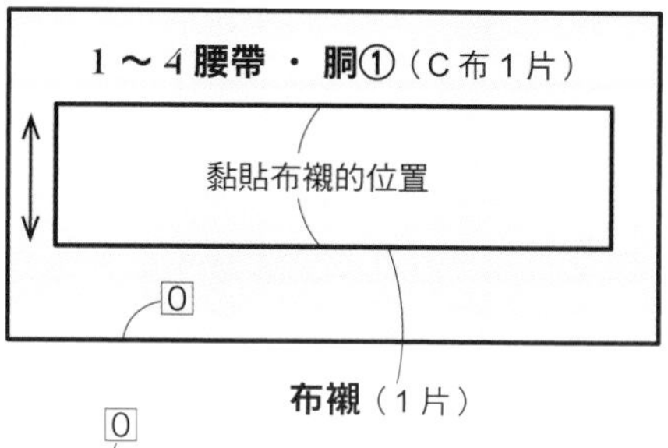

1～4 腰帶・胴①（C 布 1 片）
黏貼布襯的位置
布襯（1 片）

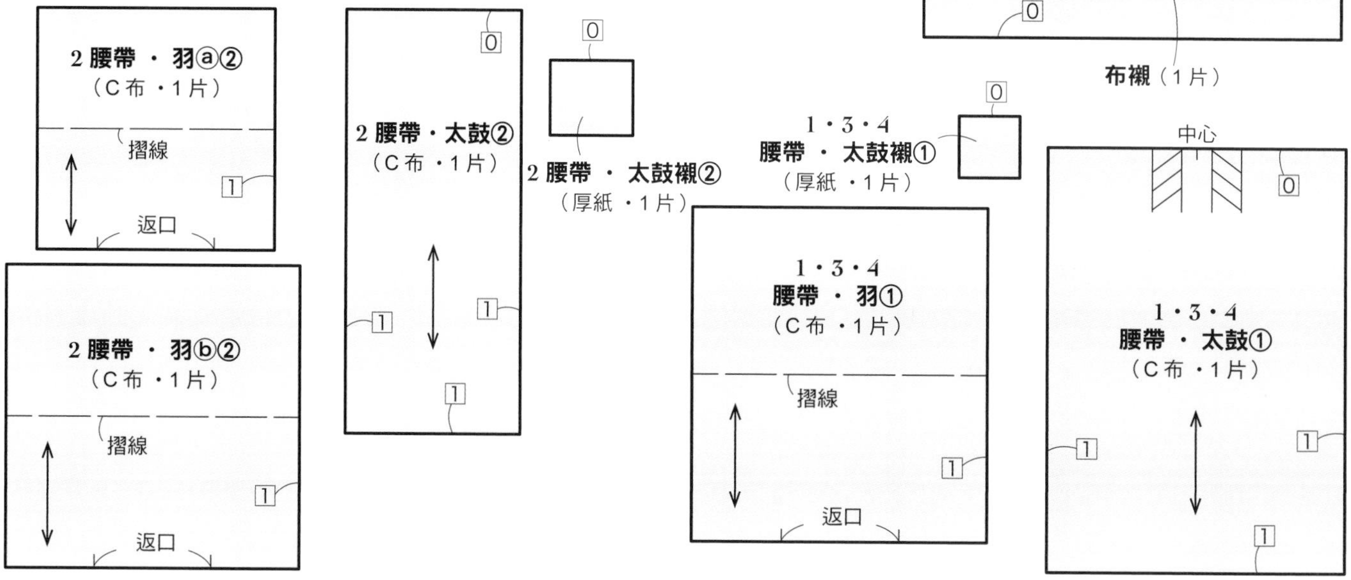

2 腰帶・羽ⓐ②（C 布・1 片）
摺線
返口
2 腰帶・羽ⓑ②（C 布・1 片）
摺線
返口
2 腰帶・太鼓②（C 布・1 片）
2 腰帶・太鼓襯②（厚紙・1 片）
1・3・4 腰帶・太鼓襯①（厚紙・1 片）
1・3・4 腰帶・羽①（C 布・1 片）
摺線
返口
中心
1・3・4 腰帶・太鼓①（C 布・1 片）

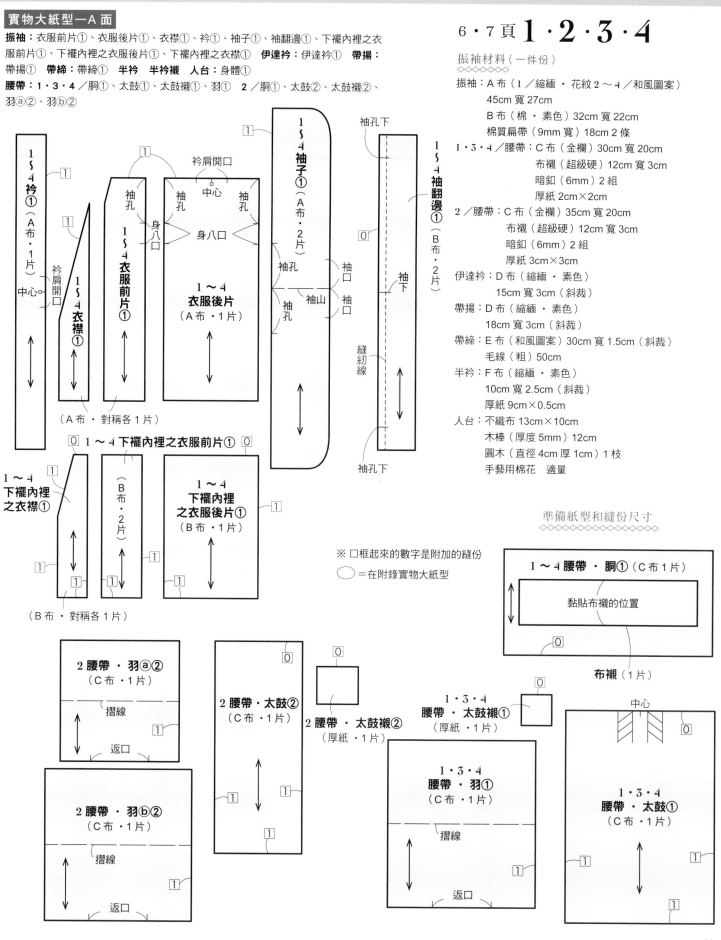

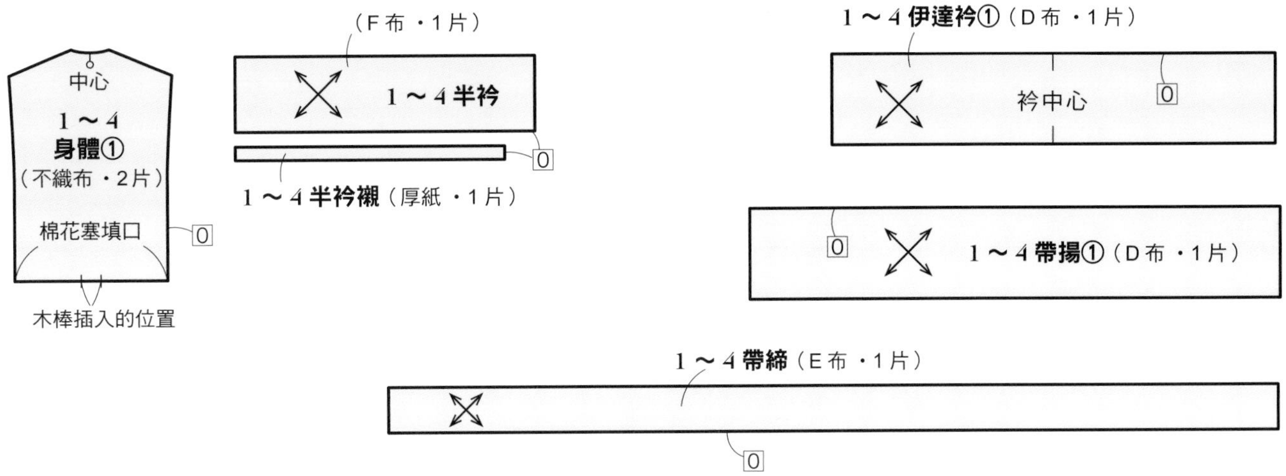
中心
1～4
身體①
（不織布・2片）
棉花塞填口
0
木棒插入的位置
（F布・1片）
1～4半衿
0
1～4半衿襯（厚紙・1片）
1～4伊達衿①（D布・1片）
衿中心
0
0
1～4帶揚①（D布・1片）
1～4帶締（E布・1片）
0

製作方法

振袖、伊達衿、腰帶、帶揚、帶締、半衿、人台和21頁同樣方法製作

製作完成

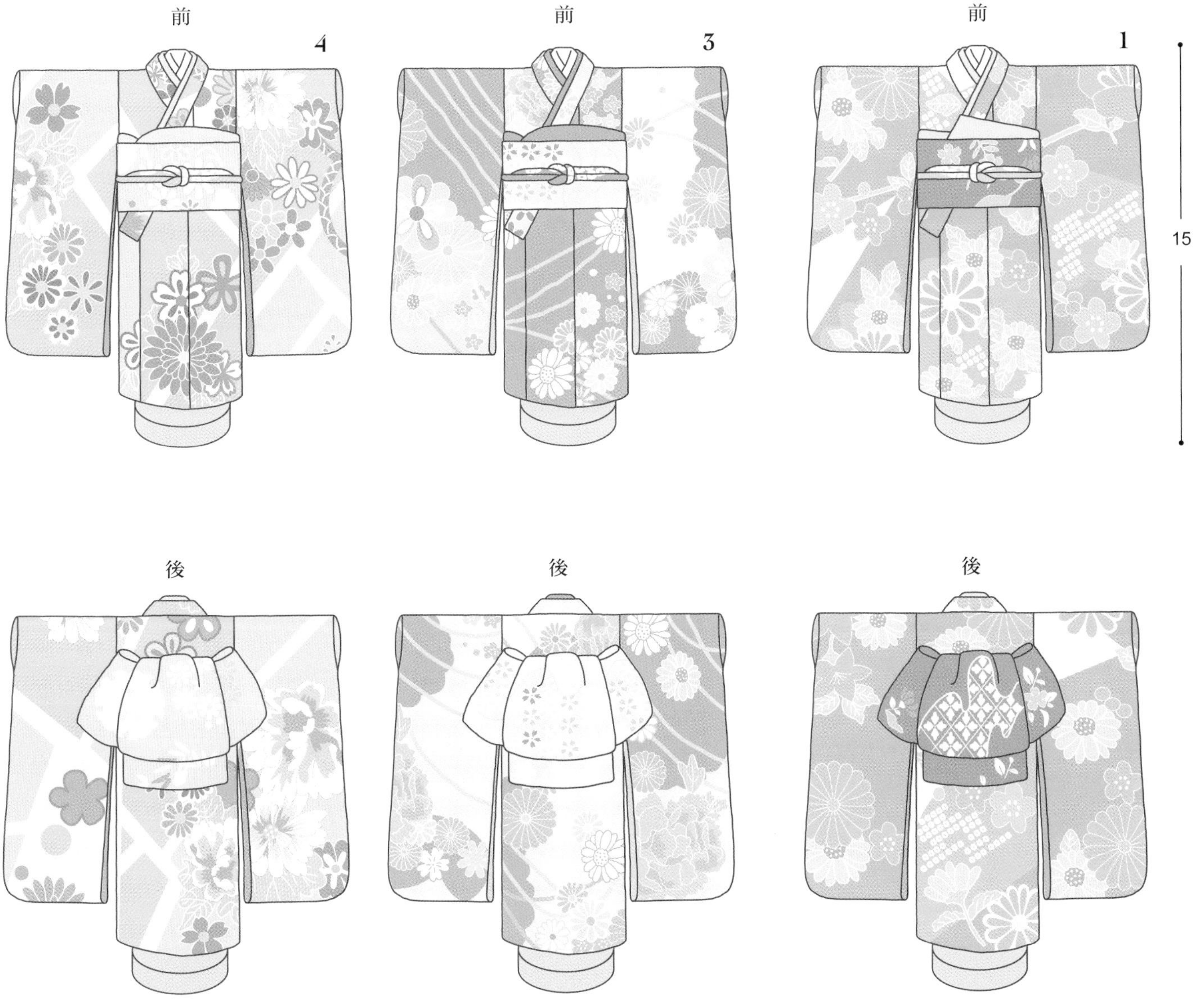
前
4
前
3
前
1
15
後
後
後

2 羽的縫製

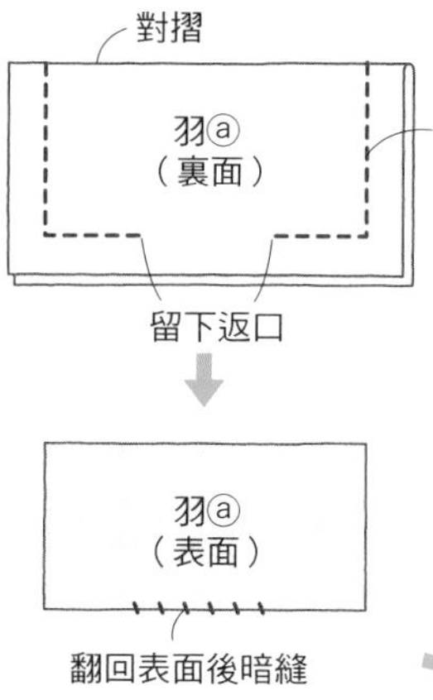
對摺
縫合
羽ⓐ
（裏面）
留下返口
羽ⓐ
（表面）
翻回表面後暗縫

1 太鼓的縫製

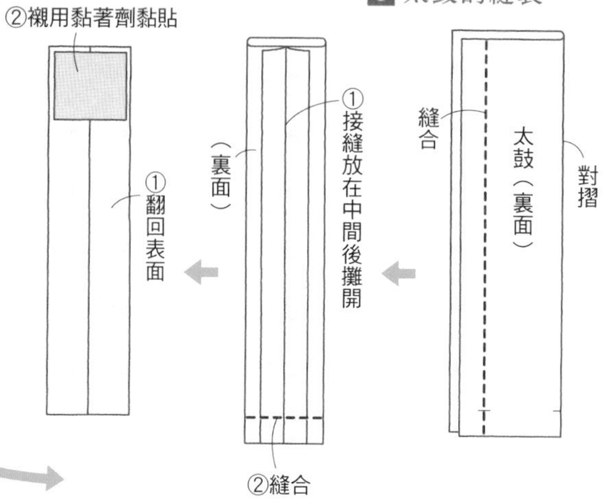
②襯用黏著劑黏貼
①翻回表面
（裏面）
①接縫放在中間後攤開
②縫合
縫合
太鼓（裏面）
對摺

製作完成

前
2

羽ⓐ
羽ⓑ
重疊之後
固定住
將線拉緊
※ 羽ⓑ也是同樣製作方法
在中央縮縫
取 2 條線

3 太鼓和羽的組合

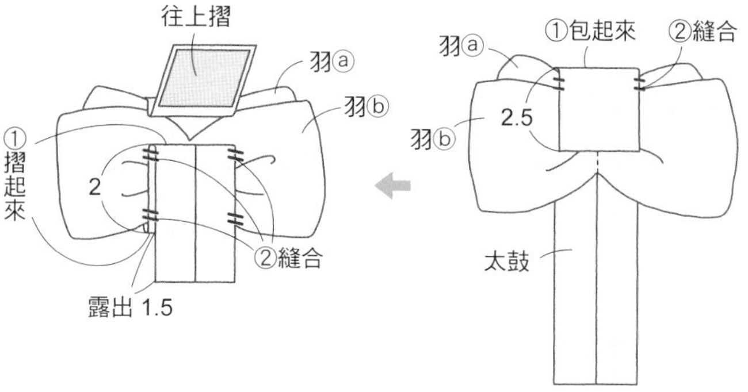
往上摺
羽ⓐ
羽ⓑ
①摺起來
2
②縫合
露出 1.5
羽ⓐ
①包起來
②縫合
2.5
羽ⓑ
太鼓

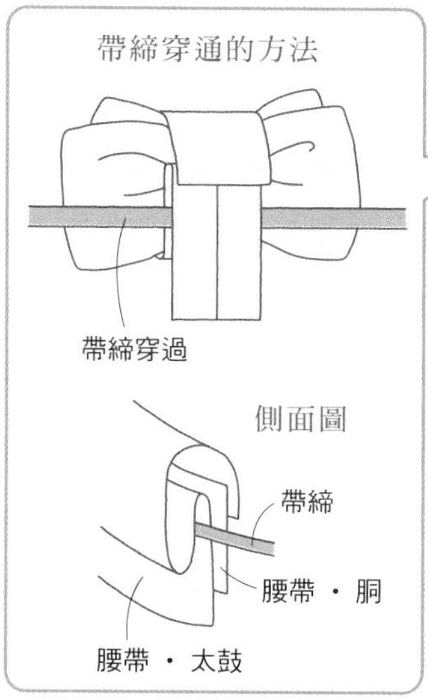
帶締穿通的方法
帶締穿過
側面圖
帶締
腰帶・胴
腰帶・太鼓

後
腰帶・胴貼上襯
將太鼓插進去
帶締穿過太鼓，在胴上繞一圈
到前面打個結

※ 口框起來的數字是附加的縫份

◯＝在附錄實物大紙型

準備紙型和縫份尺寸

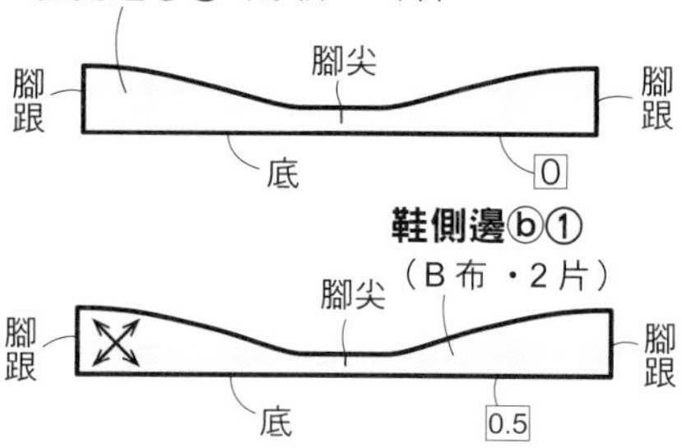
鞋側邊ⓐ①（厚紙・2 片）
腳跟
腳尖
腳跟
底
0
鞋側邊ⓑ①
（B 布・2 片）
腳跟
腳尖
腳跟
底
0.5

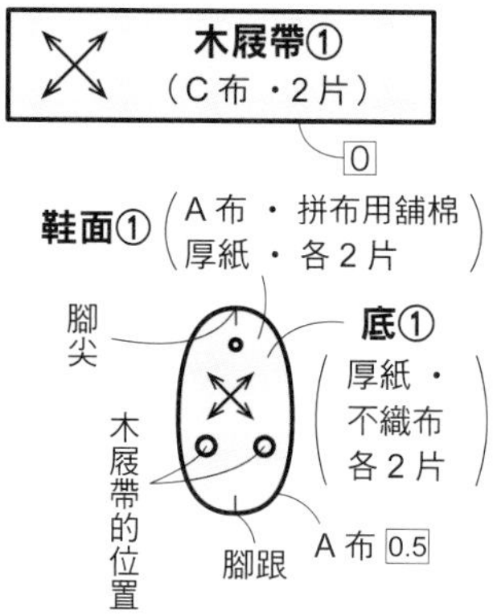
木屐帶①
（C 布・2 片）
0
鞋面①
A 布・拼布用鋪棉
厚紙・各 2 片
腳尖
底①
厚紙・
不織布
各 2 片
木屐帶的位置
腳跟
A 布 0.5

和服涼鞋（一隻份）

鞋面：A 布（1～3／金襴　4／麻布）5cm 寬 9cm

鞋側邊：B 布（1／縮緬・花紋　2・4／和風圖案　3／金襴）
10cm 寬 10cm

木屐帶：C 布（1・3・4／和風圖案　2／縮緬・素色）
6cm 寬 1.5cm（斜裁）2 條

毛線（粗）35cm

底（不織布）4cm×3cm

拼布用鋪棉 4cm×3cm

厚紙 11cm×8cm

實物大紙型—A 面

鞋側邊ⓐ①、鞋側邊ⓑ①、木屐帶①、鞋面①、底①

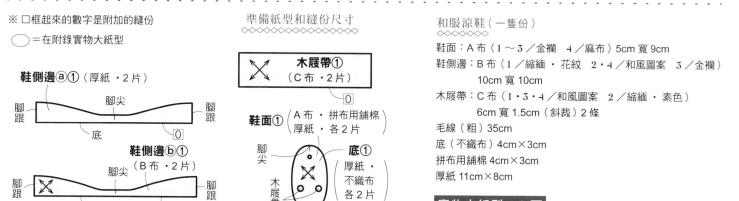

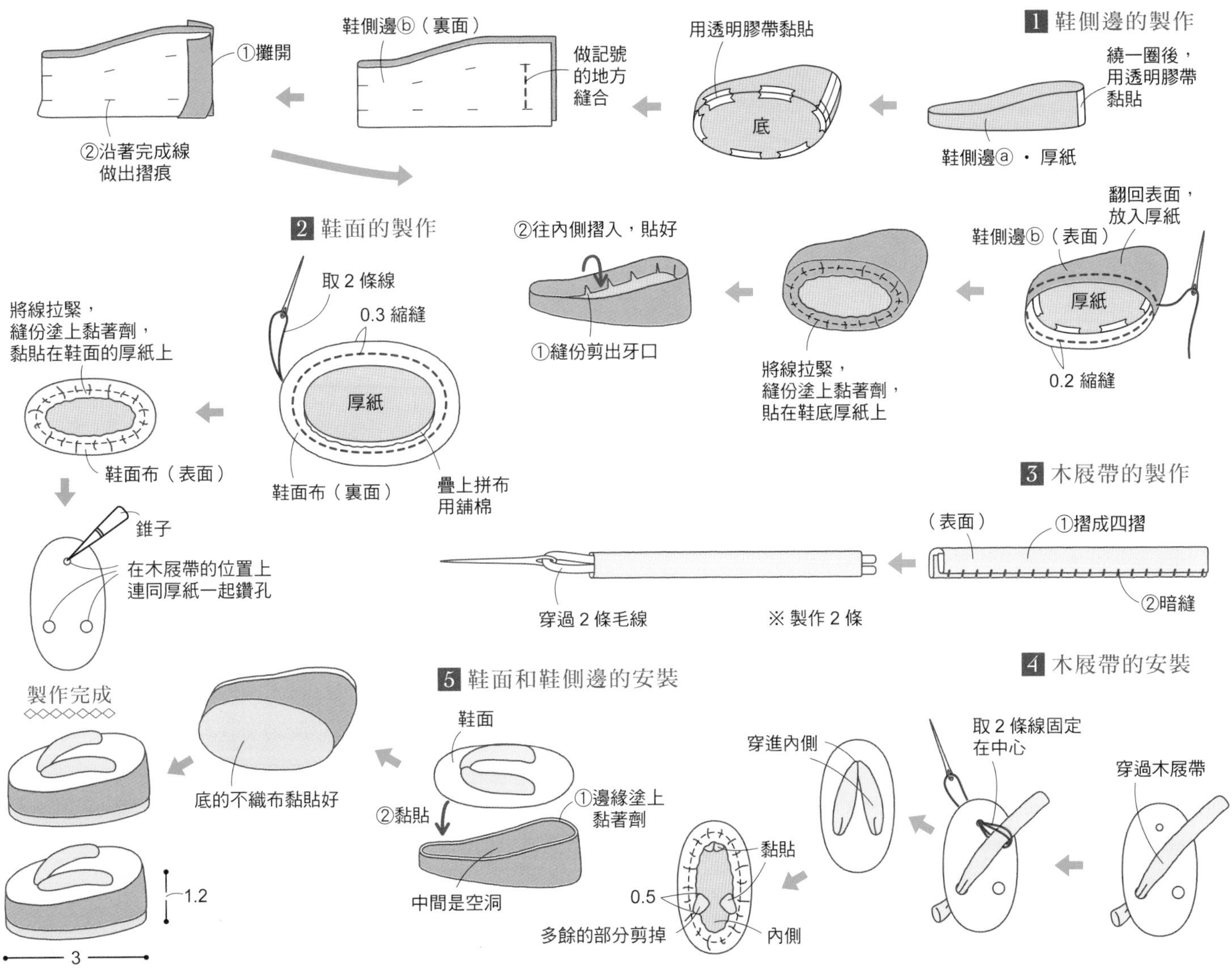
1 鞋側邊的製作
繞一圈後，
用透明膠帶
黏貼
鞋側邊ⓐ・厚紙
用透明膠帶黏貼
底
鞋側邊ⓑ（裏面）
做記號
的地方
縫合
①攤開
②沿著完成線
做出摺痕
翻回表面，
放入厚紙
鞋側邊ⓑ（表面）
厚紙
0.2 縮縫
將線拉緊，
縫份塗上黏著劑，
貼在鞋底厚紙上
②往內側摺入，貼好
①縫份剪出牙口
2 鞋面的製作
取 2 條線
0.3 縮縫
厚紙
鞋面布（裏面）
疊上拼布
用鋪棉
將線拉緊，
縫份塗上黏著劑，
黏貼在鞋面的厚紙上
鞋面布（表面）
錐子
在木屐帶的位置上
連同厚紙一起鑽孔
3 木屐帶的製作
（表面）
①摺成四摺
②暗縫
穿過 2 條毛線
※ 製作 2 條
4 木屐帶的安裝
穿過木屐帶
取 2 條線固定
在中心
穿進內側
黏貼
0.5
多餘的部分剪掉
內側
5 鞋面和鞋側邊的安裝
鞋面
②黏貼
①邊緣塗上
黏著劑
中間是空洞
底的不織布黏貼好
製作完成
1.2
3

1 側面和邊布的縫製

1 製作方法

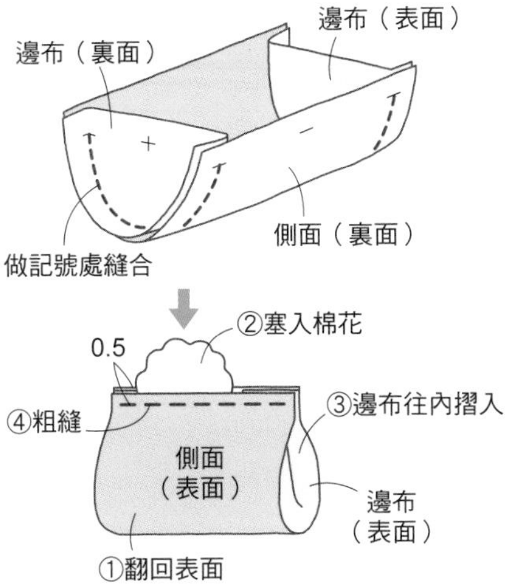
邊布（表面）
邊布（裏面）
做記號處縫合
側面（裏面）
②塞入棉花
0.5
④粗縫
③邊布往內摺入
側面
（表面）
邊布
（表面）
①翻回表面

※48 頁繼續

實物大紙型―A 面

1／袋口布、側面、邊布　2／側面、邊布
3／袋蓋、表袋、裏袋　4／前側面、後側面、邊布

1 準備紙型和縫份尺寸

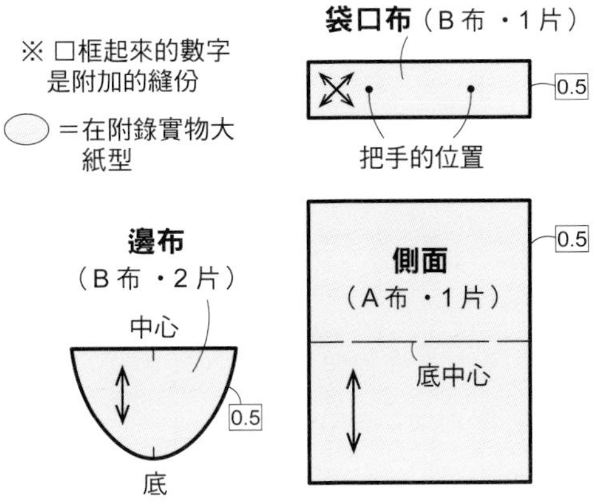
※ 口框起來的數字
是附加的縫份
＝在附錄實物大
紙型
袋口布（B 布・1 片）
0.5
把手的位置
邊布
（B 布・2 片）
中心
0.5
底
0.5
側面
（A 布・1 片）
底中心

提袋材料（一個份）

1／A 布（縮緬・花紋）6cm 寬 7cm
　B 布（麻布・素色）16cm 寬 4cm
　皮革帶（粗 2mm）5cm
　手藝用棉花　適量
2／A 布（金襴）13cm 寬 7cm
　厚紙 11cm×4cm
　珍珠（直徑 3mm）9 顆
　魚線 10cm
3／A 布（金襴）13cm 寬 10cm
　B 布（棉・素色）13cm 寬 10cm
　拼布用鋪棉 6cm×5cm
　皮革帶（3mm 寬）7cm
　手藝用棉花　適量
4／A 布（和風圖案）17cm 寬 6cm
　B 布（麻布・素色）15cm 寬 3cm
　（斜裁）
　皮革帶（粗 2mm）14cm
　手藝用棉花　適量

2 袋口布的縫製

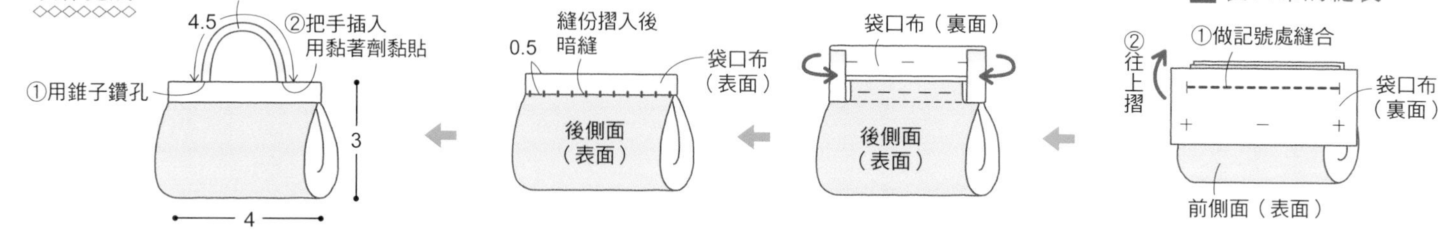

①做記號處縫合
②往上摺
袋口布（裏面）
前側面（表面）
袋口布（裏面）
後側面（表面）
縫份摺入後暗縫
0.5
袋口布（表面）
後側面（表面）
把手（皮革帶）
4.5
②把手插入用黏著劑黏貼
①用錐子鑽孔
3
4

製作完成

2 準備紙型和縫份尺寸

※ 口框起來的數字是附加的縫份

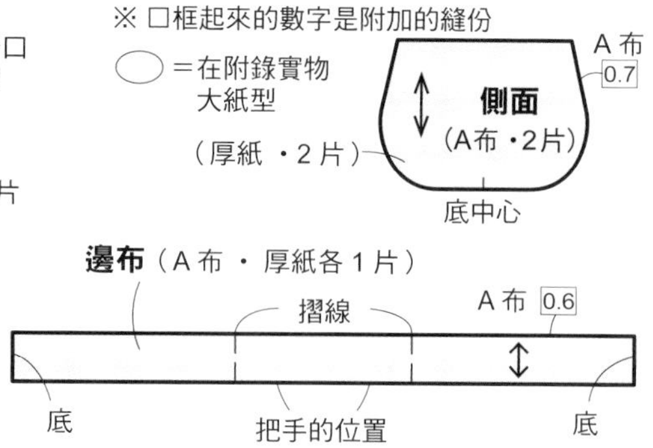

＝在附錄實物大紙型
A 布
0.7
側面
（A布・2片）
（厚紙・2片）
底中心
邊布（A布・厚紙各1片）
A 布
0.6
摺線
底
把手的位置
底

2 製作方法

1 側面的製作

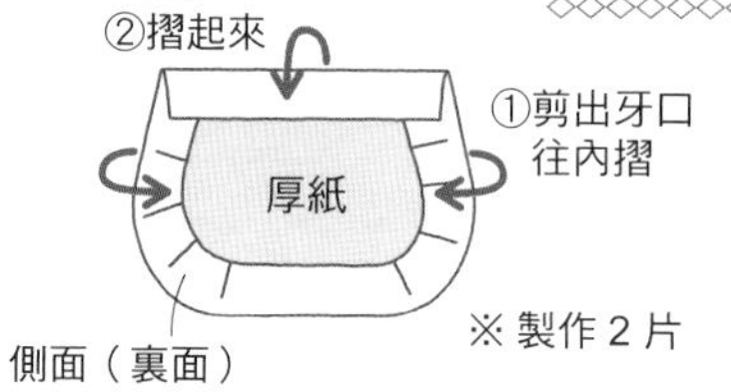

②摺起來
①剪出牙口往內摺
厚紙
側面（裏面）
※ 製作2片

2 邊布的製作

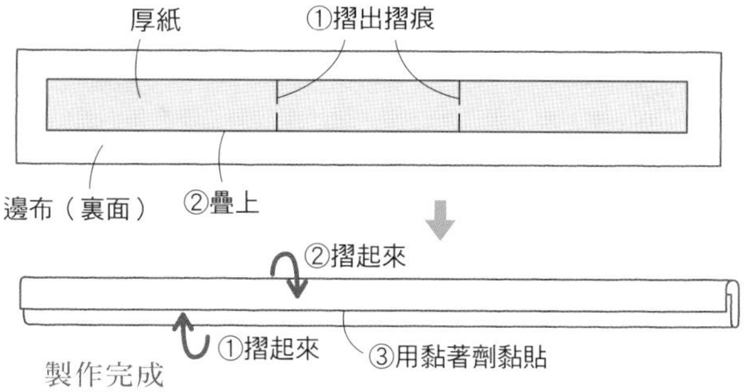

厚紙
①摺出摺痕
邊布（裏面）
②疊上
②摺起來
①摺起來
③用黏著劑黏貼

製作完成

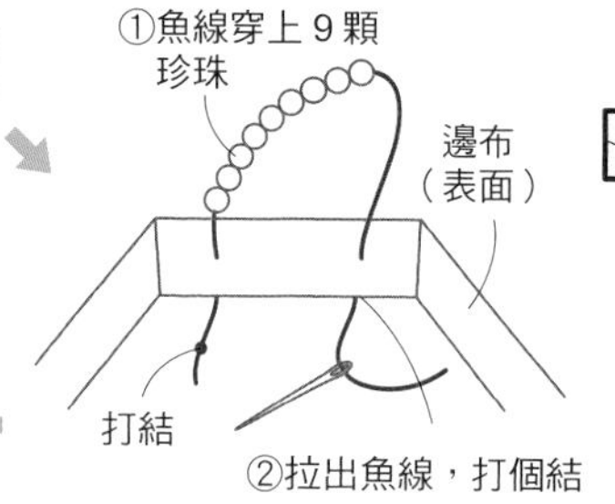

①魚線穿上9顆珍珠
邊布（表面）
打結
②拉出魚線，打個結

3 側面和邊布組合

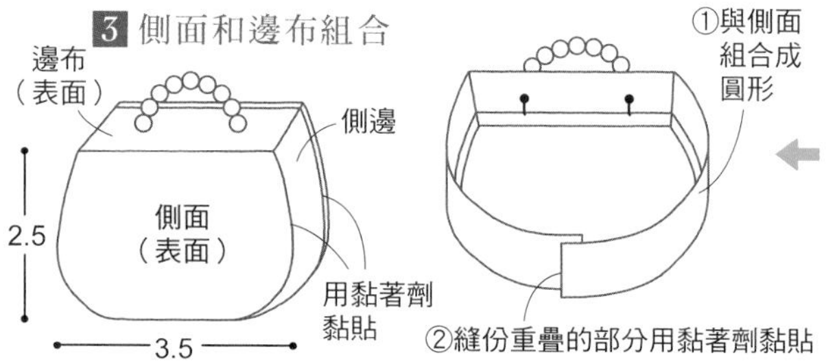

①與側面組合成圓形
②縫份重疊的部分用黏著劑黏貼
邊布（表面）
側邊
側面（表面）
用黏著劑黏貼
2.5
3.5

3 準備紙型和縫份尺寸

※ 口框起來的數字是附加的縫份

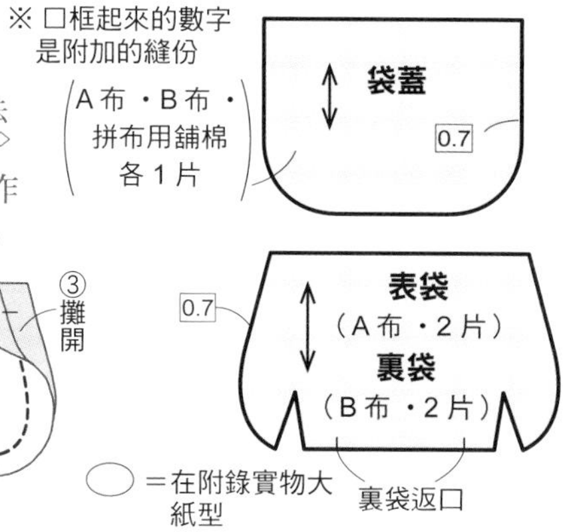

袋蓋
（A布・B布・拼布用鋪棉各1片）
0.7
表袋
（A布・2片）
裏袋
（B布・2片）
0.7
＝在附錄實物大紙型
裏袋返口

3 製作方法

1 表袋的製作

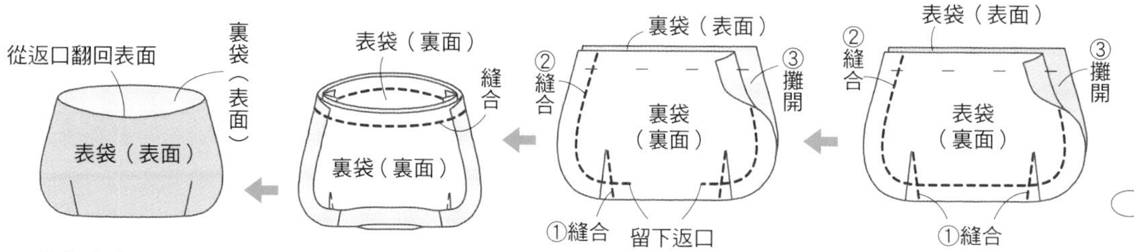

表袋（表面）
②縫合
③攤開
表袋（裏面）
①縫合
裏袋（表面）
②縫合
③攤開
裏袋（裏面）
①縫合
留下返口
表袋（裏面）
縫合
裏袋（裏面）
從返口翻回表面
裏袋（表面）
表袋（表面）

2 袋蓋的製作

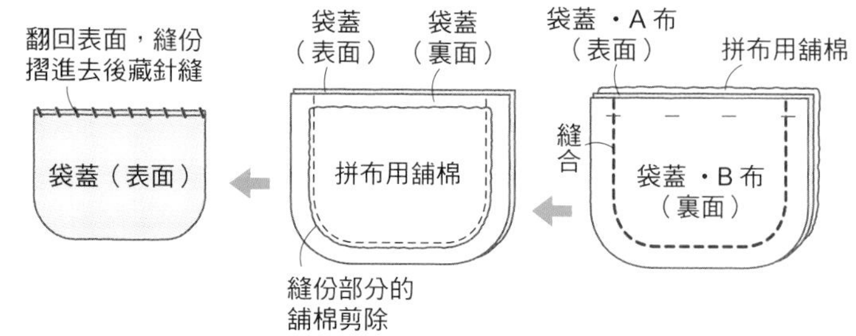

袋蓋・A布（表面）
拼布用鋪棉
縫合
袋蓋・B布（裏面）
袋蓋（表面）
袋蓋（裏面）
拼布用鋪棉
縫份部分的鋪棉剪除
翻回表面，縫份摺進去後藏針縫
袋蓋（表面）

3 把手和袋蓋的組合

製作完成

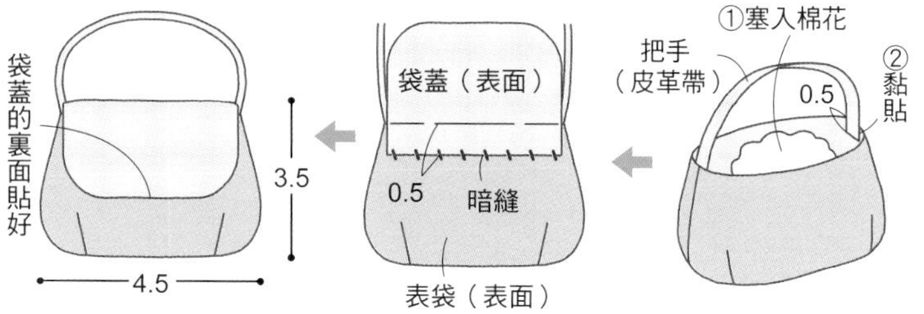

①塞入棉花
把手（皮革帶）
②黏貼
0.5
袋蓋（表面）
0.5
暗縫
表袋（表面）
袋蓋的裏面貼好
3.5
4.5

4 準備紙型和縫份尺寸

※ 口框起來的數字是附加的縫份

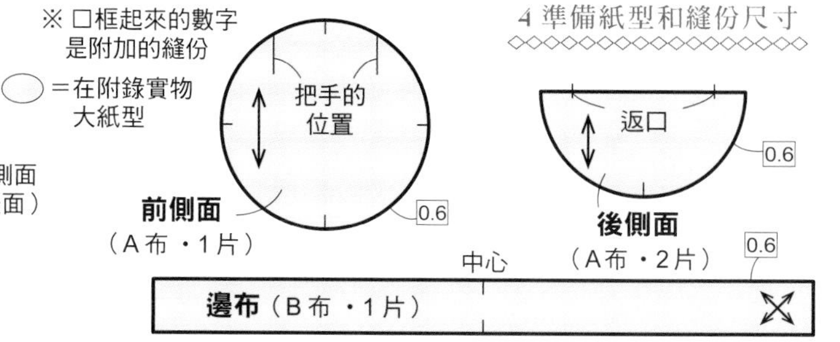

＝在附錄實物大紙型
把手的位置
前側面
（A布・1片）
0.6
返口
0.6
後側面
（A布・2片）
0.6
中心
邊布（B布・1片）

4 製作方法

1 後側面的縫製

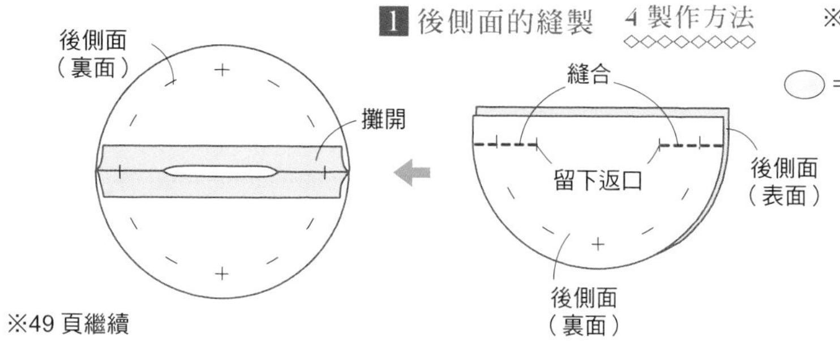

縫合
留下返口
後側面（表面）
後側面（裏面）
後側面（裏面）
攤開

※49頁繼續

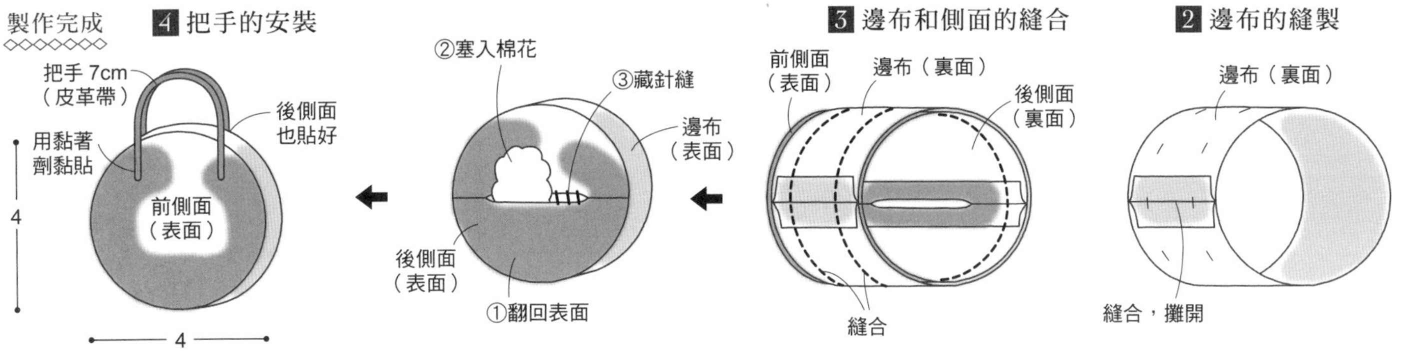

2 邊布的縫製
邊布（裏面）
縫合，攤開
3 邊布和側面的縫合
前側面（表面）
邊布（裏面）
後側面（裏面）
縫合
4 把手的安裝
②塞入棉花
③藏針縫
邊布（表面）
後側面（表面）
①翻回表面
製作完成
把手 7cm（皮革帶）
用黏著劑黏貼
後側面也貼好
前側面（表面）
4
4

實物大紙型—A 面

5／**振袖**：衣服前片②、衣服後片②、衣襟②、衿①、袖子①、袖翻邊①　**伊達衿**：伊達衿①

6／**小紋**：衣服前片②、衣服後片②、衣襟②、衿①、袖子②、袖翻邊②

共通／腰帶：胴①　**半衿**　**半衿襯**　**袴**：前袴、後袴、前袴帶、後袴帶　**人台**：身體①

10 頁 5・6

和服材料（1 件份）

5／振袖：A 布（和風圖案）45cm 寬 24cm
B 布（棉・素色）5cm 寬 21cm
棉質扁帶（9mm 寬）18cm 2 條
伊達衿：D 布（縮緬・素色）
15cm 寬 3cm（斜裁）

6／小紋：A 布（和風圖案）45cm 寬 27cm
B 布（縮緬・素色）5cm 寬 13cm
棉質扁帶（9mm 寬）18cm 2 條

共通／腰帶：C 布（棉）14cm 寬 7cm
布襯（超級硬）12cm 寬 3cm
暗釦（6mm）2 組
半衿：E 布（縮緬・素色）
10cm 寬 2.5cm（斜裁）
厚紙 9cm×0.5cm
袴：F 布（棉・素色）45cm 寬 20cm
暗釦（6mm）1 組
人台：不織布 13cm×10cm
木棒（厚度 5mm）12cm
圓木（直徑 4cm 厚 1cm）1 枚
手藝用棉花　適量

準備紙型和縫份尺寸

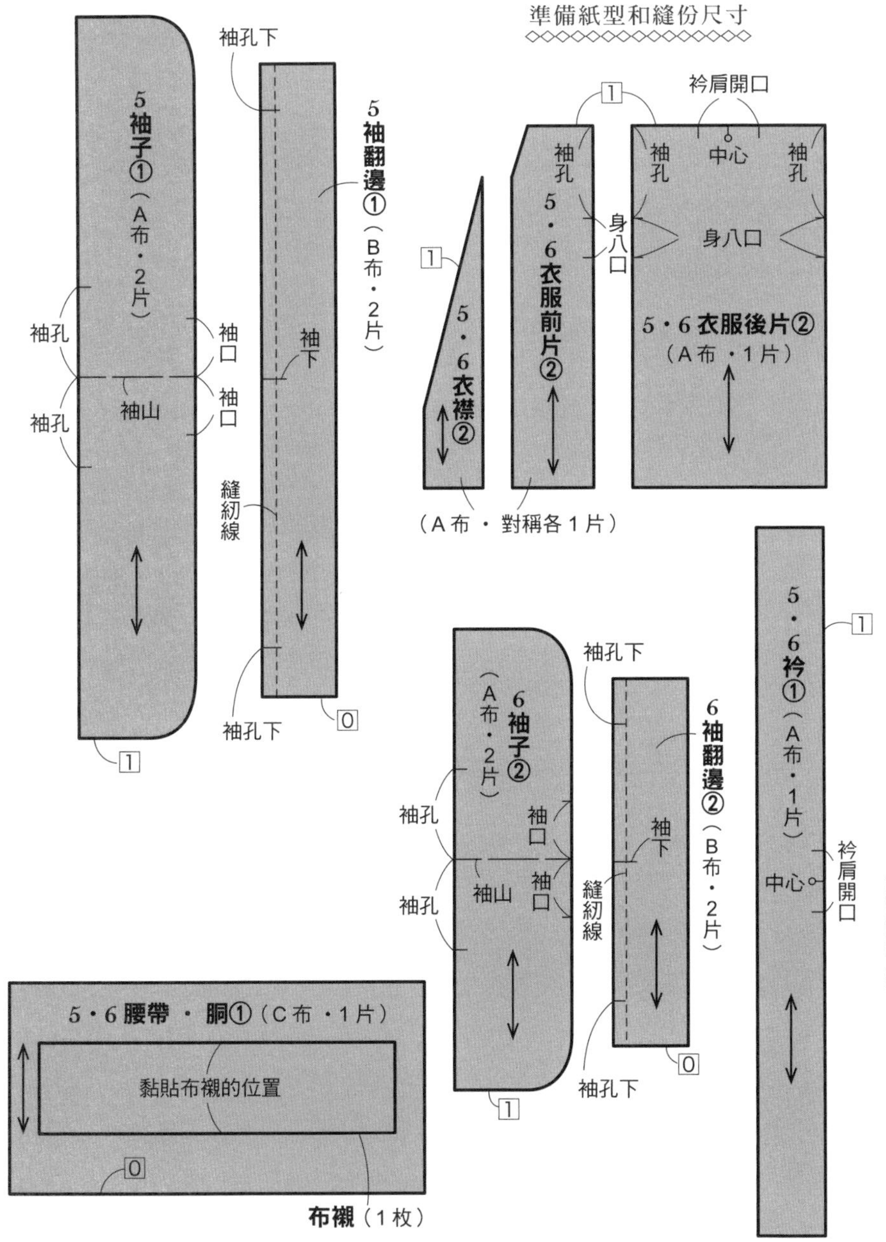

5 袖子①（A 布・2 片）
袖孔
袖孔
袖山
袖口
袖口
1
5 袖翻邊①（B 布・2 片）
袖孔下
袖下
縫紉線
袖孔下
0
1
5・6 衣襟②
1
5・6 衣服前片②
袖孔
身八口
（A 布・對稱各 1 片）
衿肩開口
中心
袖孔
袖孔
身八口
5・6 衣服後片②（A 布・1 片）
6 袖子②（A 布・2 片）
袖孔
袖孔
袖山
袖口
袖口
1
6 袖翻邊②（B 布・2 片）
袖孔下
袖下
縫紉線
袖孔下
0
5・6 衿①（A 布・1 片）
1
中心
衿肩開口
5・6 腰帶・胴①（C 布・1 片）
黏貼布襯的位置
0
布襯（1 枚）

※ 口框起來的數字是附加的縫份

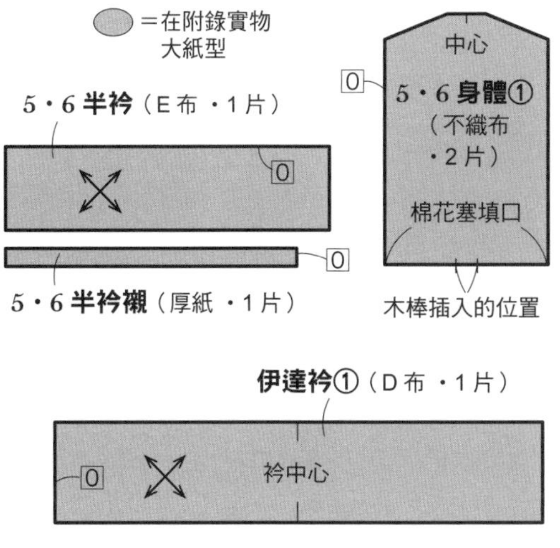

＝在附錄實物大紙型
5・6 半衿（E 布・1 片）
0
0
5・6 半衿襯（厚紙・1 片）
中心
0
5・6 身體①（不織布・2 片）
棉花塞填口
木棒插入的位置
伊達衿①（D 布・1 片）
0
衿中心

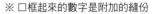

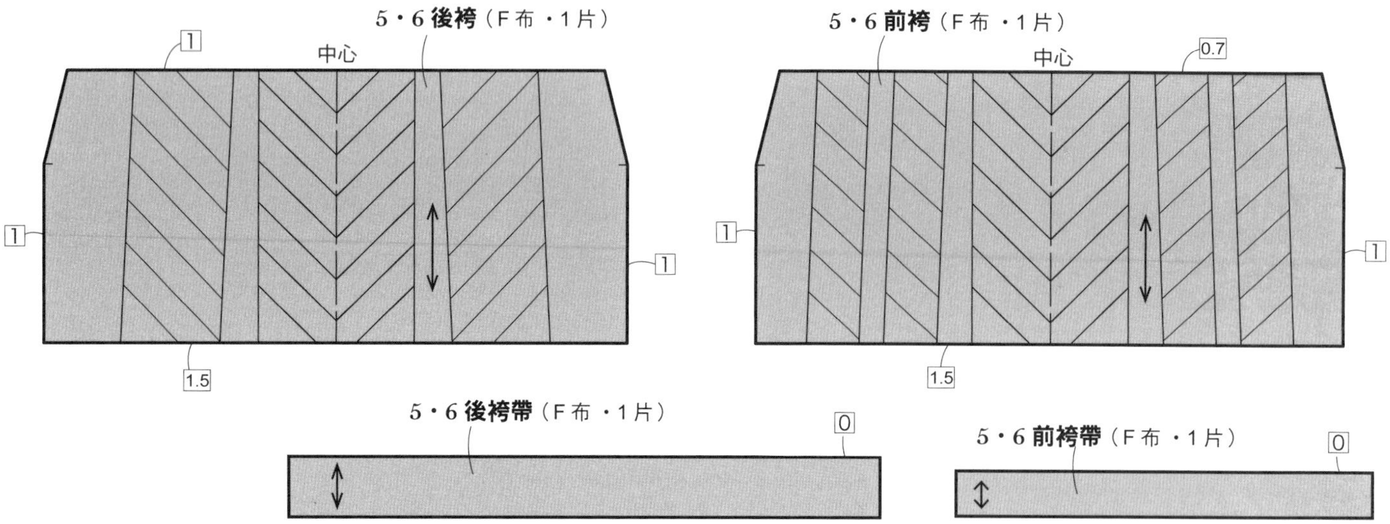
5・6 後袴（F布・1片）
中心
1
1
1
1.5
5・6 前袴（F布・1片）
中心
0.7
1
1
1.5
5・6 後袴帶（F布・1片）
0
5・6 前袴帶（F布・1片）
0

1 和服、腰帶、人台的製作、穿著 製作方法

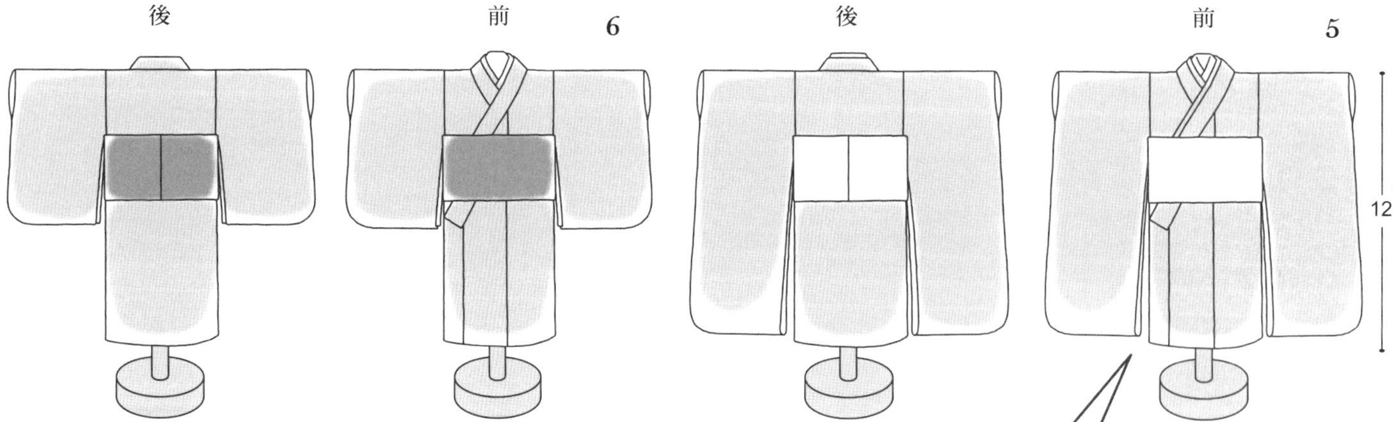
後
前
6
後
前
5
12

和服、伊達衿、腰帶、半衿、人台和 21 頁同樣方法製作，人台穿著和服，繫上腰帶。

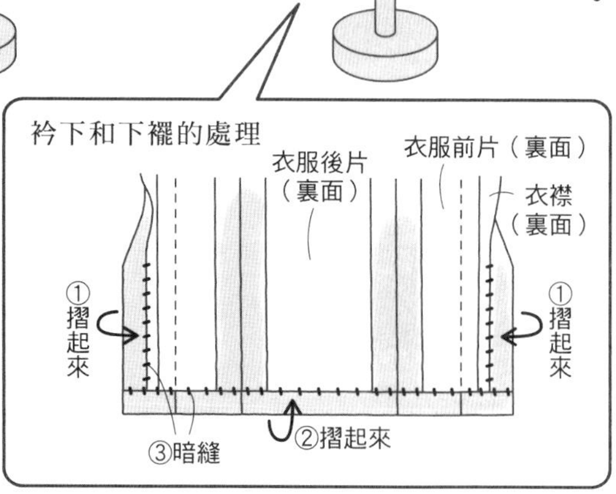
衿下和下襬的處理
衣服後片（裏面）
衣服前片（裏面）
衣襟（裏面）
①摺起來
①摺起來
③暗縫
②摺起來

2 袴褶的摺疊

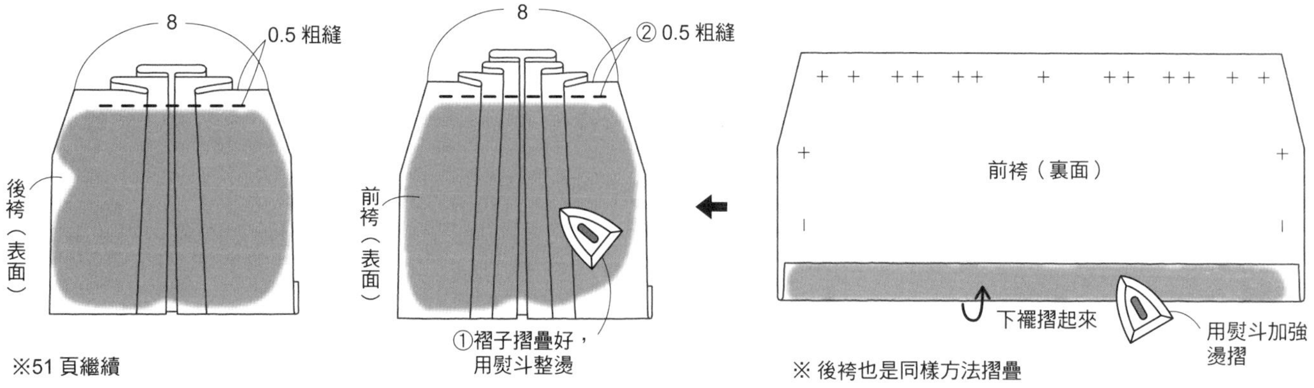
8
0.5 粗縫
後袴（表面）
8
② 0.5 粗縫
前袴（表面）
①褶子摺疊好，用熨斗整燙
前袴（裏面）
下襬摺起來
用熨斗加強燙摺

※51 頁繼續

※ 後袴也是同樣方法摺疊

3 脇邊的縫製，下襬暗縫

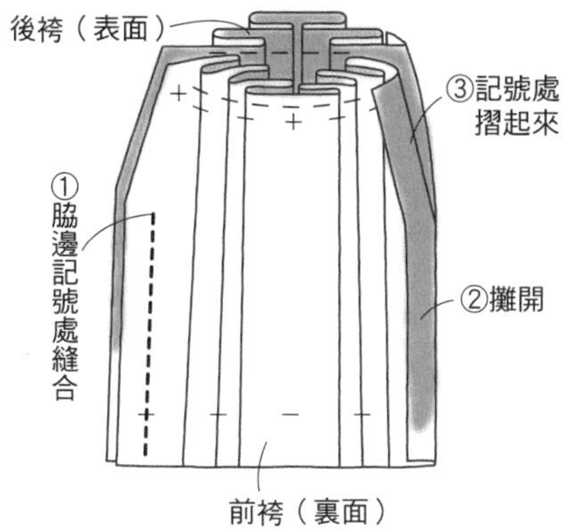
後袴（表面）
③記號處
摺起來
①脇邊記號處縫合
②攤開
前袴（裏面）

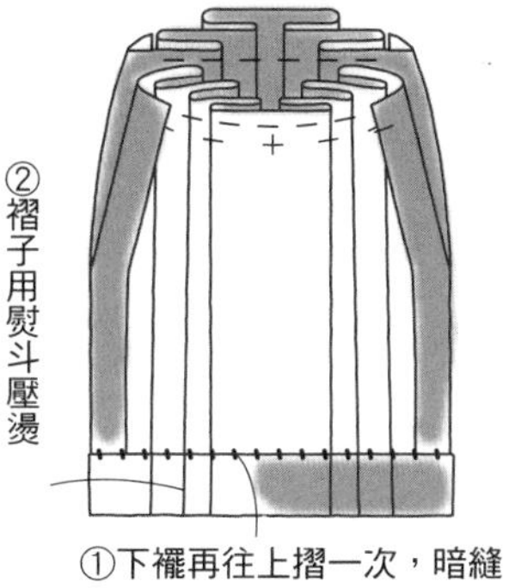
②褶子用熨斗壓燙
①下襬再往上摺一次，暗縫

4 前袴帶、後袴帶的連接

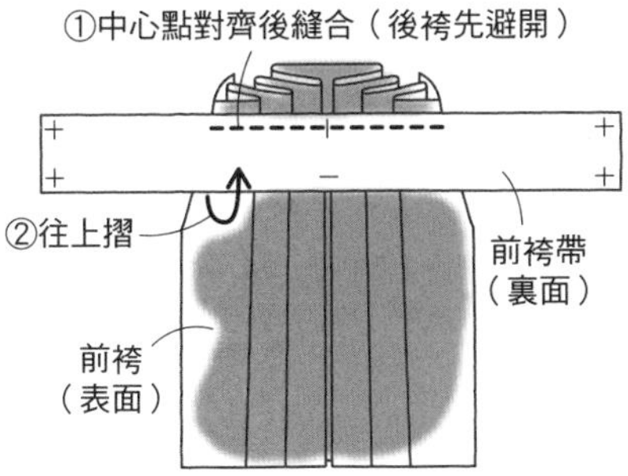
①中心點對齊後縫合（後袴先避開）
②往上摺
前袴帶
（裏面）
前袴
（表面）

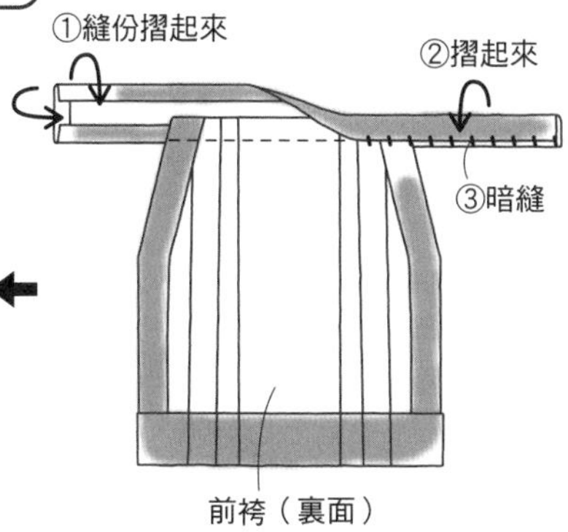
①縫份摺起來
②摺起來
③暗縫
前袴（裏面）

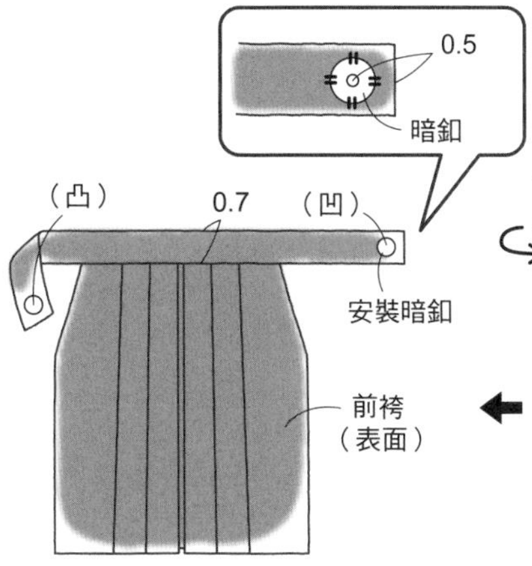
0.5
暗釦
（凸）
0.7
（凹）
安裝暗釦
前袴
（表面）

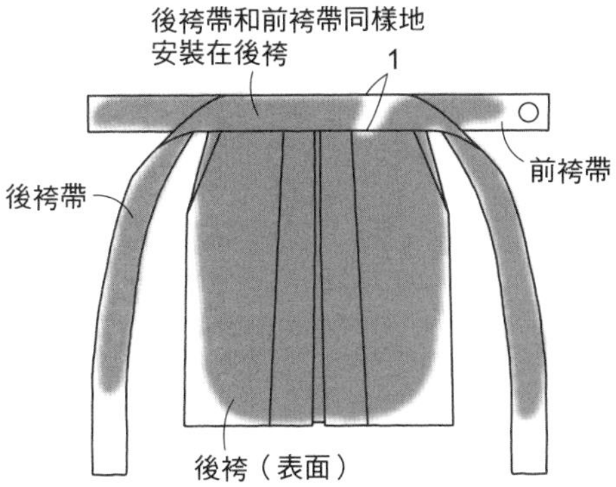
後袴帶和前袴帶同樣地
安裝在後袴
1
前袴帶
後袴帶
後袴（表面）

5 袴的穿著

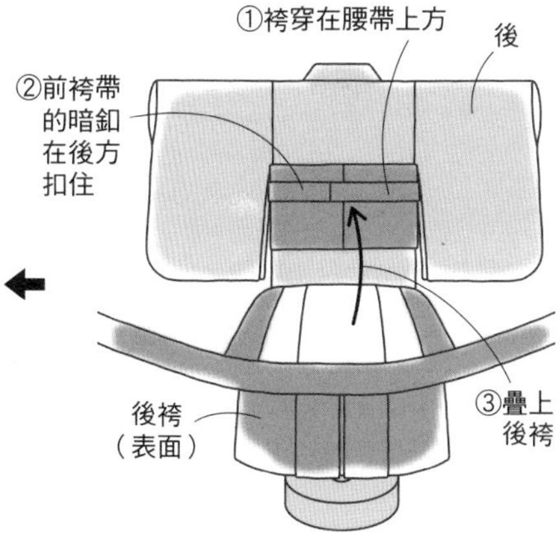
①袴穿在腰帶上方
後
②前袴帶
的暗釦
在後方
扣住
③疊上
後袴
後袴
（表面）

製作完成

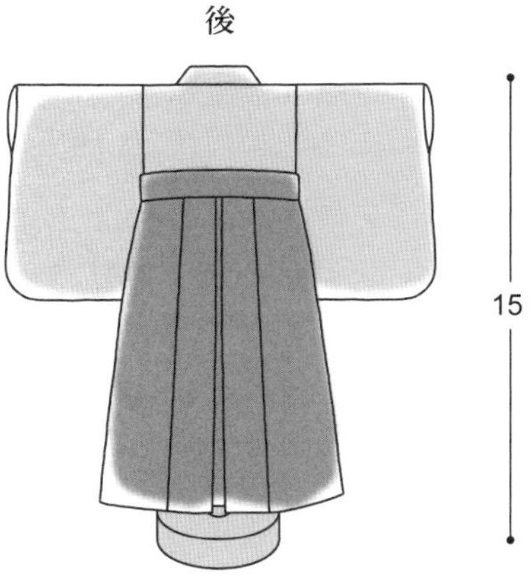
後
15

6

前
腰帶露出 0.5
後袴帶在
前方打結

製作完成

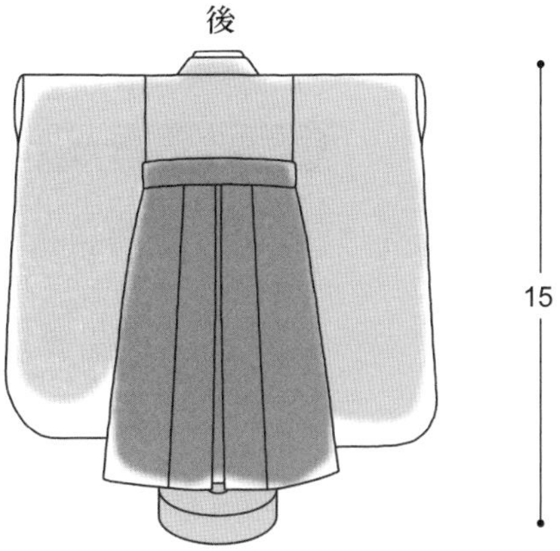
後
15

5

前

和 6 同樣方法製作

＝在附錄實物大紙型　※ 口框起來的數字是附加的縫份

5 提袋材料

A 布（金襴）15cm 寬 9cm
B 布（縮緬・素色）6cm 寬 1.5cm（斜裁）
毛線（粗）15cm
厚紙 9cm×5cm

實物大紙型－A 面

側面、邊布、底、把手

準備紙型和縫份尺寸

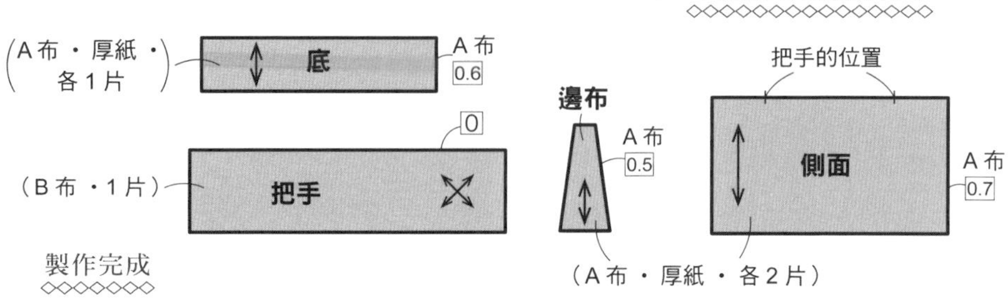

A 布・厚紙・各 1 片
底
A 布 0.6
0
B 布・1 片
把手
邊布
A 布 0.5
把手的位置
側面
A 布 0.7
A 布・厚紙・各 2 片

製作完成

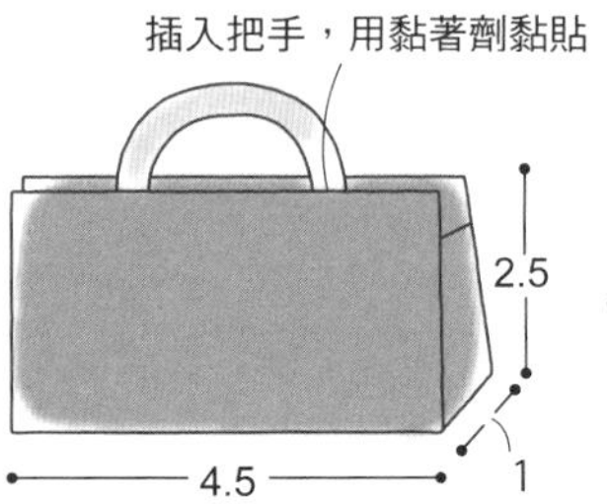

插入把手，用黏著劑黏貼
2.5
4.5
1

製作方法

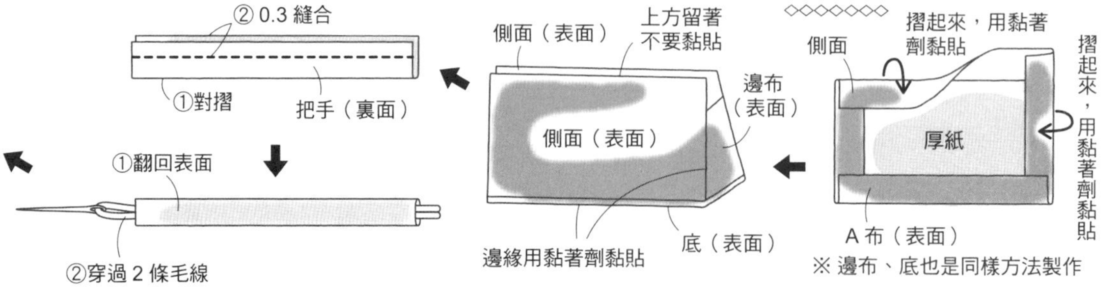

側面
摺起來，用黏著劑黏貼
厚紙
摺起來，用黏著劑黏貼
A 布（表面）
※ 邊布、底也是同樣方法製作
側面（表面）
上方留著不要黏貼
邊布（表面）
側面（表面）
底（表面）
邊緣用黏著劑黏貼
② 0.3 縫合
①對摺
把手（裏面）
①翻回表面
②穿過 2 條毛線

5 和服涼鞋材料

鞋面：A 布（和風圖案）5cm 寬 9cm
鞋側邊：B 布（和風圖案）10cm 寬 10cm
木屐帶：皮革帶（3mm 寬）12cm
底（不織布）4cm×3cm
拼布用鋪棉 4cm×3cm
厚紙 11cm×8cm

實物大紙型－A 面

鞋側邊ⓐ①、鞋側邊ⓑ①、鞋面①、底①

製作方法

和 47 頁同樣方法製作，木屐帶為皮革帶。

製作完成

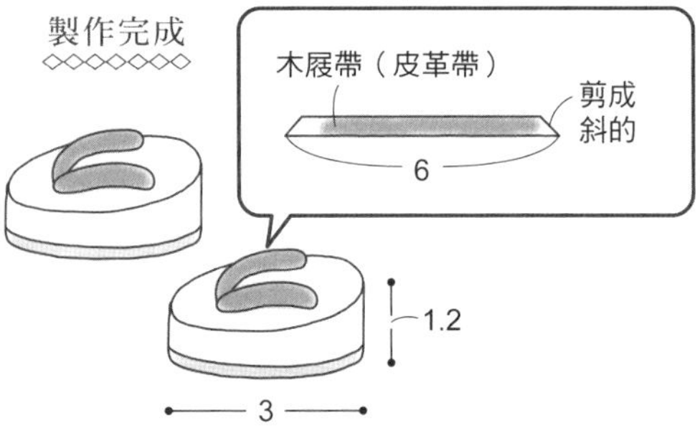

木屐帶（皮革帶）
剪成斜的
6
1.2
3

準備紙型和縫份尺寸

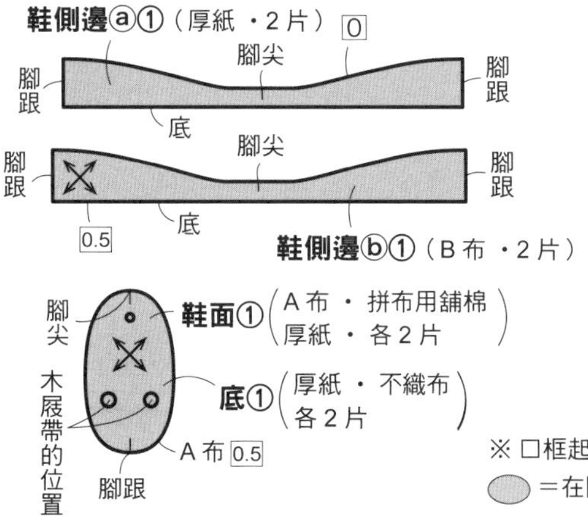

鞋側邊ⓐ①（厚紙・2 片）0
腳尖
腳跟
底
腳跟
腳尖
腳跟
底
腳跟
0.5
鞋側邊ⓑ①（B 布・2 片）
腳尖
鞋面①（A 布・拼布用鋪棉 厚紙・各 2 片）
底①（厚紙・不織布 各 2 片）
木屐帶的位置
A 布 0.5
腳跟

※ 口框起來的數字是附加的縫份
＝在附錄實物大紙型

6 抽繩布袋材料

A 布（棉・圖案布）12cm 寬 5cm
B 布（棉・圖案布）16cm 寬 4cm
厚紙 13cm×3cm
25 號刺繡線 35cm
木珠（3mm）2 顆
手藝用棉花　適量

實物大紙型－A 面

本體上、本體下、底

製作方法

1 本體上的縫製

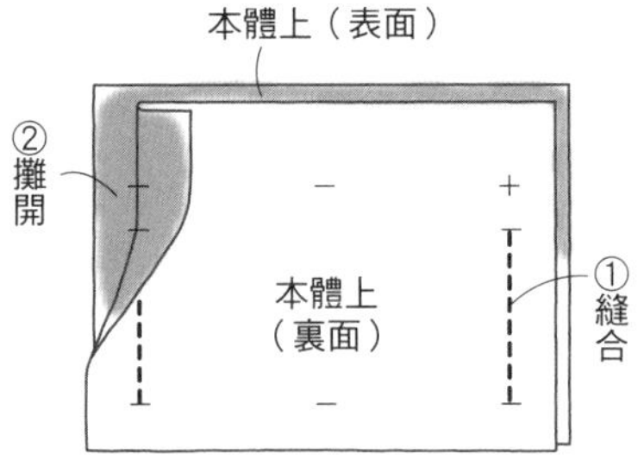

本體上（表面）
②攤開
本體上（裏面）
①縫合

2 本體下的縫製

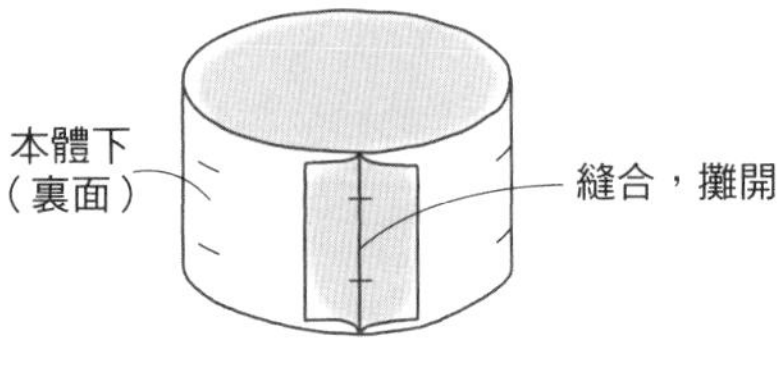

本體下（裏面）
縫合，攤開

※53 頁繼續

準備紙型和縫份尺寸

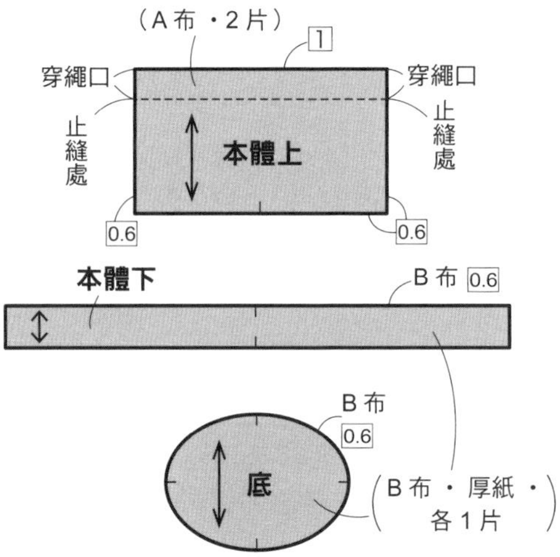

（A 布・2 片）
1
穿繩口
穿繩口
止縫處
止縫處
本體上
0.6
0.6
本體下
B 布 0.6
B 布 0.6
底
B 布・厚紙・各 1 片

※ 口框起來的數字是附加的縫份
＝在附錄實物大紙型

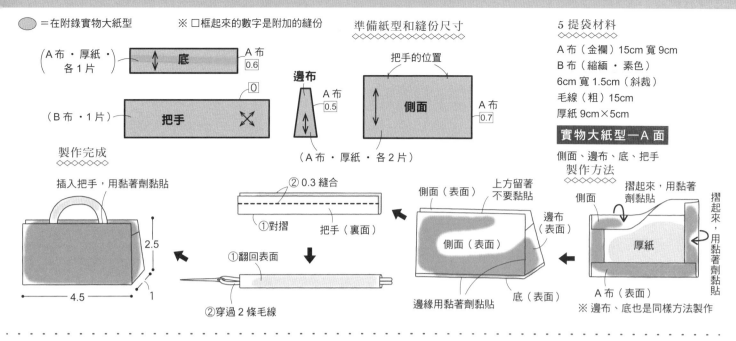

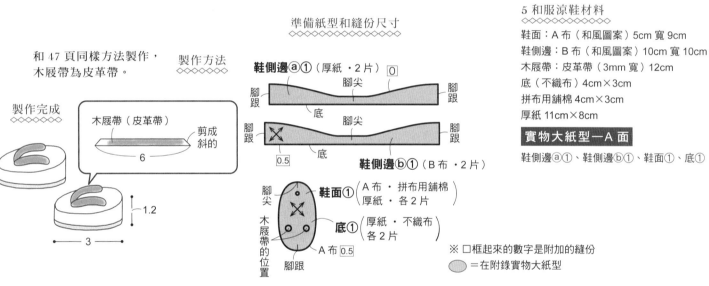

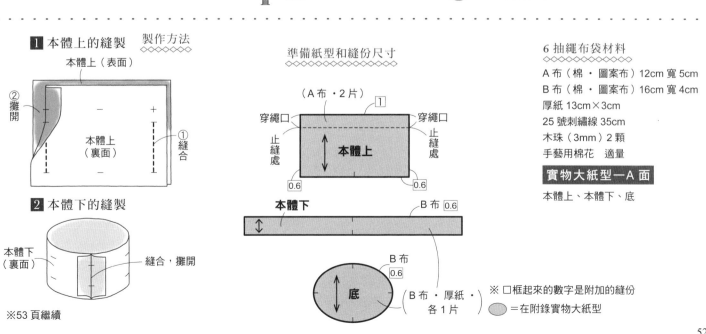

3 本體上、下的縫製

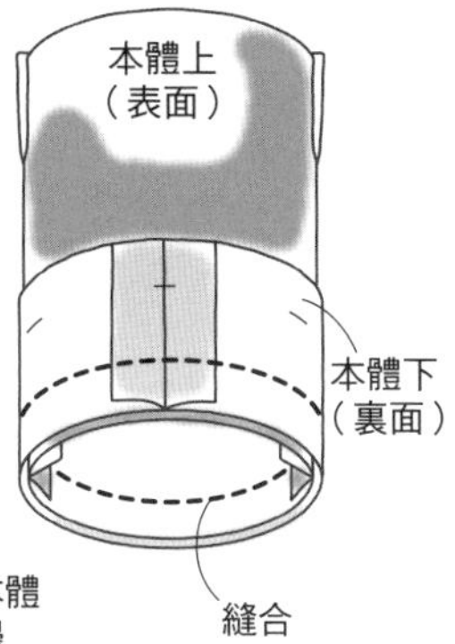
本體上
（表面）
本體下
（裏面）
縫合

4 本體下和底的縫合

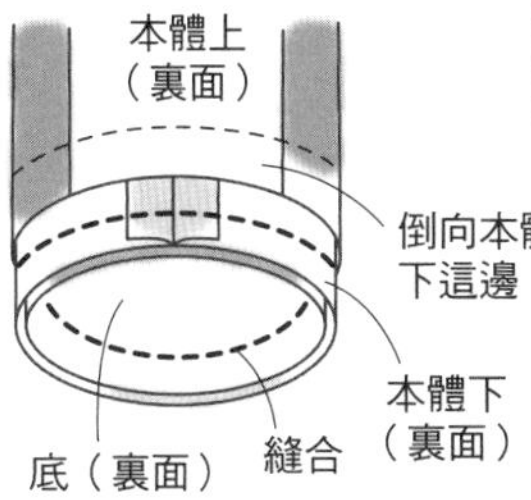
本體上
（裏面）
倒向本體
下這邊
本體下
（裏面）
底（裏面）
縫合

5 穿繩孔的縫製

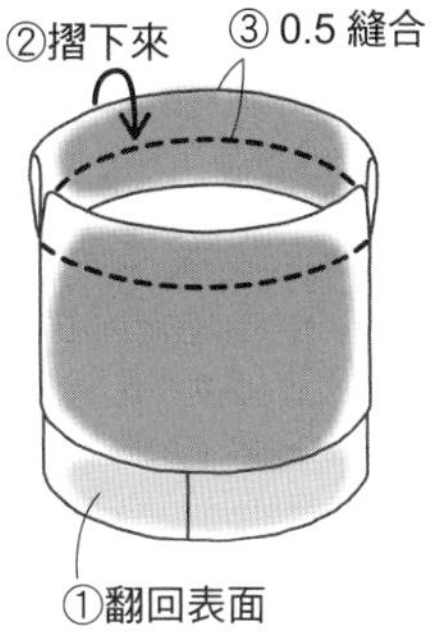
②摺下來
③ 0.5 縫合
①翻回表面

6 厚紙的黏貼組合

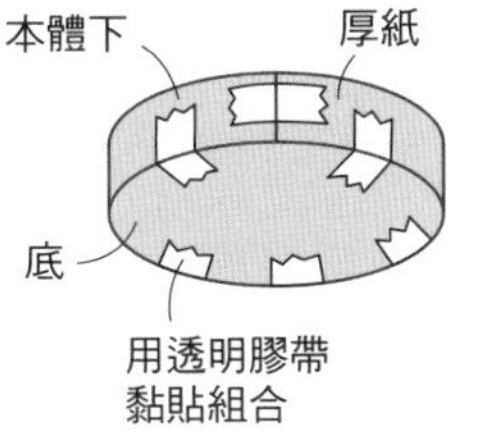
本體下
厚紙
底
用透明膠帶
黏貼組合

7 穿刺繡線

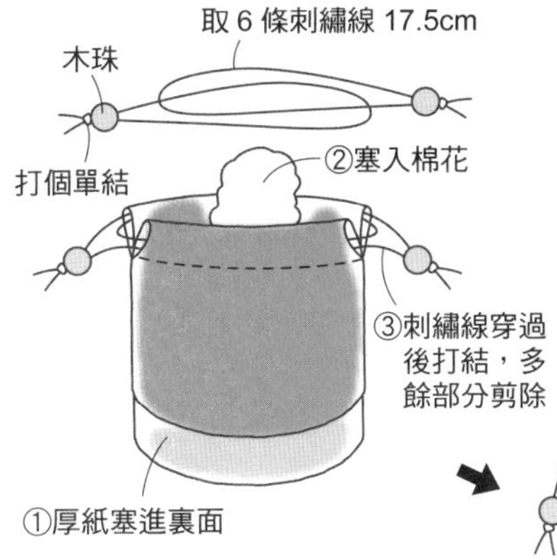
取 6 條刺繡線 17.5cm
木珠
打個單結
②塞入棉花
③刺繡線穿過
後打結，多
餘部分剪除
①厚紙塞進裏面

製作完成

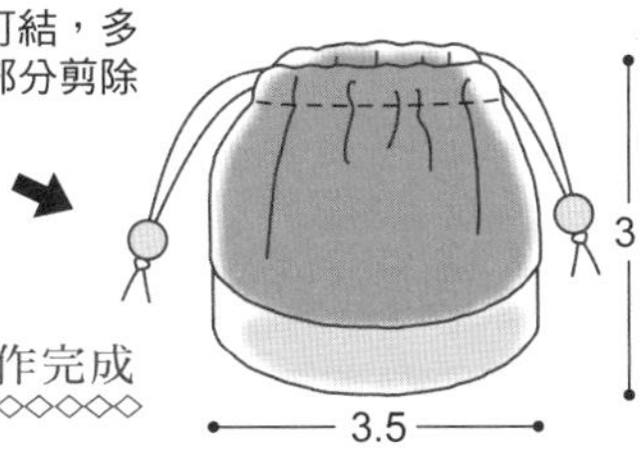
3
3.5

---

1 本體的製作

製作方法

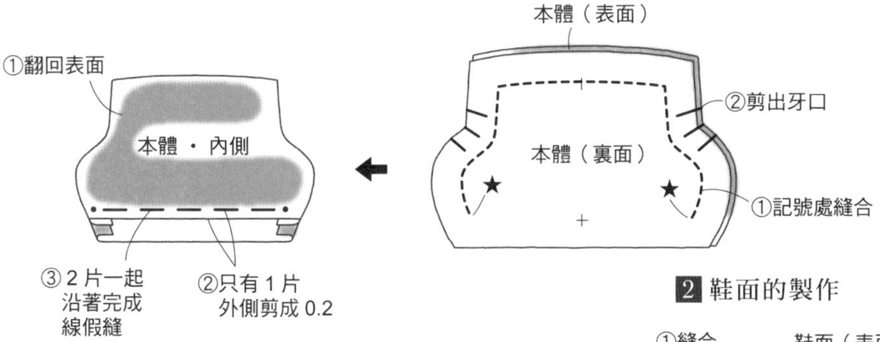
本體（表面）
②剪出牙口
本體（裏面）
①記號處縫合
①翻回表面
本體・內側
③ 2 片一起
沿著完成
線假縫
②只有 1 片
外側剪成 0.2

6 靴子材料

A 布（棉・素色）30cm 寬 12cm
底（不織布）7cm×5cm
厚紙 11cm×8cm
25 號刺繡線 50cm
手藝用棉花 適量

實物大紙型—A 面

本體、鞋面、底、鞋後跟

準備紙型和縫份尺寸

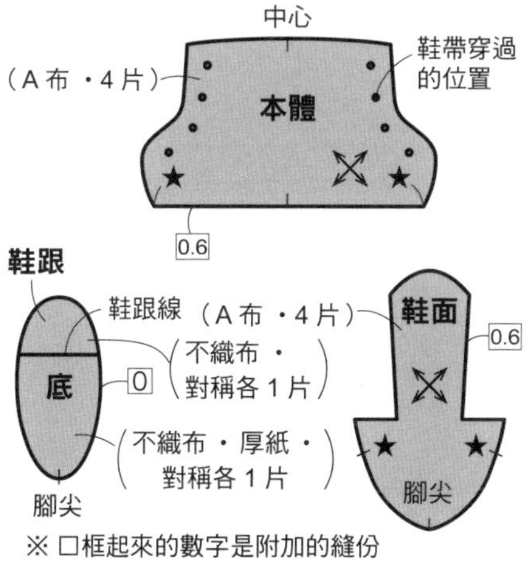
中心
（A 布・4 片）
本體
鞋帶穿過
的位置
0.6
鞋跟
鞋跟線
（A 布・4 片）
不織布・
對稱各 1 片
0
底
不織布・厚紙・
對稱各 1 片
腳尖
鞋面
0.6
腳尖

※ 口框起來的數字是附加的縫份

● ＝在附錄實物大紙型

2 鞋面的製作

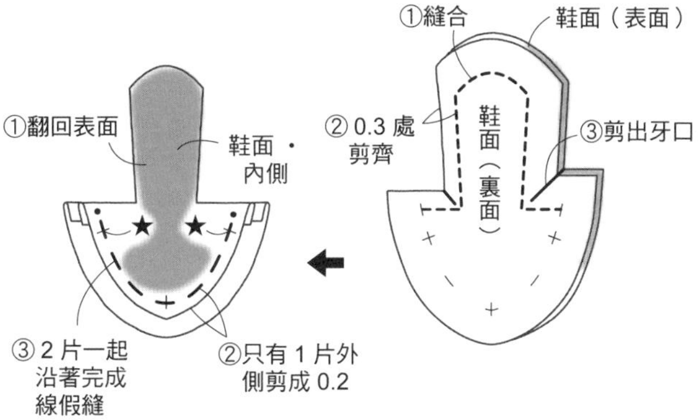
①縫合
鞋面（表面）
② 0.3 處
剪齊
鞋面（裏面）
③剪出牙口
①翻回表面
鞋面・
內側
③ 2 片一起
沿著完成
線假縫
②只有 1 片外
側剪成 0.2

3 本體和鞋面的組合

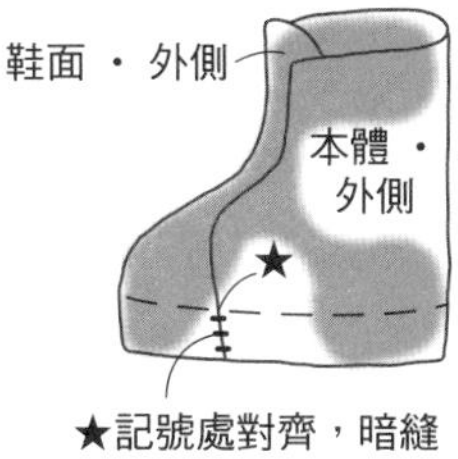
鞋面・外側
本體・
外側
★記號處對齊，暗縫

4 底的安裝

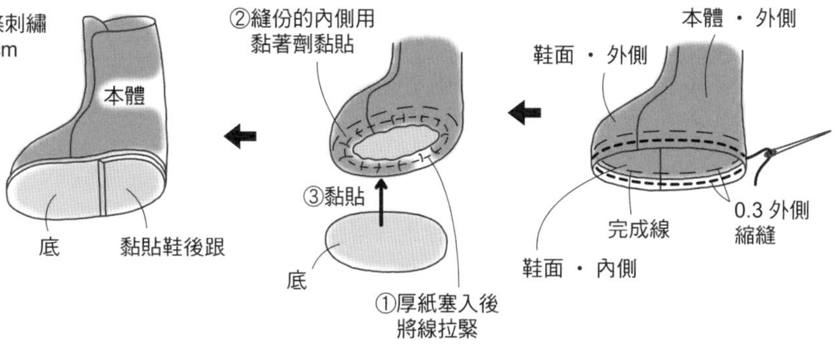
本體・外側
鞋面・外側
完成線
0.3 外側
縮縫
鞋面・內側
②縫份的內側用
黏著劑黏貼
③黏貼
底
①厚紙塞入後
將線拉緊
本體
底
黏貼鞋後跟

5 穿刺繡線

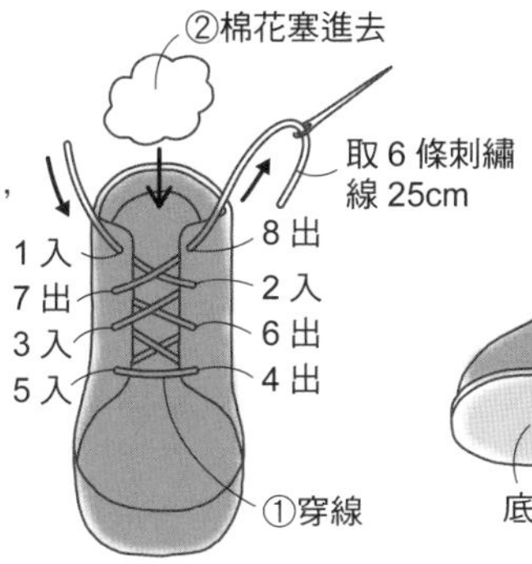
②棉花塞進去
取 6 條刺繡
線 25cm
1 入
7 出
3 入
5 入
8 出
2 入
6 出
4 出
①穿線

製作完成

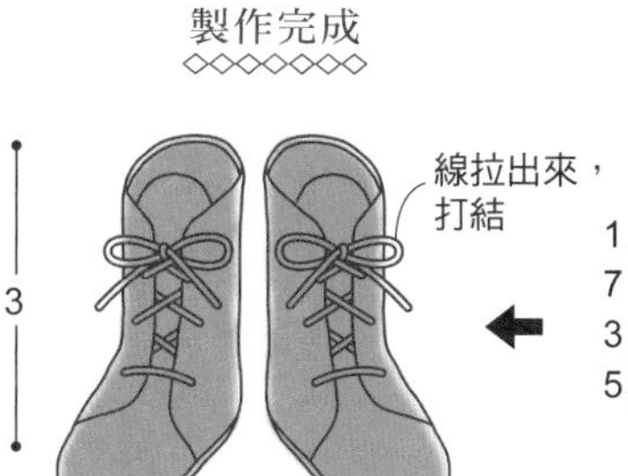
線拉出來，
打結
3

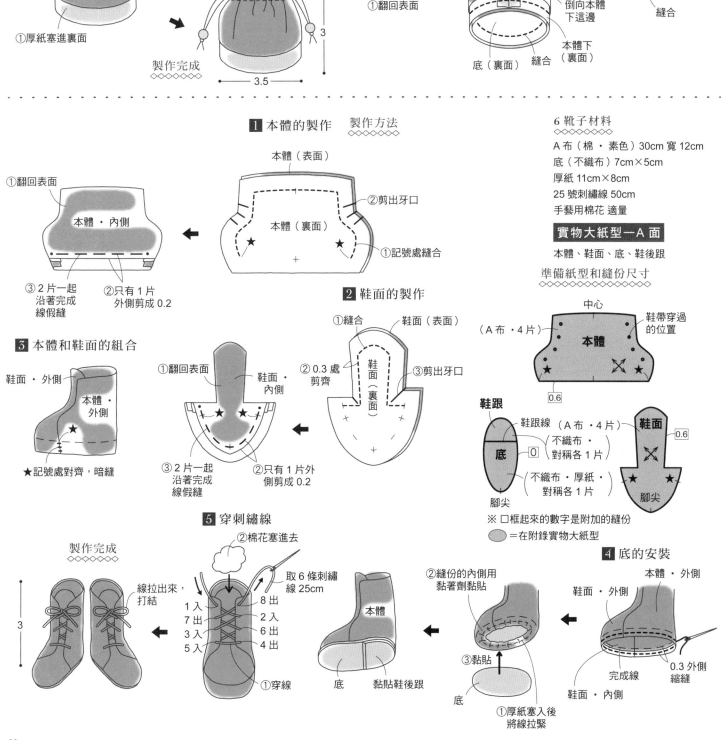

實物大紙型—A面

7／**浴衣**：衣服前片③、衣服後片③、衣襟③、衿②、袖子③　**腰帶**：胴②、羽④、中央①、中央襯①　**人台**：身體③

8／浴衣：衣服前片①、衣服後片①、衣襟①、衿①、袖子②　**腰帶**：胴①、太鼓③、太鼓襯③、羽③　**人台**：身體①

準備紙型和縫份尺寸

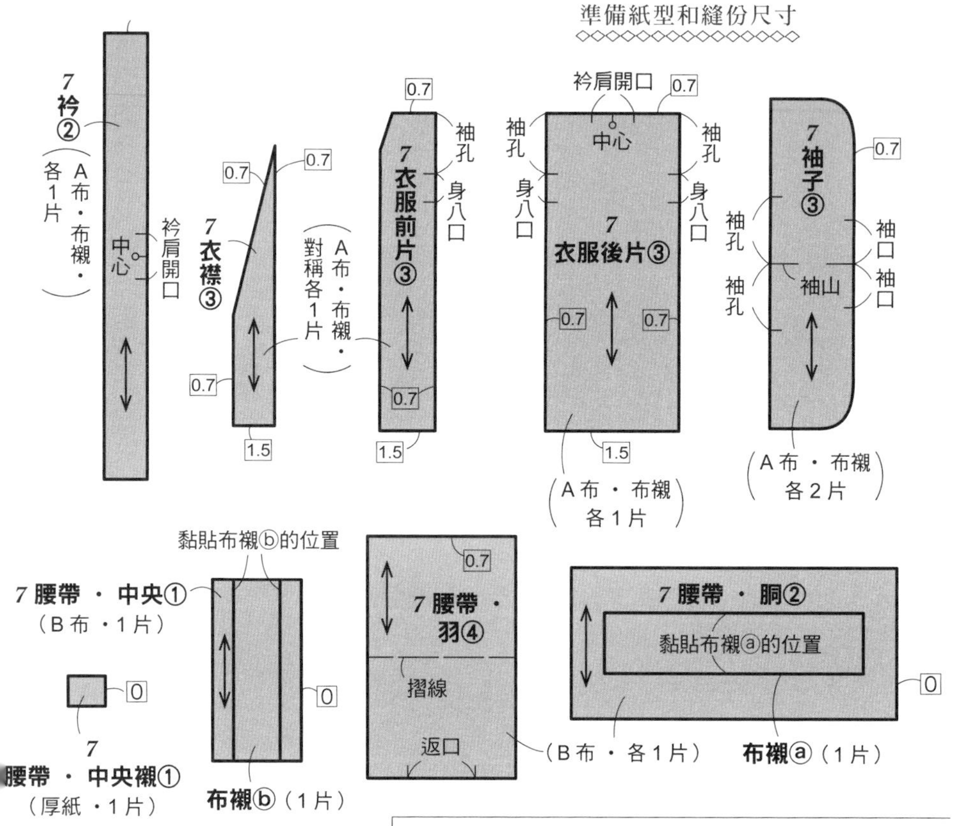

12頁 7・8

和服材料(一件份)

7／浴衣：A布(手巾布)33cm寬17cm
布襯33cm寬17cm
棉質扁帶(9mm寬)15cm 2條
腰帶：B布(縮緬・素色)19cm寬8cm
布襯ⓐ(超級硬)9cm寬2cm
布襯ⓑ 1.5cm寬6cm
厚紙1.3cm×1cm
暗釦(6mm)2組
人台：不織布9cm×6cm
木棒(厚度5mm)8cm
圓木(直徑4cm厚1cm)1枝
手藝用棉花　適量

8／浴衣：A布(手巾布)33cm寬30cm
布襯33cm寬30cm
棉質扁帶(9mm寬)18cm 2條
腰帶：B布(和風圖案)20cm寬15cm
布襯ⓐ(超級硬)12cm寬3cm
布襯ⓑ 2.5cm寬7cm
厚紙2.5cm×2cm
暗釦(6mm)2組
人台：不織布13cm×10cm
木棒(厚度5mm)12cm
圓木(直徑4cm厚1cm)1枝
手藝用棉花　適量

※口框起來的數字是附加的縫份
＝在附錄實物大紙型

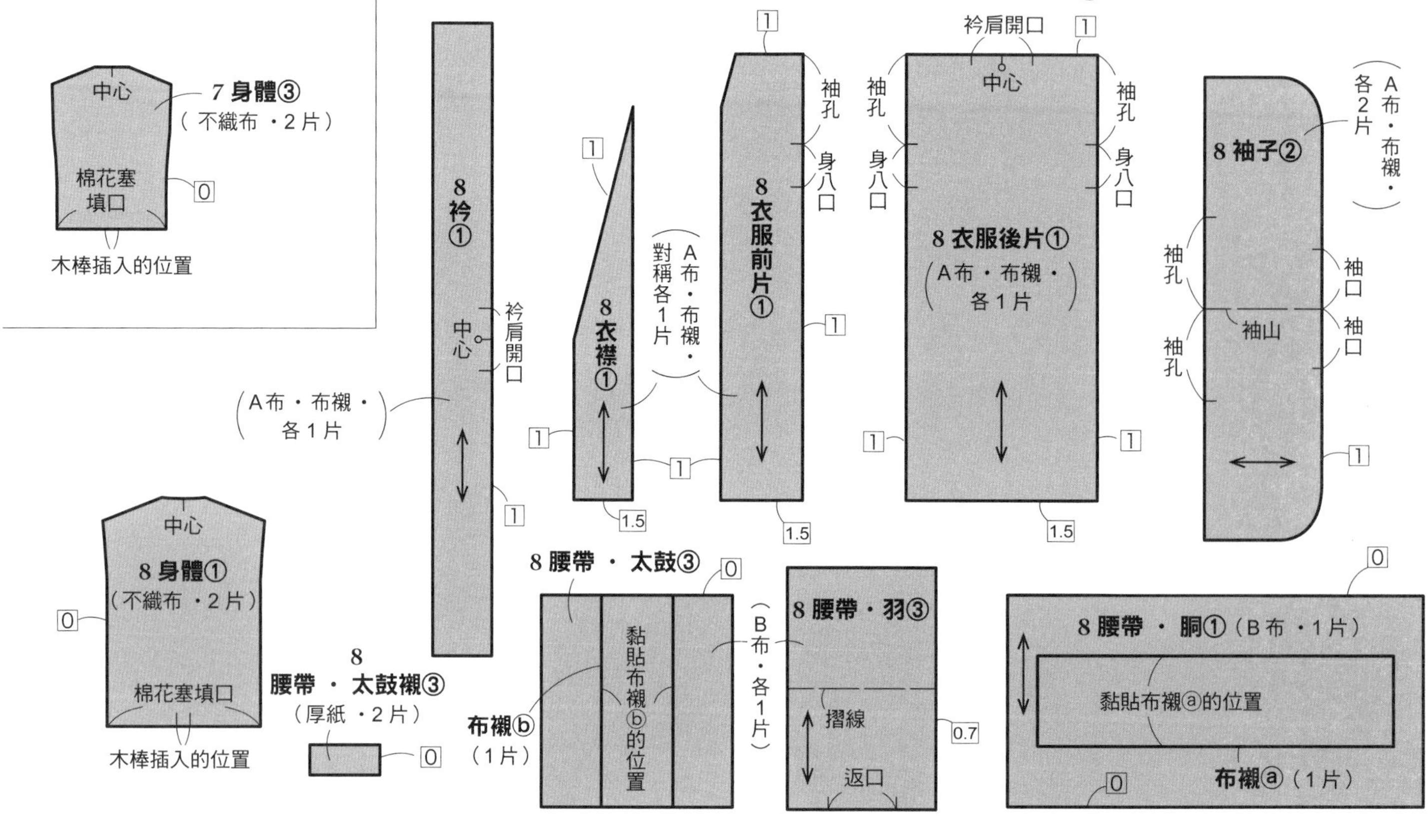

7 浴衣的製作方法

1 人台的製作

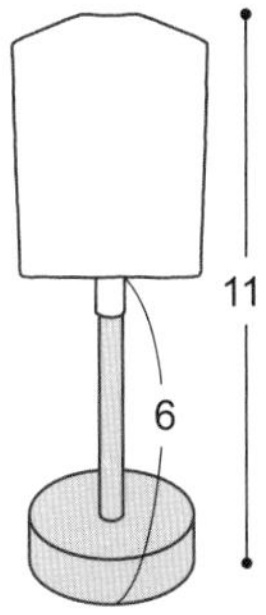

11
6

和 29 頁同樣方法製作，不需要在胸口加長方形不織布。

2 浴衣、腰帶的製作

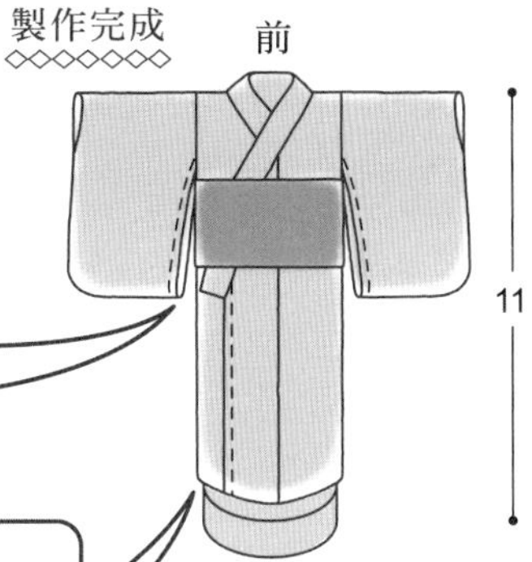

製作完成
前
11

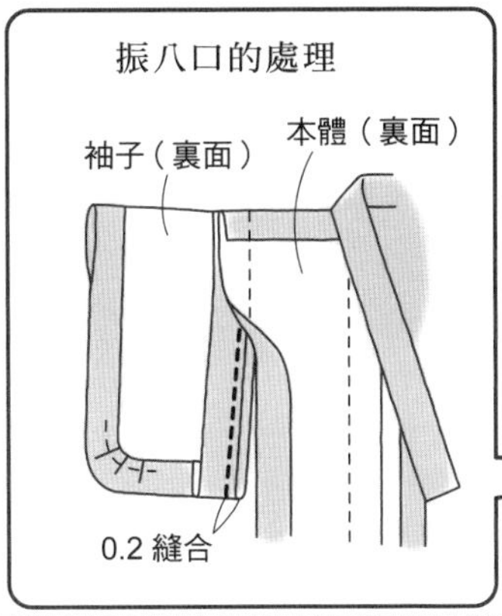

振八口的處理
袖子（裏面）
本體（裏面）
0.2 縫合

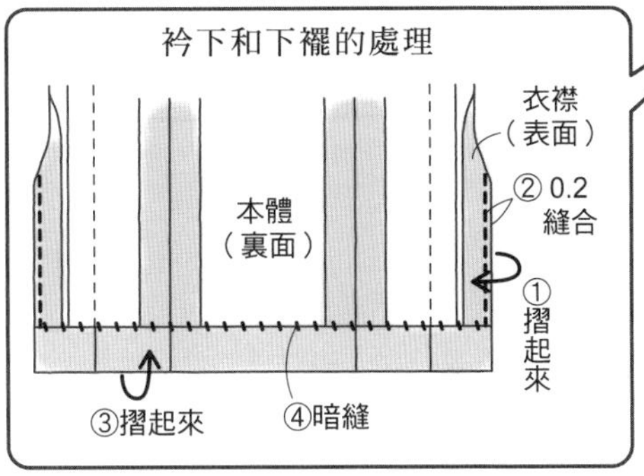

衿下和下襬的處理
本體
（裏面）
衣襟
（表面）
② 0.2
縫合
①
摺
起
來
③摺起來
④暗縫

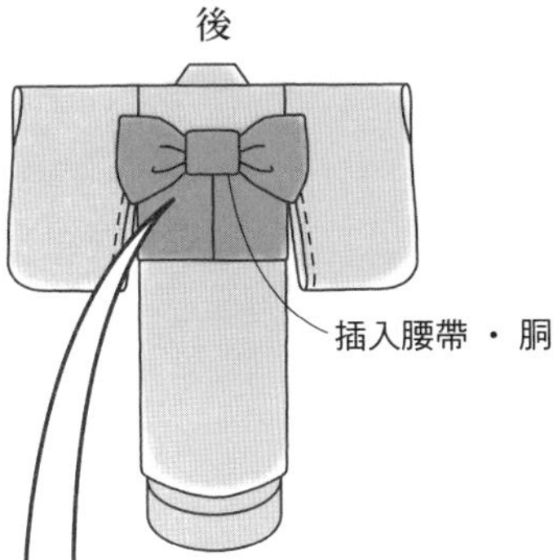

後
插入腰帶・胴

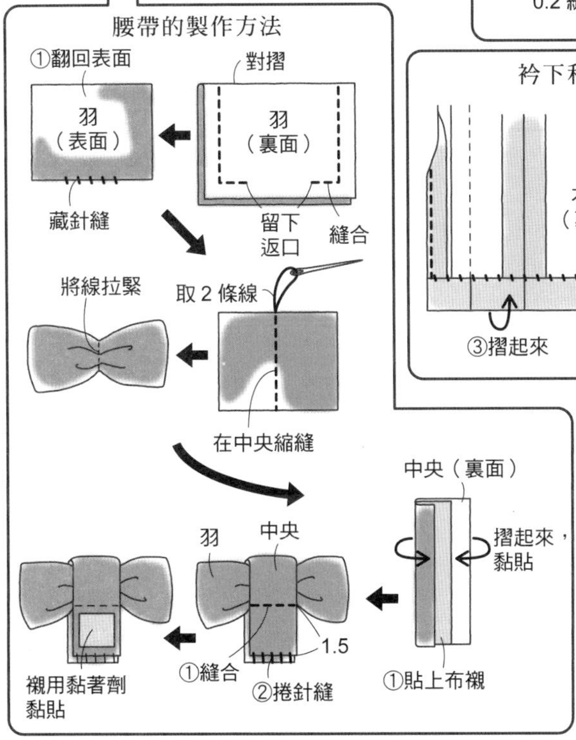

腰帶的製作方法
①翻回表面
羽
（表面）
藏針縫
對摺
羽
（裏面）
留下
返口
縫合
將線拉緊
取 2 條線
在中央縮縫
中央（裏面）
摺起來，
黏貼
①貼上布襯
羽
中央
1.5
①縫合
②捲針縫
襯用黏著劑
黏貼

浴衣全部的配件都用黏著劑黏貼，浴衣、腰帶・胴和 21 頁同樣方法製作。

8 浴衣的製作

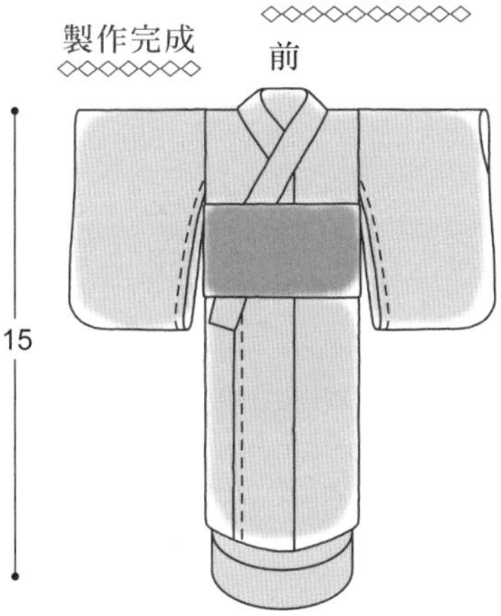

製作完成
前

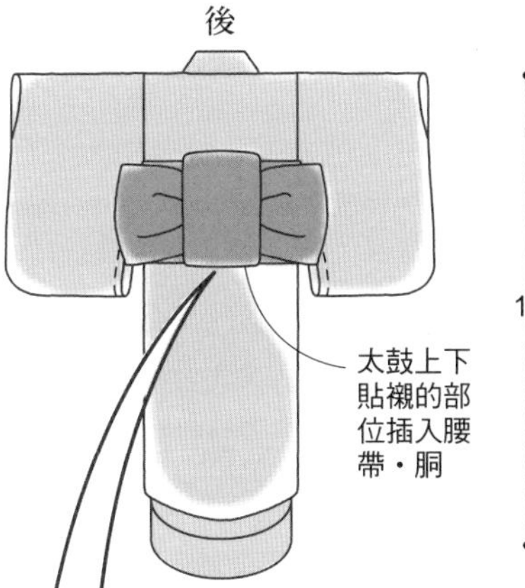

後
15
太鼓上下
貼襯的部
位插入腰
帶・胴

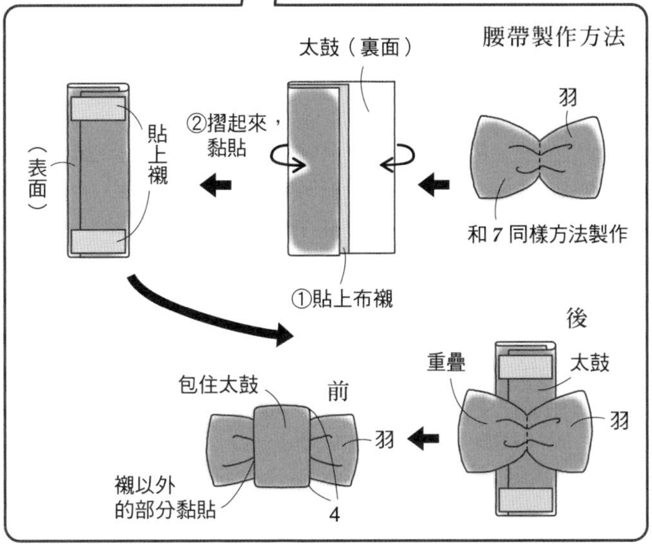

腰帶製作方法
羽
和 7 同樣方法製作
太鼓（裏面）
②摺起來，
黏貼
①貼上布襯
貼
上
襯
（表面）
後
重疊
太鼓
羽
前
包住太鼓
羽
襯以外
的部分黏貼
4

浴衣全部的配件貼上布襯，浴衣、腰帶・胴、人台和 21 頁同樣方法製作。振八口、衿下和下襬的處理和 7 同樣方法製作。

8 遮陽傘材料

A 布（和風圖案）15cm 寬 15cm
水兵帶（4mm 寬）40cm
竹籤（直徑 3mm）10cm
木珠（長 9mm 孔徑 3mm）1 顆

實物大紙型—B 面

遮陽傘

準備紙型和縫份尺寸

※ 口框起來的數字是附加的縫份
⬭ ＝在附錄實物大紙型

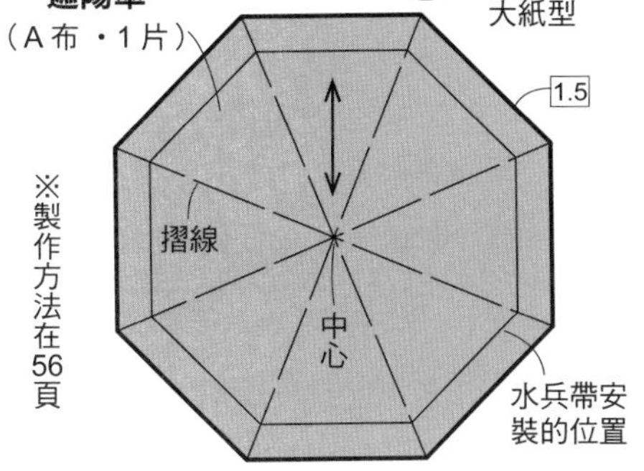

遮陽傘
（A 布・1 片）
1.5
摺線
中心
水兵帶安裝的位置

※製作方法在 56 頁

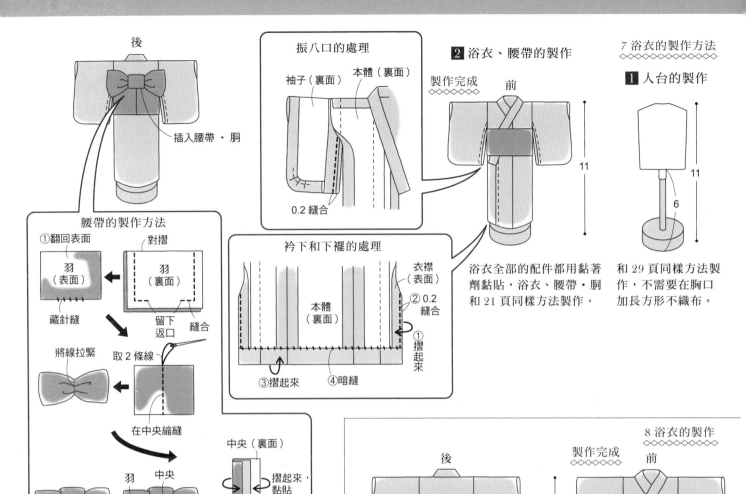

8 遮陽傘的製作方法

1 水兵帶的安裝

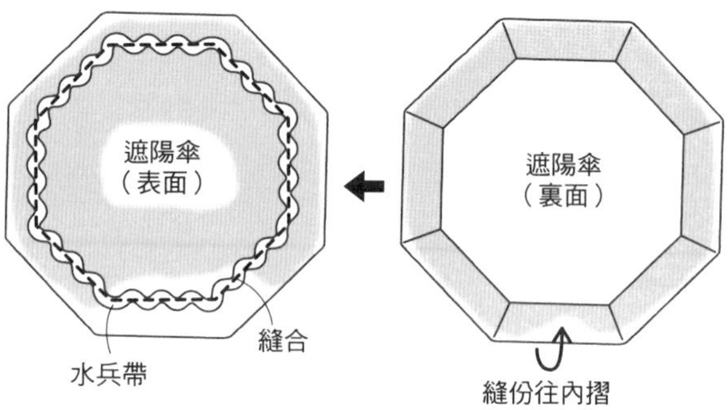

遮陽傘
（裏面）
縫份往內摺
遮陽傘
（表面）
水兵帶
縫合

2 摺出摺痕，穿線

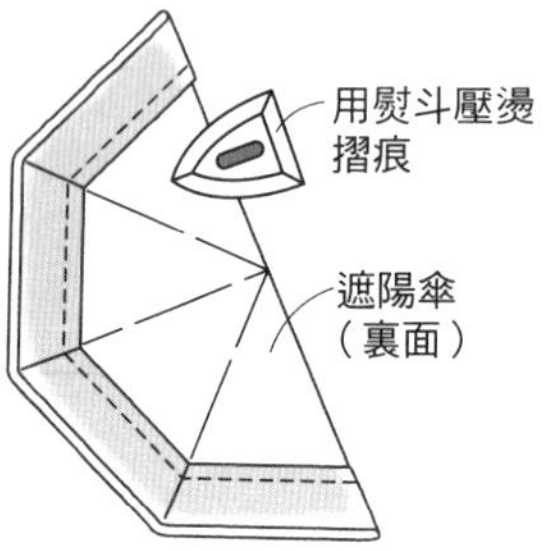

用熨斗壓邊
摺痕
遮陽傘
（裏面）

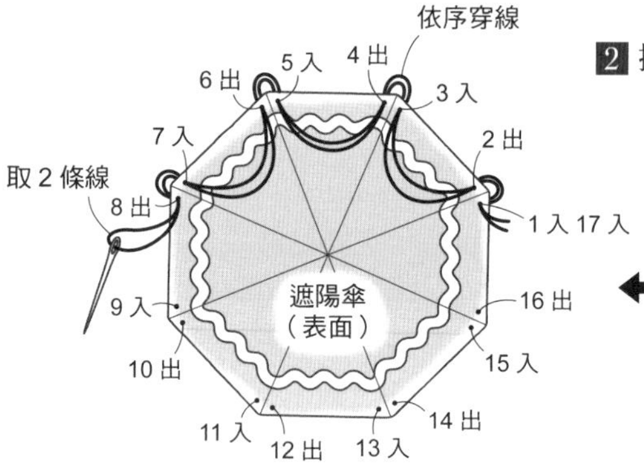

依序穿線
取 2 條線
1 入 17 入
2 出
3 入
4 出
5 入
6 出
7 入
8 出
9 入
10 出
11 入
12 出
13 入
14 出
15 入
16 出
遮陽傘
（表面）

3 穿過竹籤，將線拉緊

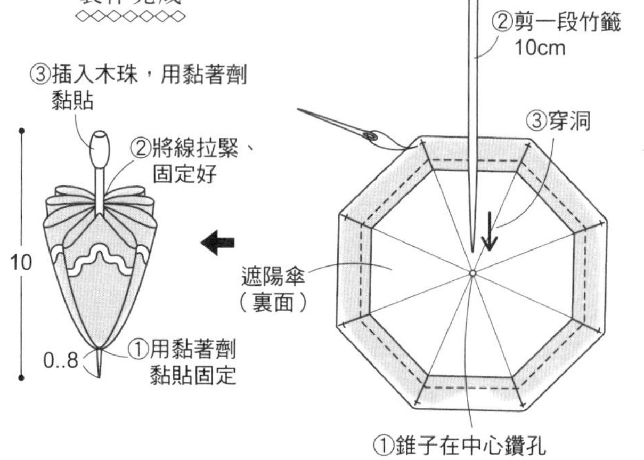

②剪一段竹籤
10cm
③穿洞
遮陽傘
（裏面）
①錐子在中心鑽孔
製作完成
③插入木珠，用黏著劑
黏貼
②將線拉緊、
固定好
10
0.8
①用黏著劑
黏貼固定

實物大紙型—A 面

本體、底箱

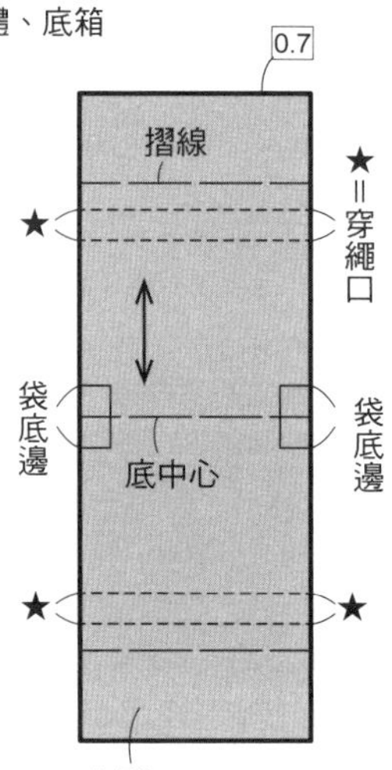

0.7
摺線
★＝穿繩口
★
袋底邊
底中心
本體（A 布・1 片）

7 抽繩布袋材料

A 布（和風圖案）6cm 寬 12.5cm
厚紙 4cm×2cm
25 號刺繡線 30cm
木珠（4mm）2 顆
手藝用棉花　適量

準備紙型和縫份尺寸

※ □框起來的數字是附加的縫份
⬭＝在附錄實物大紙型

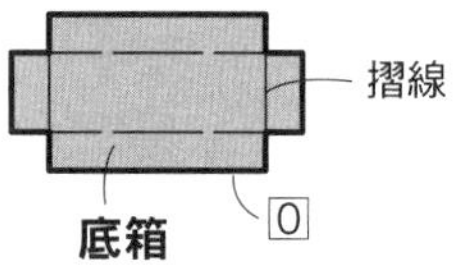

摺線
0
底箱
（厚紙 1 片）

製作方法

1 脇邊縫合，袋底邊縫製

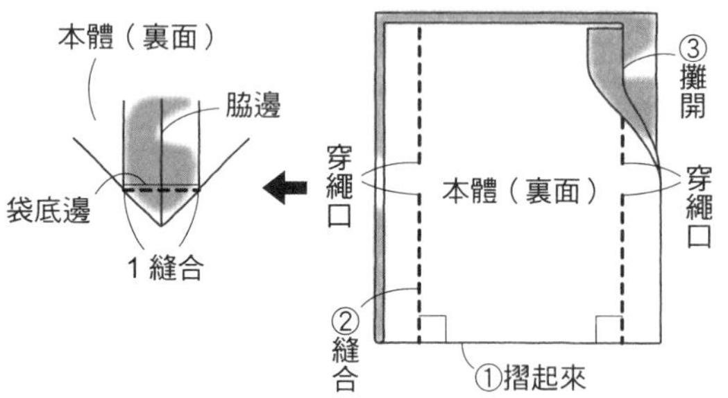

③攤開
穿繩口
本體（裏面）
②縫合
①摺起來
本體（裏面）
脇邊
袋底邊
1 縫合

2 穿繩孔的縫製

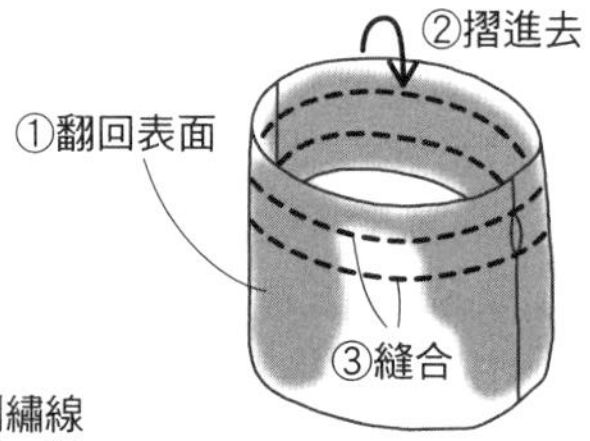

②摺進去
①翻回表面
③縫合

3 製作底箱

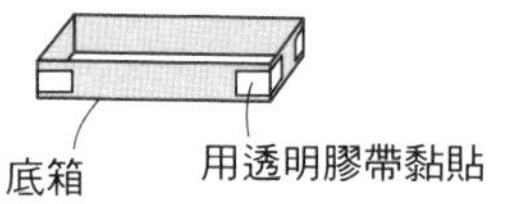

底箱
用透明膠帶黏貼

4 穿繩子

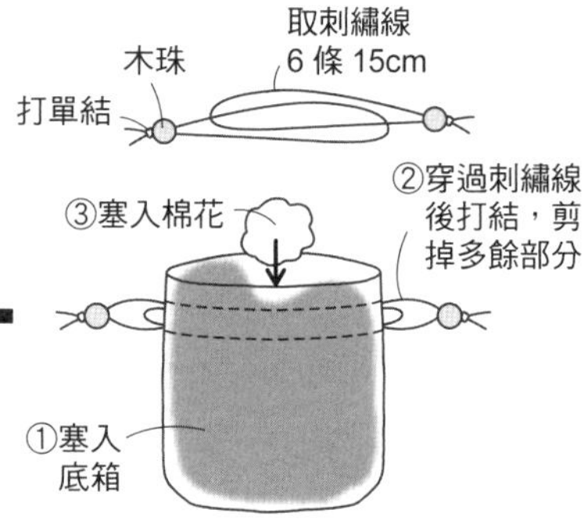

取刺繡線
6 條 15cm
木珠
打單結
③塞入棉花
②穿過刺繡線
後打結，剪
掉多餘部分
①塞入
底箱

製作完成

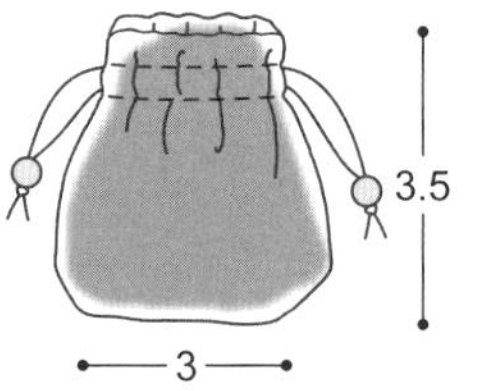

3.5
3

7・8 的製作方法

1 木屐台的製作

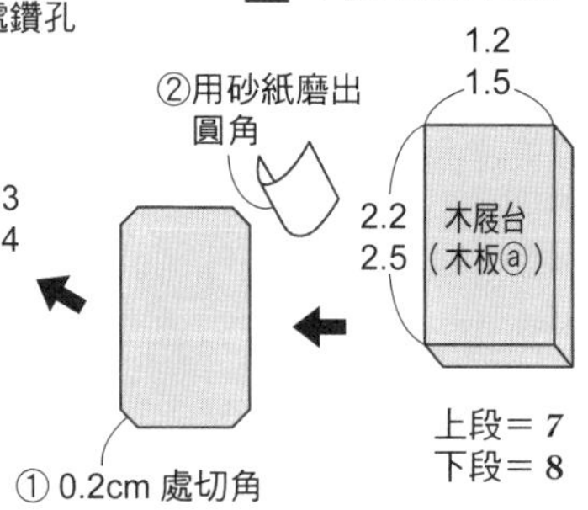

1.2
1.5
②用砂紙磨出
圓角
2.2
2.5
木屐台
（木板ⓐ）
上段＝7
下段＝8
① 0.2cm 處切角

2 木屐帶的安裝

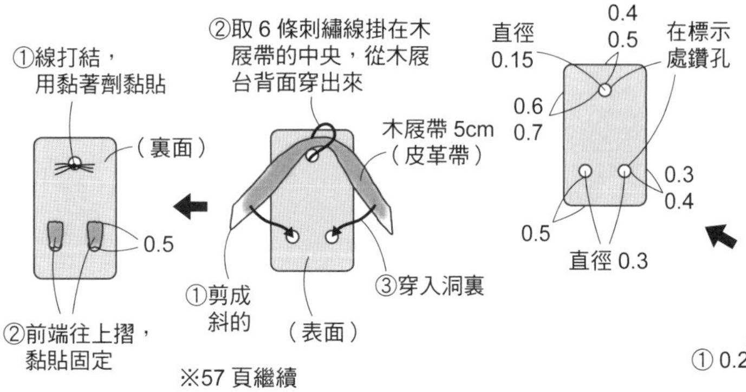

直徑
0.15
0.4
0.5
在標示
處鑽孔
0.6
0.7
0.3
0.4
0.5
直徑 0.3
②取 6 條刺繡線掛在木
屐帶的中央，從木屐
台背面穿出來
木屐帶 5cm
（皮革帶）
①剪成
斜的
（表面）
③穿入洞裏
①線打結，
用黏著劑黏貼
（裏面）
0.5
②前端往上摺，
黏貼固定

※57 頁繼續

7 木屐材料

木板ⓐ（厚 3mm）1.2cm×2.2cm 2 片
皮革帶（2mm 寬）10cm
25 號刺繡線 20cm
砂紙

8 木屐材料

木板ⓐ（厚 3mm）1.5cm×2.5cm 2 片
木板ⓑ（厚 3mm）1.5cm×0.5cm 4 片
皮革帶（3mm 寬）10cm
25 號刺繡線 20cm
砂紙

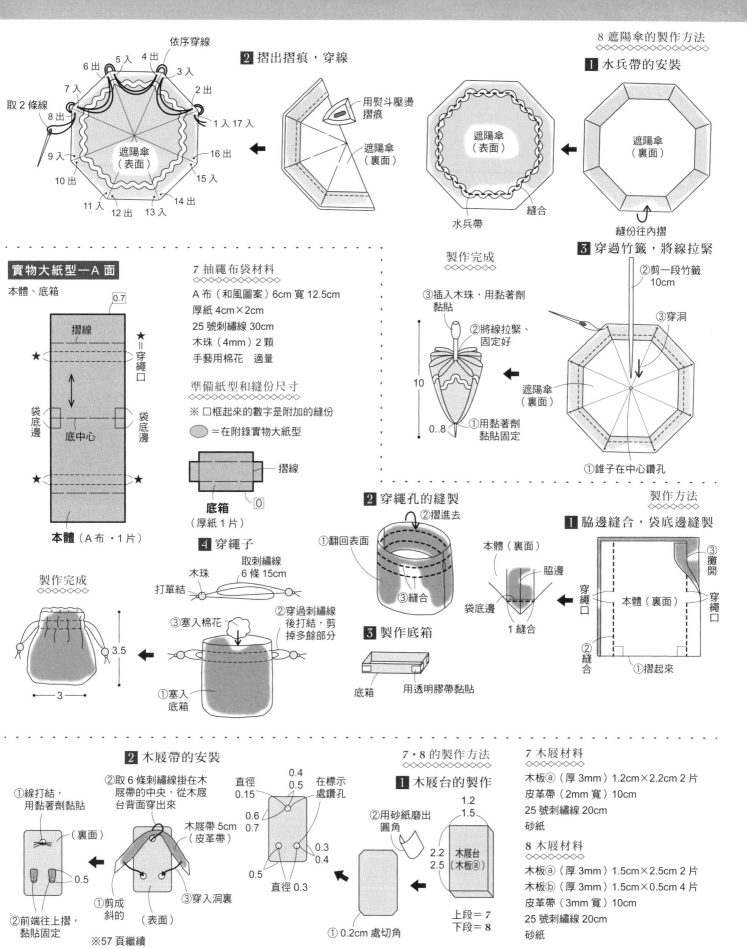

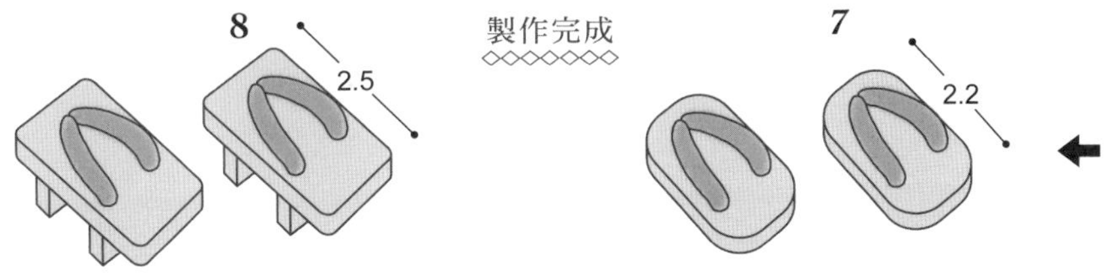

8
2.5
製作完成
7
2.2

3 木齒的安裝（只有8）

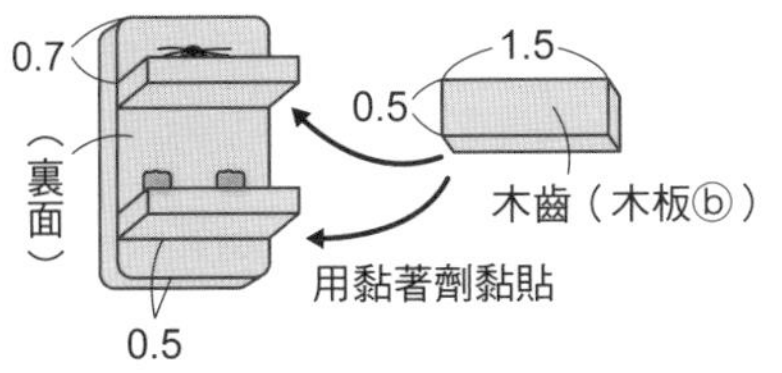

0.7
1.5
0.5
（裏面）
木齒（木板ⓑ）
用黏著劑黏貼
0.5

實物大紙型－A 面

小紋：衣服前片①、衣服後片①、衣襟①、衿①、袖子②、袖翻邊②、下襬內裡之衣服前片①、下襬內裡之衣服後片①、下襬內裡之衣襟① **伊達衿**：伊達衿① **腰帶**：胴①、太鼓①、太鼓襯① **半衿** **半衿襯** **人台**：身體①

實物大紙型－B 面 **帶揚**：帶揚ⓐ②、帶揚ⓑ②

14頁 9

和服材料

小紋：A 布（和風圖案）45cm 寬 27cm
B 布（棉・素色）32cm 寬 22cm
棉質扁帶（9mm 寬）18cm 2 條
腰帶：C 布（和布）30cm 寬 15cm
布襯（超級硬）12cm 寬 3cm
暗釦（6mm）2 組
厚紙 3cm×3cm
伊達衿：D 布（縮緬・素色）
15cm 寬 3cm（斜裁）
帶揚：E 布（縮緬・素色）17cm 寬 14cm
帶締：皮革帶（3mm 寬）30cm
木珠（長 9mm）1 顆
半衿：F 布（縮緬・素色）
10cm 寬 2.5cm（斜裁）
厚紙 9cm×0.5cm
人台：不織布 13cm×10cm
木棒（厚度 5mm）12cm
圓木（直徑 4cm 厚 1cm）1 枝
手藝用棉花 適量

準備紙型和縫份尺寸

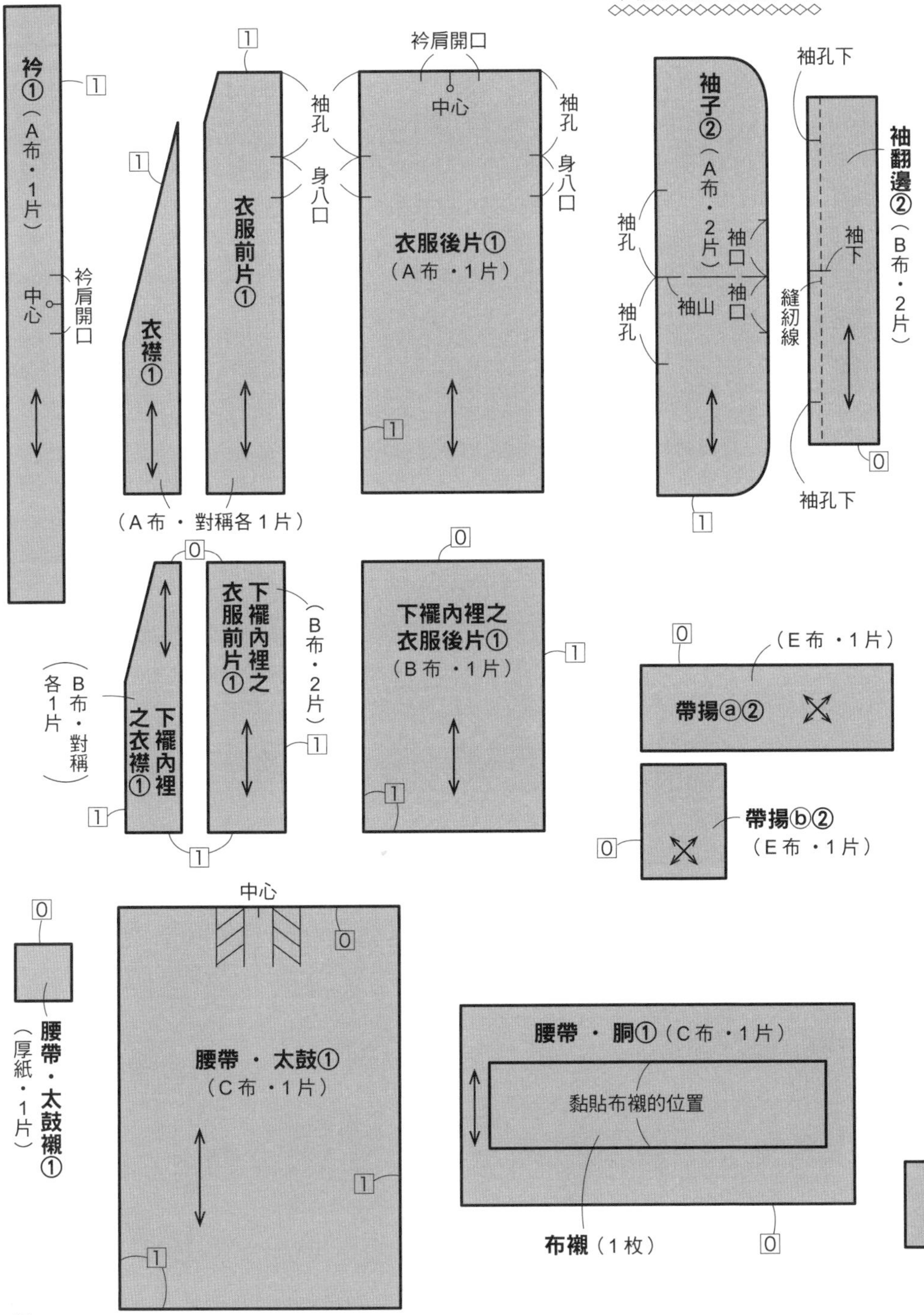

衿①（A布・1片）
1
衿肩開口
中心
1
衣襟①
1
衣服前片①
袖孔
身八口
衣服後片①（A布・1片）
1
（A布・對稱各1片）
袖子②（A布・2片）
袖孔
袖口
袖山
1
袖孔下
袖翻邊②（B布・2片）
袖下
縫紉線
0
下襬內裡之衣襟①（B布・對稱各1片）
下襬內裡之衣服前片①（B布・2片）
下襬內裡之衣服後片①（B布・1片）
帶揚ⓐ②（E布・1片）
帶揚ⓑ②（E布・1片）
腰帶・太鼓襯①（厚紙・1片）
腰帶・太鼓①（C布・1片）
腰帶・胴①（C布・1片）
黏貼布襯的位置
布襯（1枚）

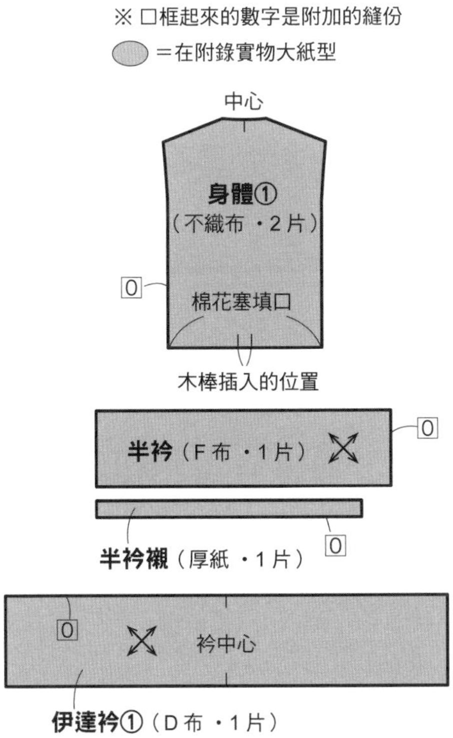

※ 口框起來的數字是附加的縫份
＝在附錄實物大紙型
中心
身體①（不織布・2片）
0
棉花塞填口
木棒插入的位置
半衿（F布・1片）
半衿襯（厚紙・1片）
衿中心
伊達衿①（D布・1片）

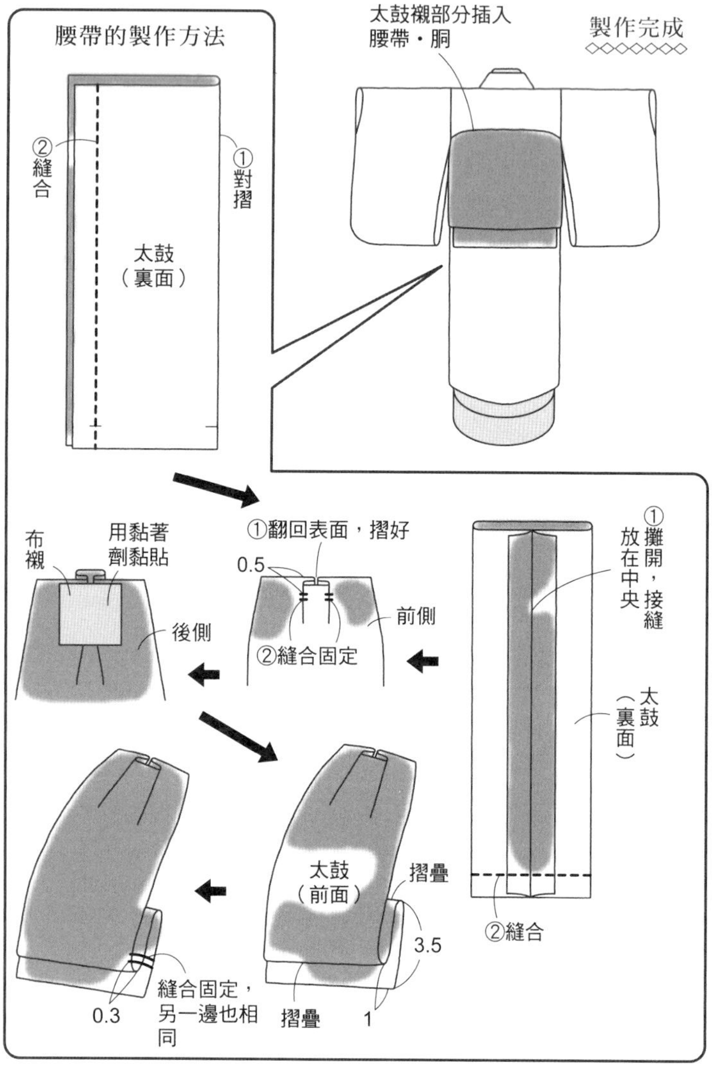

腰帶的製作方法
②縫合
①對摺
太鼓（裏面）
太鼓襯部分插入腰帶・胴
製作完成
布襯
用黏著劑黏貼
後側
①翻回表面，摺好
0.5
②縫合固定
前側
①攤開，放在中央，接縫
太鼓（裏面）
②縫合
太鼓（前面）
摺疊
3.5
1
縫合固定，另一邊也相同
0.3

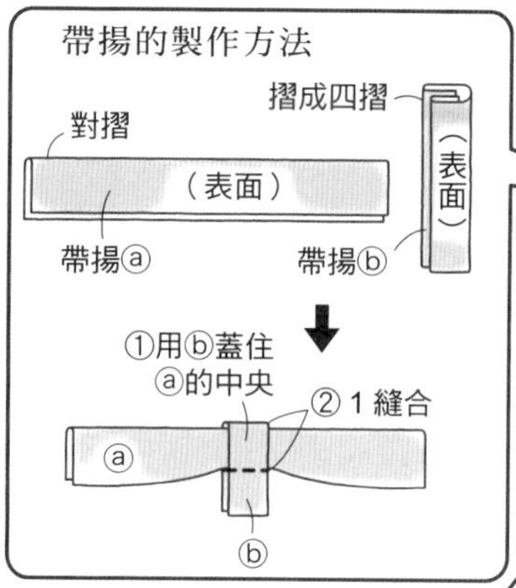

帶揚的製作方法
對摺
摺成四摺
（表面）
帶揚ⓐ
帶揚ⓑ
①用ⓑ蓋住ⓐ的中央
②1縫合
ⓐ
ⓑ

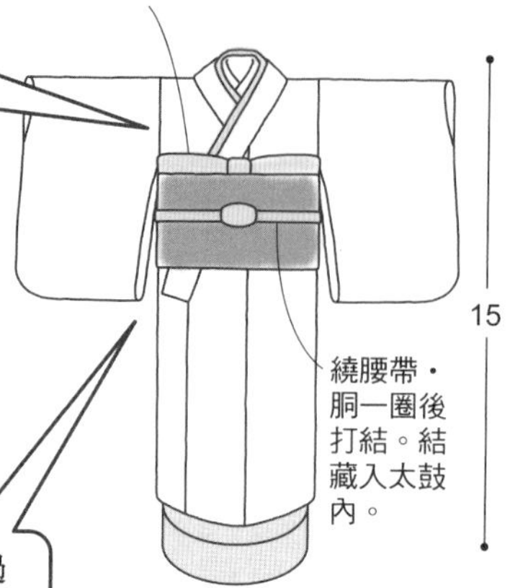

製作方法
塞入腰帶裏
15
繞腰帶・胴一圈後打結。結藏入太鼓內。

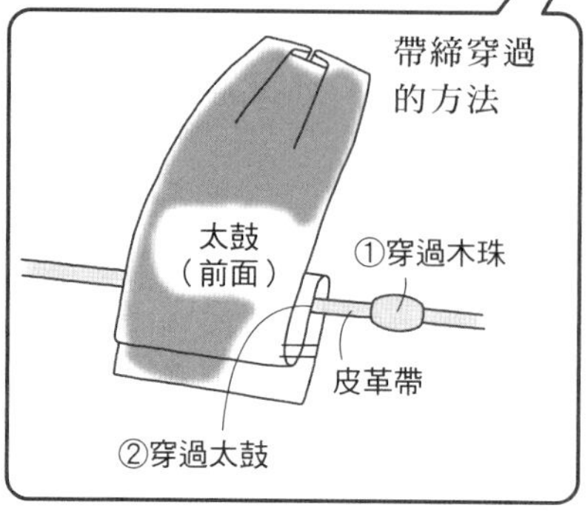

帶締穿過的方法
太鼓（前面）
①穿過木珠
皮革帶
②穿過太鼓

小紋、伊達衿、腰帶・胴、半衿、人台和 21 頁同樣方法製作。

實物大紙型—B 面

表袋ⓐ、表袋ⓑ、裏袋

※ □框起來的數字是附加的縫份

（灰色）＝在附錄實物大紙型

9 提袋的材料

A 布（和風圖案）10cm 寬 6cm
B 布（和風圖案）6cm 寬 6cm
C 布（棉・素色）14cm 寬 6cm
暗釦（5mm）1 顆

準備紙型和縫份尺寸

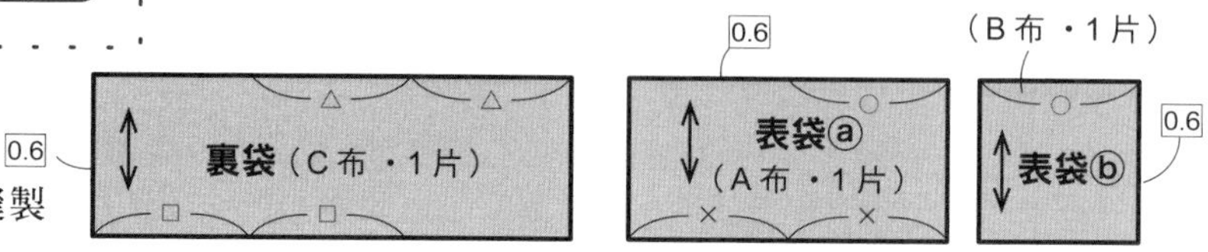

0.6
裏袋（C 布・1 片）
0.6
（B 布・1 片）
表袋ⓐ（A 布・1 片）
表袋ⓑ
0.6

製作方法

1 表袋的縫製

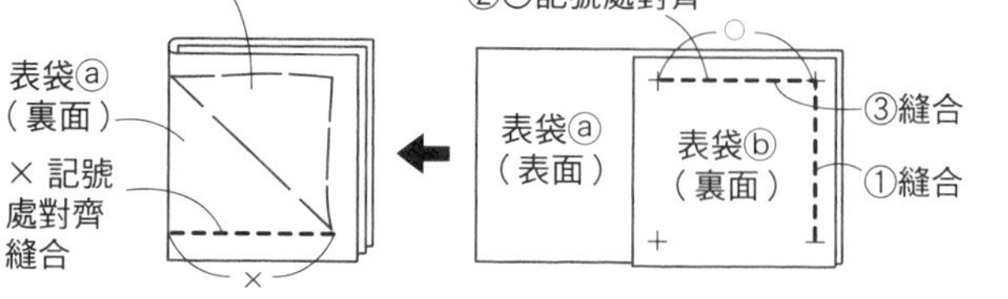

②○記號處對齊
表袋ⓐ（表面）
表袋ⓑ（裏面）
③縫合
①縫合
表袋ⓑ避開
表袋ⓐ（裏面）
× 記號處對齊縫合

2 裏袋的製作、表袋的縫製

製作完成

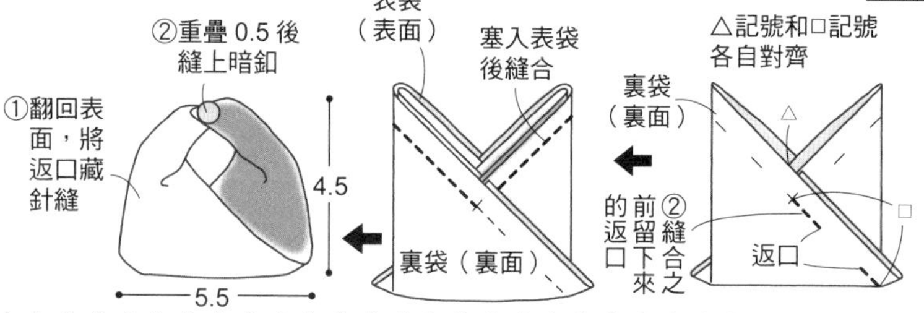

△記號和□記號各自對齊
裏袋（裏面）
②縫合之前留下來的返口
返口
表袋（表面）
塞入表袋後縫合
裏袋（裏面）
②重疊 0.5 後縫上暗釦
①翻回表面，將返口藏針縫
4.5
5.5

製作完成

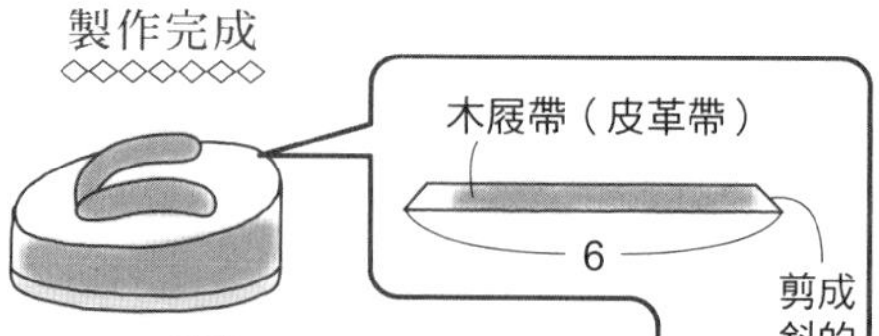

木屐帶（皮革帶）
6
剪成斜的

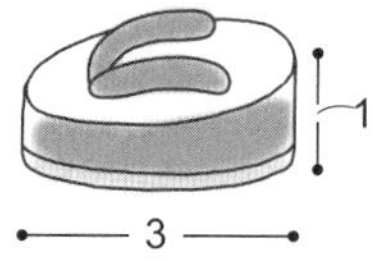

1
3

製作方法

和 47 頁同樣方法安裝木屐帶（皮革帶）

※ □框起來的數字是附加的縫份

（灰色）＝在附錄實物大紙型

準備紙型和縫份尺寸

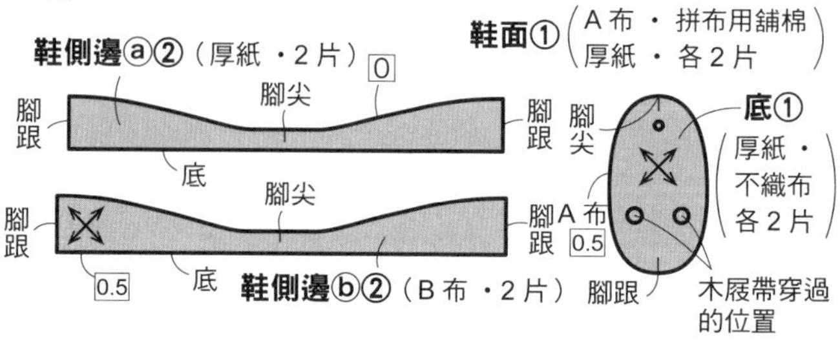

鞋側邊ⓐ②（厚紙・2 片）
0
腳跟
腳尖
底
鞋側邊ⓑ②（B 布・2 片）
0.5
鞋面①（A 布・拼布用鋪棉 厚紙・各 2 片）
底①
厚紙・不織布 各 2 片
A 布
0.5
木屐帶穿過的位置

9 和服涼鞋材料

鞋面：A布（和風圖案）5cm寬9cm
鞋側邊：B布（和風圖案）11cm寬8cm
木屐帶：皮革帶（3mm寬）12cm
底（不織布）4cm×3cm
拼布用鋪棉 4cm×3cm
厚紙 11cm×8cm

實物大紙型—A 面

鞋側邊ⓐ②、鞋側邊ⓑ②、鞋面①、底①

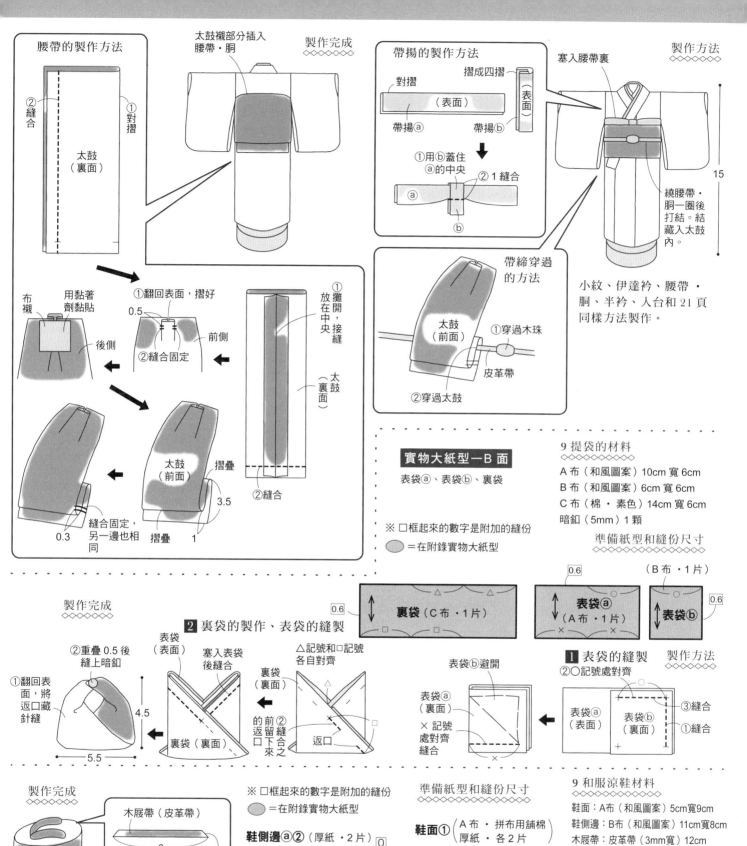

實物大的紙型—A 面

小紋：衣服前片①、衣服後片①、衣襟①、衿①、袖子②、袖翻邊②、下襬內裡之衣服前片①、下襬內裡之衣服後片①、下襬內裡之衣襟①　**伊達衿：**伊達衿①　**半衿**　**半衿襯**　**帶締：**帶締①　**腰帶：**胴①　**人台：**身體①

實物大紙型—B 面

帶揚：帶揚ⓐ②、帶揚ⓑ②

羽織：衣服前片、衣服後片、脇邊、衿、袖子、袖翻邊、衣服前片內裡、衣服後片內裡、脇邊內裡

小紋、腰帶、帶揚、伊達衿、半衿、人台的紙型和 57 頁同樣準備好。

準備紙型和縫份尺寸

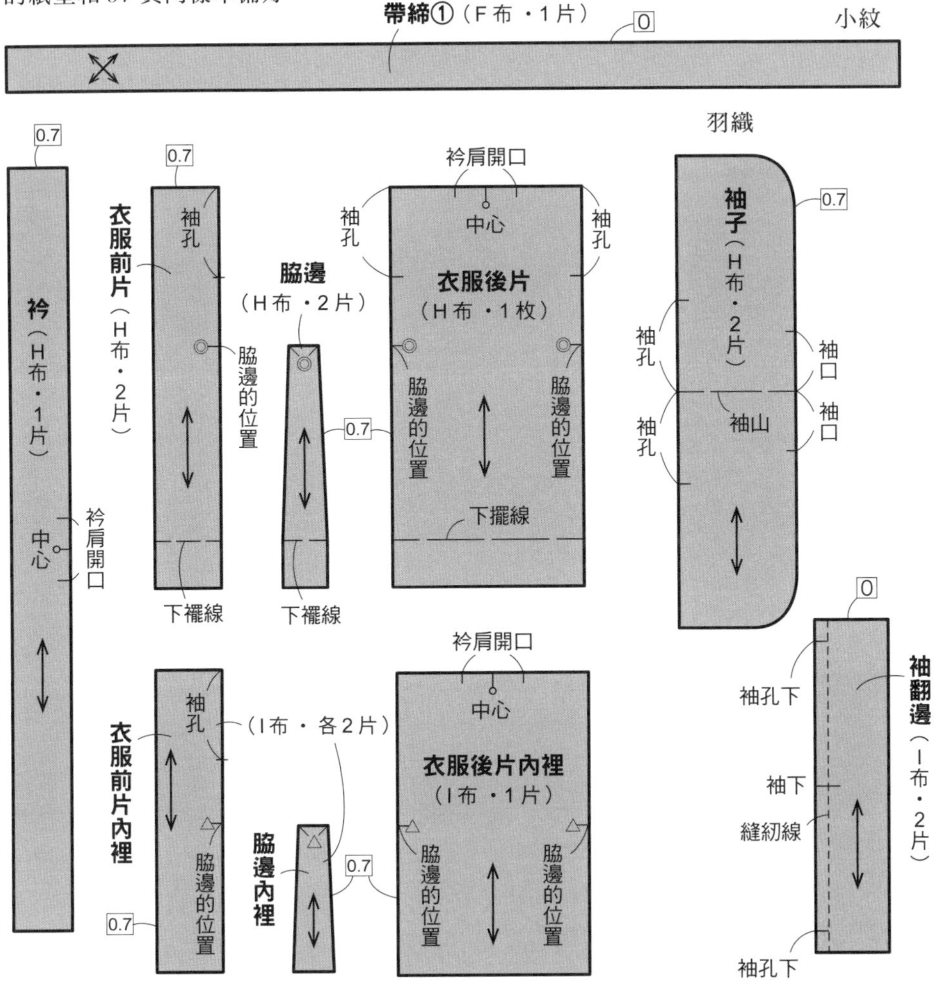

⬭＝在附錄實物大紙型　※ 口框起來的數字是附加的縫份

15頁 10

和服和羽織材料

小紋：A 布（和風圖案）45cm 寬 27cm
B 布（棉・素色）32cm 寬 22cm
棉質扁帶（9mm 寬）18cm 2 條

腰帶：C 布（和布）14cm 寬 7cm
布襯（超級硬）12cm 寬 3cm
暗釦（6mm）2 組

伊達衿：D 布（縮緬・素色）15cm 寬 3cm（斜裁）

帶揚：E 布（縮緬・素色）17cm 寬 14cm

帶締：F 布（和風圖案）30cm 寬 1.5cm（斜裁）
毛線（粗）50cm

半衿：G 布（縮緬・素色）10cm 寬 2.5cm（斜裁）
厚紙 9cm×0.5cm

人台：不織布 13cm×10cm
木棒（厚度 5mm）12cm
圓木（直徑 4cm 厚 1cm）1 枚
手藝用棉花　適量

羽織：H 布（和風圖案）40cm 寬 27cm
I 布（棉・素色）30cm 寬 12cm
串珠 a（4mm）1 顆
串珠 b（3mm）4 顆
9 針（25mm）3 根
擋珠（2mm）1 顆
C 圈（4mm）1 個

2 羽織肩部的縫製

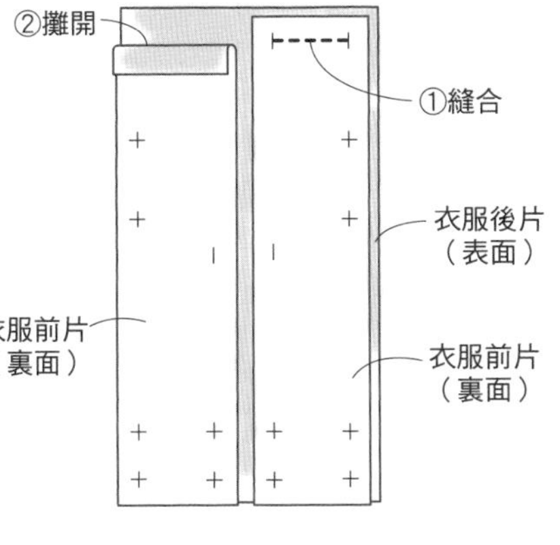

※60頁繼續

製作方法

1 和服、腰帶、人台製作和穿著

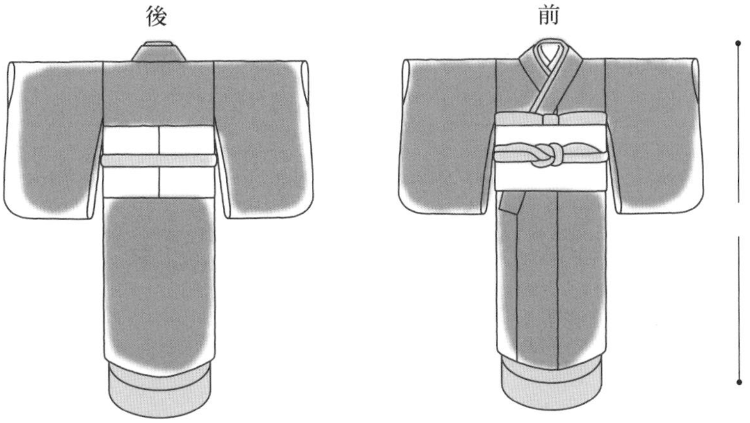

小紋、伊達衿、腰帶・胴、帶締、半衿、人台和 21 頁同樣方法製作。帶揚和 58 頁同樣方法製作。
人台穿著和服繫上腰帶。

3 袖子的連接

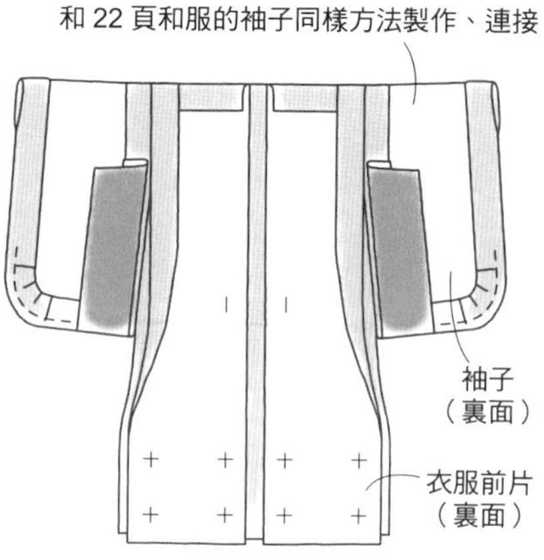

和 22 頁和服的袖子同樣方法製作、連接
袖子（裏面）
衣服前片（裏面）

4 脇邊的連接

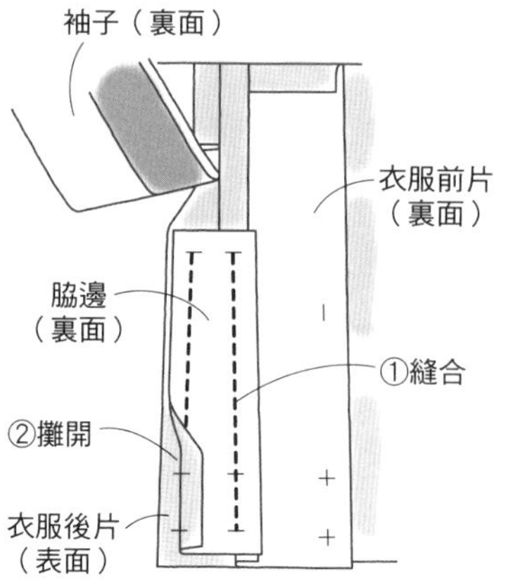

袖子（裏面）
衣服前片（裏面）
脇邊（裏面）
①縫合
②攤開
衣服後片（表面）

※ 內裡（袖子無）也是同樣方法製作

5 衣服本體和內裡下襬的縫製

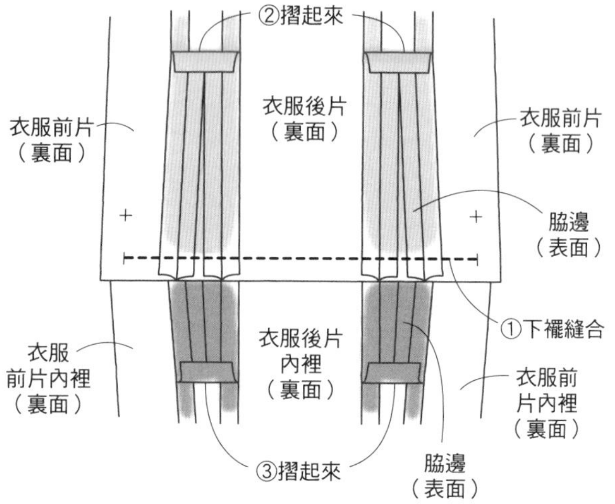

②摺起來
衣服後片（裏面）
衣服前片（裏面）
衣服前片（裏面）
脇邊（表面）
①下襬縫合
衣服前片內裡（裏面）
衣服後片內裡（裏面）
衣服前片內裡（裏面）
③摺起來
脇邊（表面）

6 衿的製作

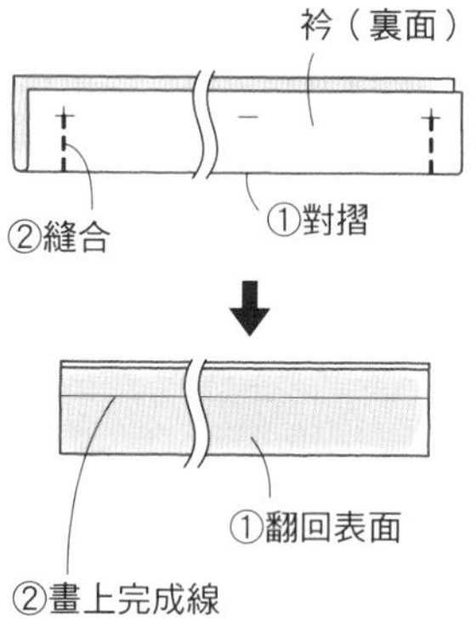

衿（裏面）
②縫合
①對摺
①翻回表面
②畫上完成線

7 衿的連接

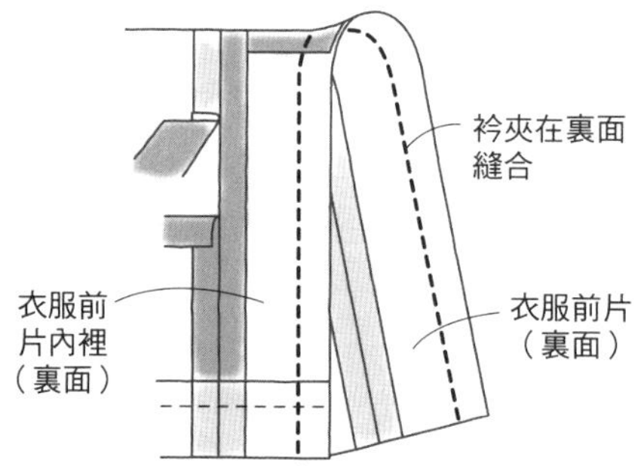

衿夾在裏面縫合
衣服前片內裡（裏面）
衣服前片（裏面）

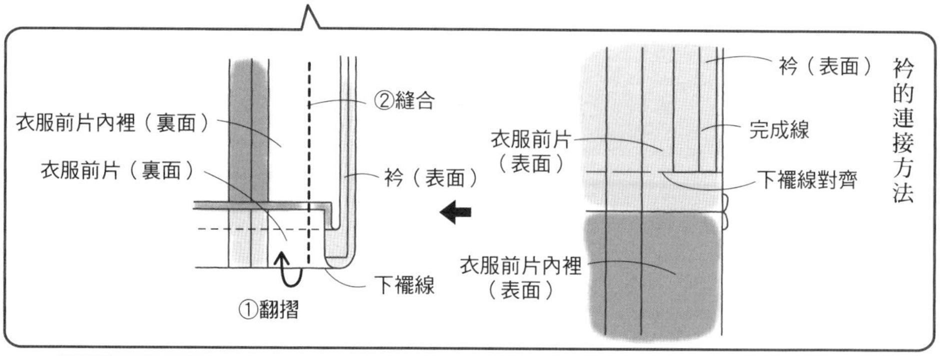

衣服前片內裡（裏面）
②縫合
衣服前片（裏面）
衿（表面）
下襬線
①翻摺
衿（表面）
衣服前片（表面）
完成線
下襬線對齊
衣服前片內裡（表面）
衿的連接方法

8 翻回表面，返口暗縫

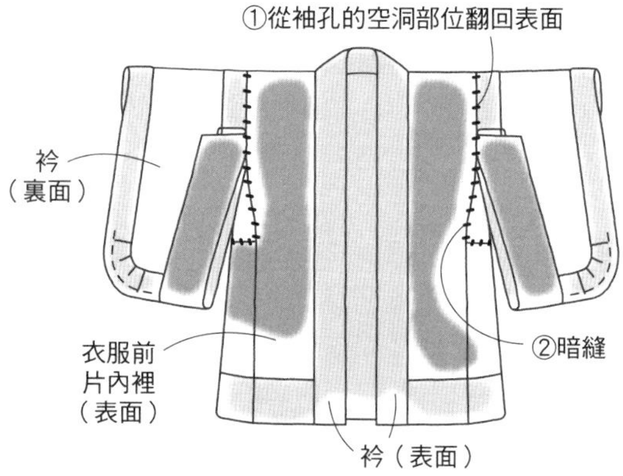

①從袖孔的空洞部位翻回表面
衿（裏面）
衣服前片內裡（表面）
②暗縫
衿（表面）

9 衿的調整，羽織帶的製作、安裝

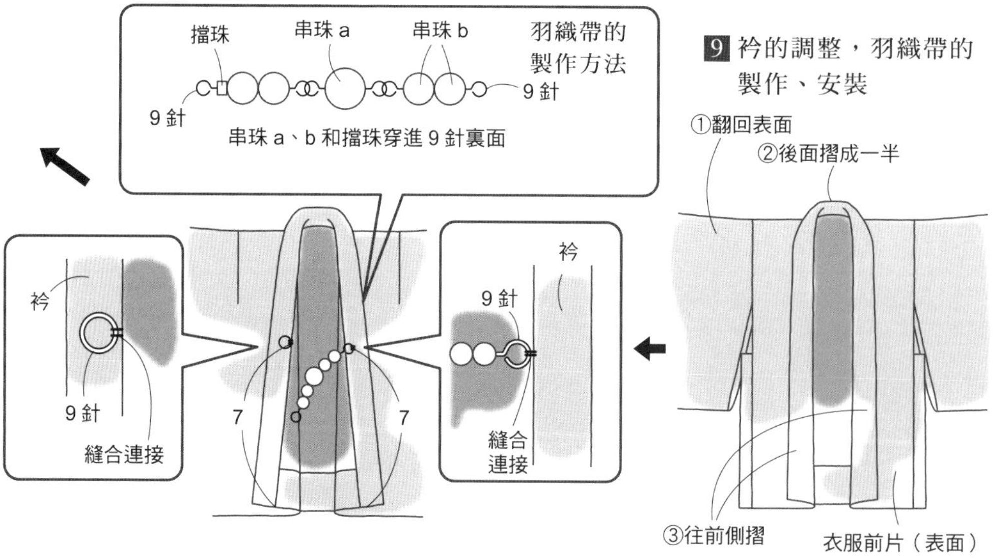

擋珠
串珠 a
串珠 b
羽織帶的製作方法
9 針
9 針
串珠 a、b 和擋珠穿進 9 針裏面
①翻回表面
②後面摺成一半
③往前側摺
衣服前片（表面）
衿
9 針
縫合連接
7
7
衿
9 針
縫合連接

製作完成

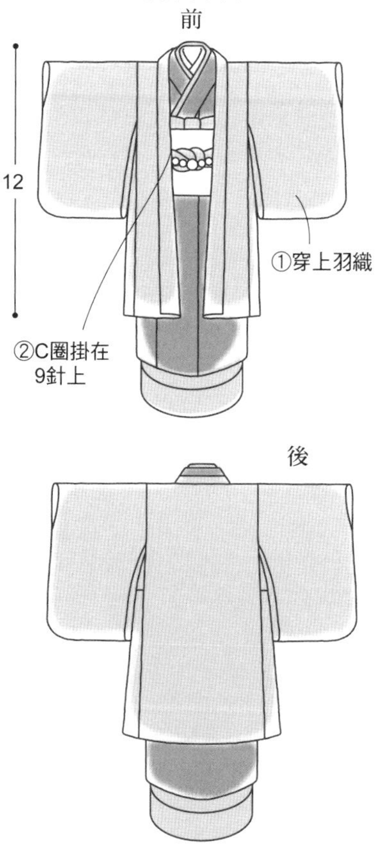

前
12
①穿上羽織
②C圈掛在9針上
後

⬭＝在附錄實物大紙型

※ 口框起來的數字是附加的縫份

準備紙型和縫份尺寸

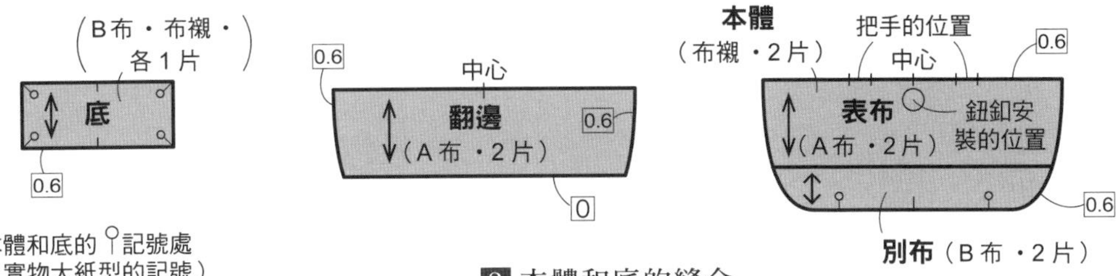

B布・布襯・各1片
底
0.6
中心
翻邊
（A布・2片）
0.6
0
本體
（布襯・2片）
把手的位置
中心
表布
（A布・2片）
鈕釦安裝的位置
0.6
0.6
別布（B布・2片）

10 提袋材料

A布（和風圖案）18cm寬15cm
B布（麻布・素色）10cm寬9cm
布襯 14cm寬9cm
皮革帶（3mm寬）14cm
鈕釦（5mm）1顆　手藝用棉花　適量

實物大紙型—B面

表布、別布、本體、翻邊、底

製作方法

1 本體的製作

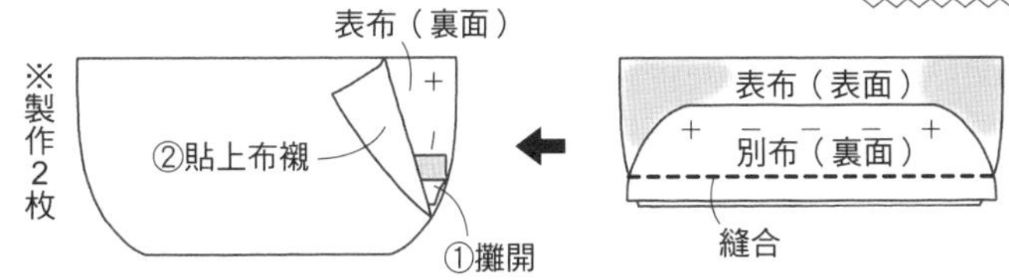

表布（表面）
別布（裏面）
縫合
表布（裏面）
※製作2枚
②貼上布襯
①攤開

2 本體和底的縫合

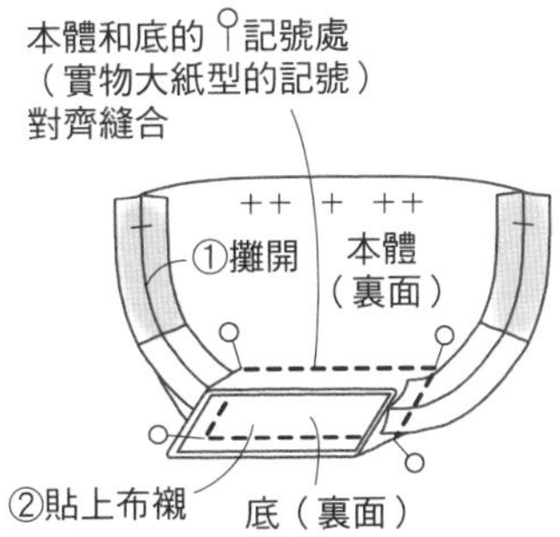

本體和底的♀記號處（實物大紙型的記號）對齊縫合
①攤開
本體（裏面）
②貼上布襯
底（裏面）

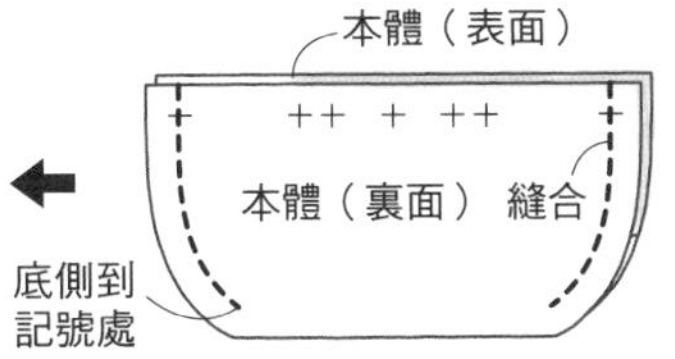

本體（表面）
本體（裏面）
縫合
底側到記號處

3 翻邊的縫製

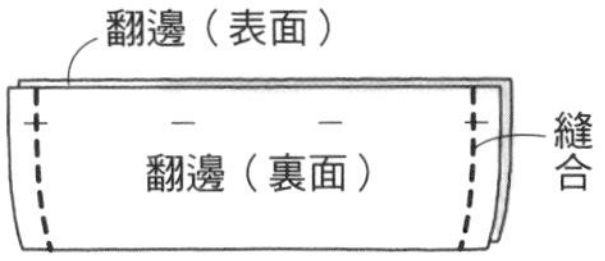

翻邊（表面）
翻邊（裏面）
縫合

4 把手的安裝

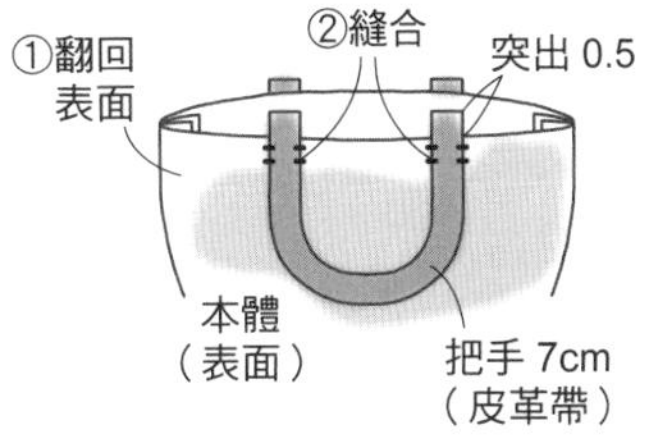

①翻回表面
②縫合
突出0.5
本體（表面）
把手7cm（皮革帶）

5 本體和翻邊的連接

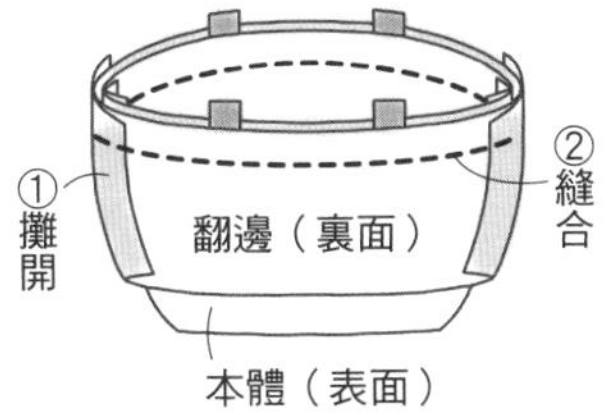

①攤開
②縫合
翻邊（裏面）
本體（表面）

製作完成

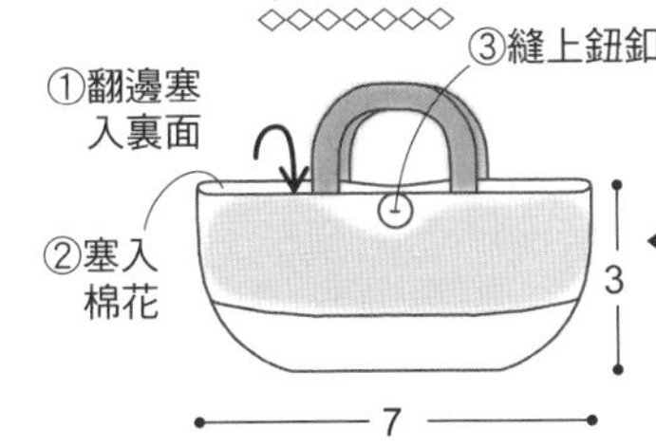

①翻邊塞入裏面
③縫上鈕釦
②塞入棉花
3
7

實物大紙型—B面

和服：衣服前片④、衣服後片④、衣襟④、衿③、袖子④、袖翻邊③、下襬內裡之衣服前片②、下襬內裡之衣服後片②、下襬內裡之衣襟②　**伊達衿**：伊達衿②　**帶揚**：帶揚③
帶締：帶締②　**人台**：身體②　**腰帶**：胴③、太鼓④、太鼓襯④、羽ⓐ⑤、羽ⓑ⑤　**扱帶**：扱帶ⓐ、扱帶ⓑ
和服錢包：本體、裝飾布

和56頁同樣地製作　製作方法

製作完成

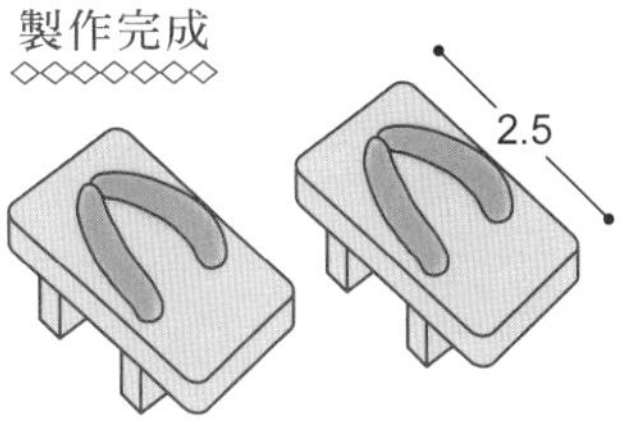

2.5

10 木屐材料

木板ⓐ（厚3mm）2.5cm×1.5cm 2片
木板ⓑ（厚3mm）1.5cm×0.5cm 4片
皮革帶（3mm寬）10cm
25號刺繡線 20cm
砂紙

準備紙型和縫份尺寸

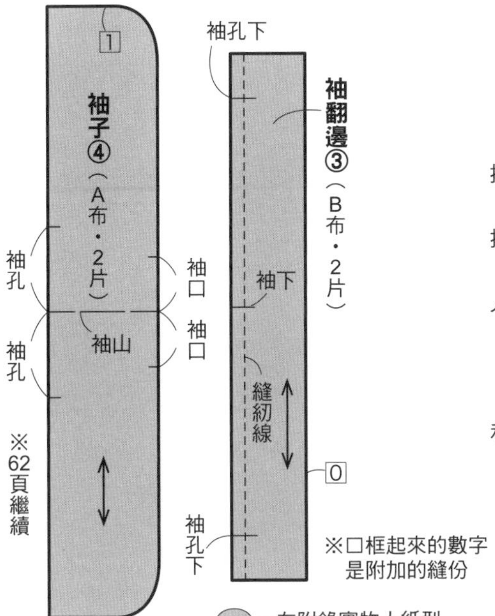

1
袖子④（A布・2片）
袖孔
袖口
袖山
袖口
袖孔
※62頁繼續
袖孔下
袖翻邊③（B布・2片）
袖下
縫紉線
0
袖孔下
※口框起來的數字是附加的縫份

⬭＝在附錄實物大紙型

扱帶ⓐ：G布（縮緬・素色）13.5cm寬3cm
　暗釦（6mm）1組
扱帶ⓑ：G布（縮緬・素色）
　13cm寬1.5cm（斜裁）
人台：不織布 13cm×10cm
　木棒（厚度5mm）12cm
　圓木（直徑4cm厚1cm）1枚
　手藝用棉花　適量
和服錢包：H布（和風圖案）8cm寬5cm
　木板（厚3mm）2cm×1.5cm
　繩子（粗1mm）3cm
　附C圈流蘇（15mm）1個

16頁 11

和服材料

和服：A布（和風圖案）41cm寬23cm
　B布（棉・素色）30cm寬18cm
　棉質扁帶（9mm寬）15cm 2條
腰帶：C布（金襴）32cm寬10cm
　布襯ⓐ（超級硬）9cm寬2cm
　布襯ⓑ 2cm×10cm
　暗釦（6mm）2組
　厚紙 2cm×2cm
伊達衿：D布（縮緬・花紋）
　12cm寬2.5cm（斜裁）
帶揚：E布（縮緬・素色）
　16cm寬3cm（斜裁）
帶締：F布（和風圖案）22cm寬1.5cm（斜裁）
　毛線（粗）50cm

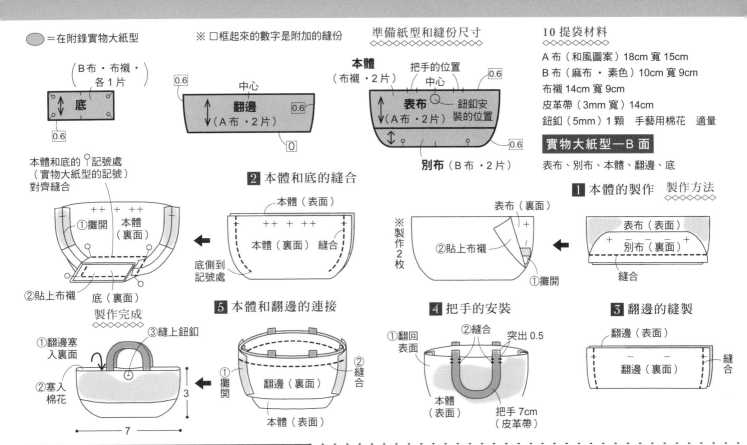

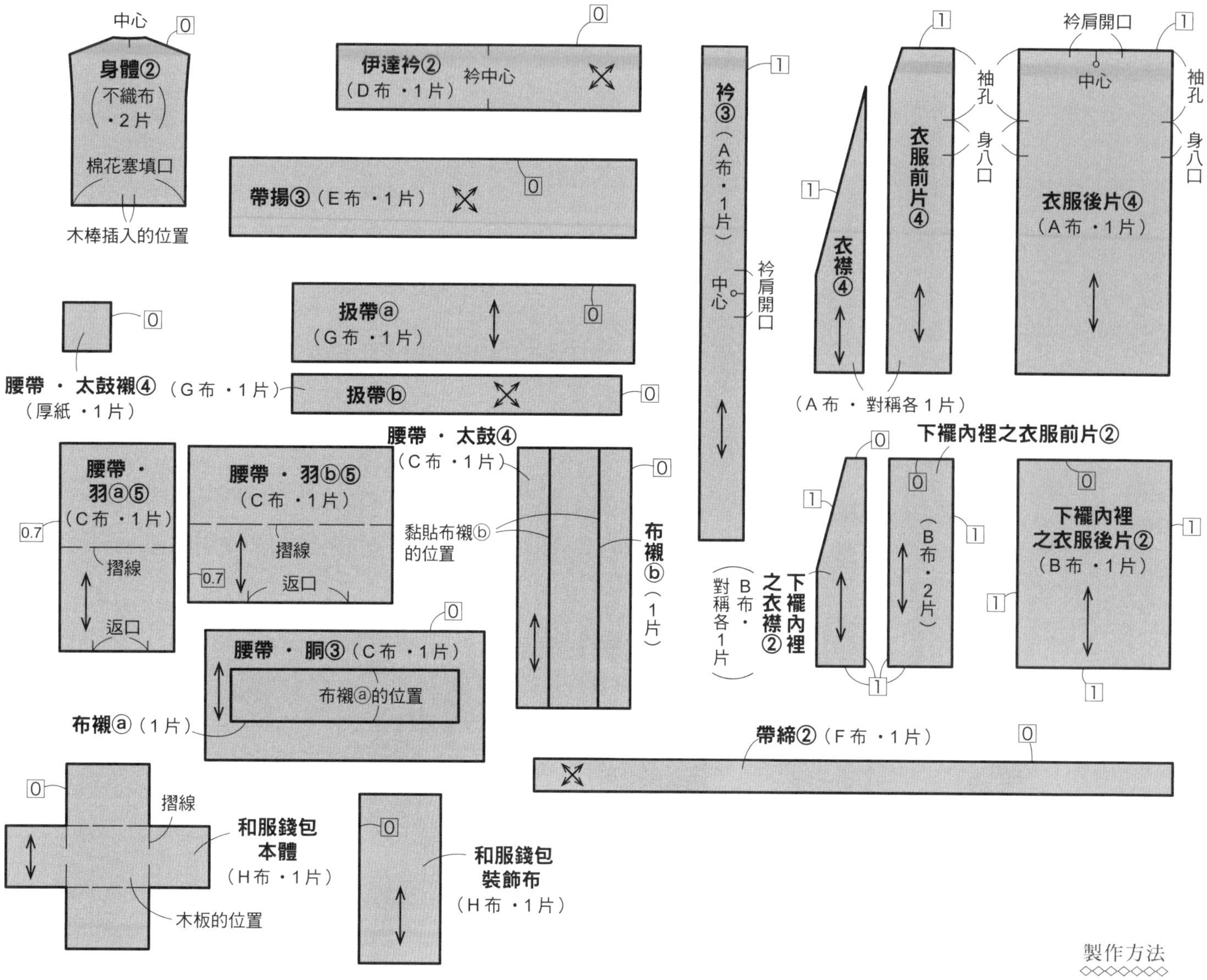

製作方法

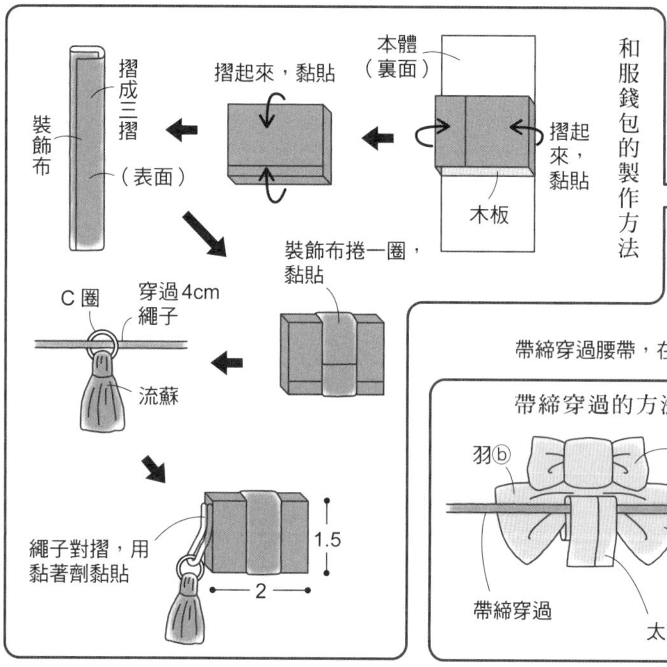

2 和服、腰帶、和服錢包的製作

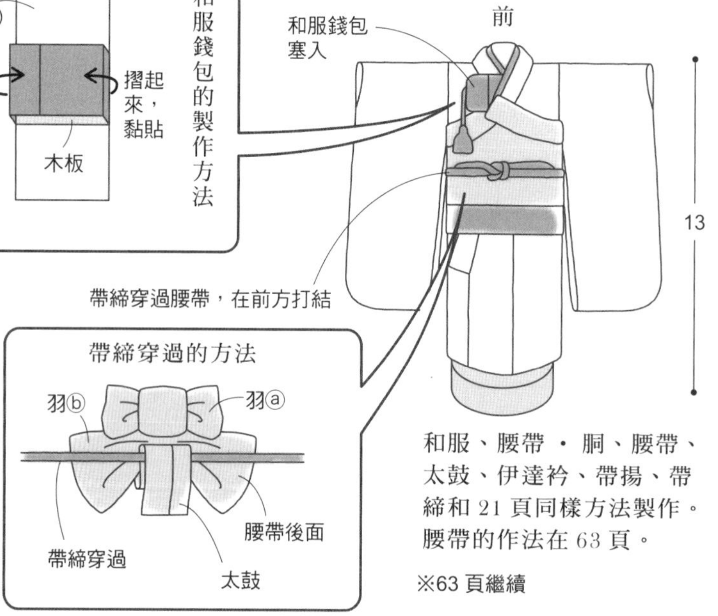

和服、腰帶・胴、腰帶・太鼓、伊達衿、帶揚、帶締和 21 頁同樣方法製作。腰帶的作法在 63 頁。

※63 頁繼續

1 人台的製作

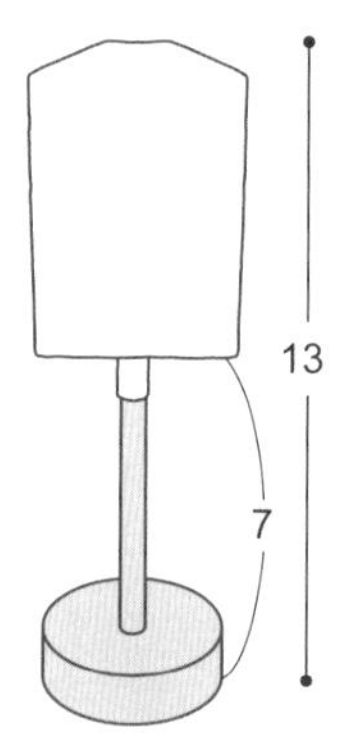

和 29 頁同樣方法製作，不需要在胸口加長方形不織布。

製作完成

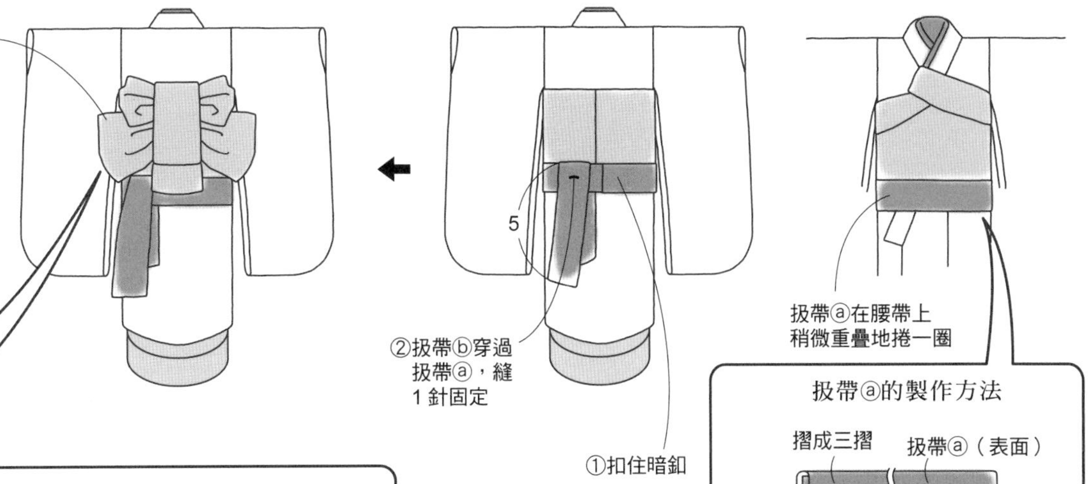

後
插入腰帶・胴
後
5
②扱帶ⓑ穿過扱帶ⓐ，縫1針固定
①扣住暗釦
前
扱帶ⓐ在腰帶上稍微重疊地捲一圈

和 55 頁 7 同樣地縫合羽ⓐ和羽ⓑ，翻回表面，在中央縮縫，將線拉緊

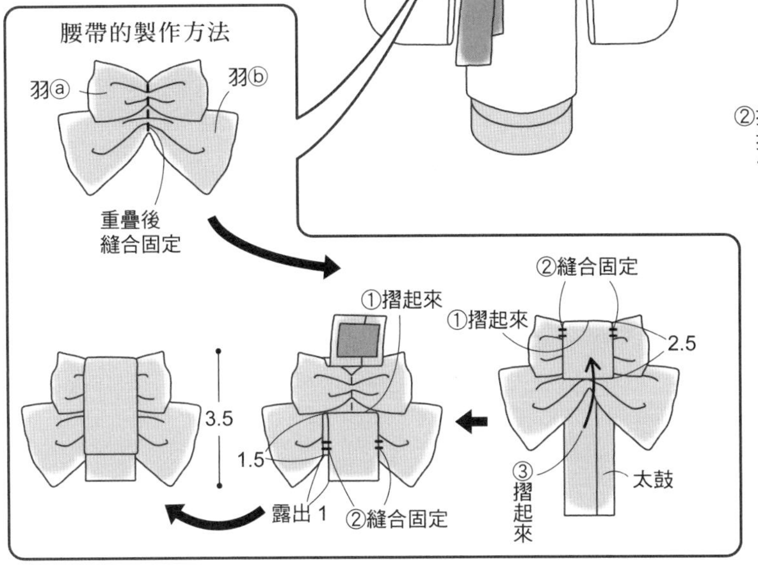

腰帶的製作方法
羽ⓐ
羽ⓑ
重疊後縫合固定
②縫合固定
①摺起來
①摺起來
2.5
③摺起來
太鼓
3.5
1.5
露出 1
②縫合固定

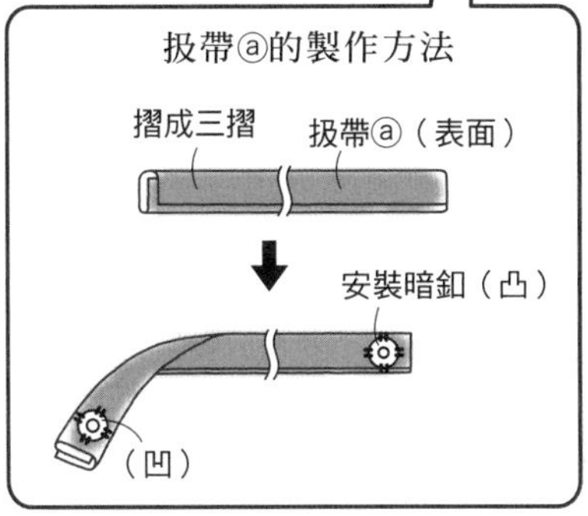

扱帶ⓐ的製作方法
摺成三摺
扱帶ⓐ（表面）
安裝暗釦（凸）
（凹）

11 提袋材料

A 布（和風圖案）12cm 寬 4cm
B 布（棉・素色）15cm 寬 3.5cm
串珠（直徑 3mm）11 顆
魚線 10cm
手藝用棉花　適量

實物大紙型－B 面

袋口布、前本體、後本體、邊布、底

準備紙型和縫份尺寸

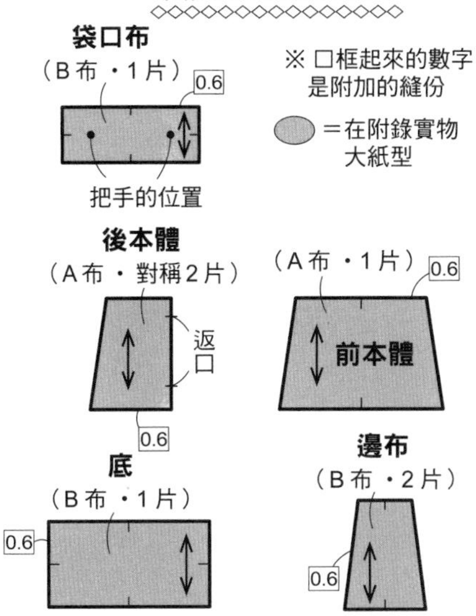

袋口布
（B 布・1 片）
0.6
把手的位置
※ 口框起來的數字是附加的縫份
＝在附錄實物大紙型
後本體
（A 布・對稱 2 片）
返口
0.6
（A 布・1 片）
0.6
前本體
底
（B 布・1 片）
0.6
邊布
（B 布・2 片）
0.6

製作方法

1 後本體的縫製

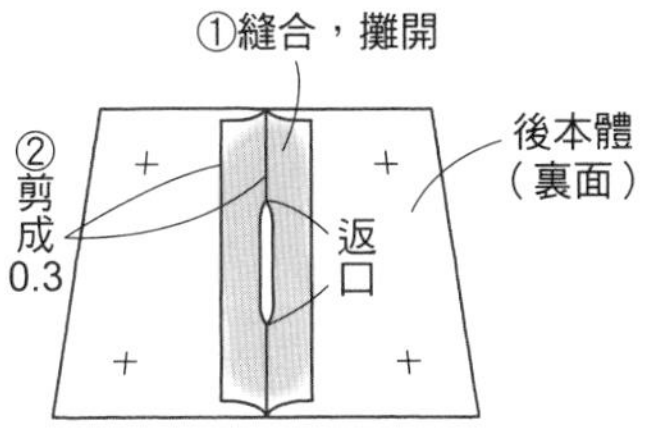

①縫合，攤開
②剪成0.3
後本體（裏面）
返口

2 邊布、底和袋口布的縫合

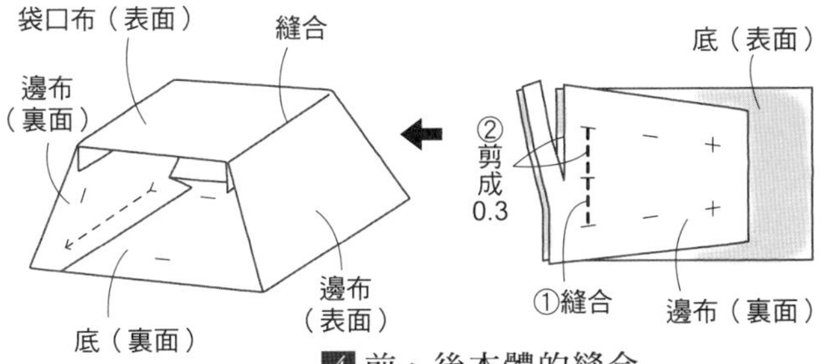

袋口布（表面）
縫合
邊布（裏面）
底（裏面）
邊布（表面）
底（表面）
②剪成0.3
①縫合
邊布（裏面）

3 把手的安裝

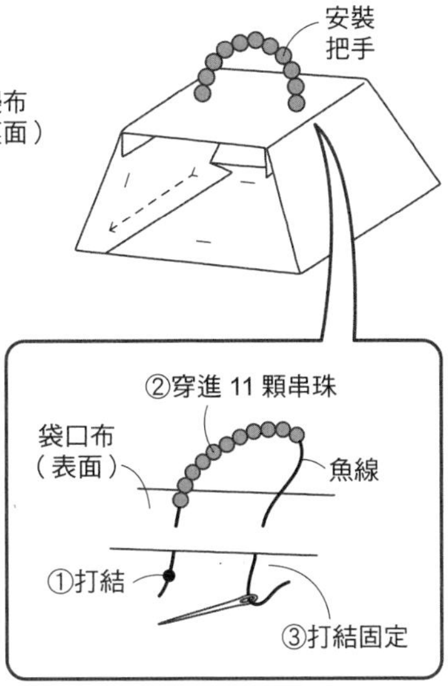

安裝把手
②穿進 11 顆串珠
袋口布（表面）
魚線
①打結
③打結固定

4 前、後本體的縫合

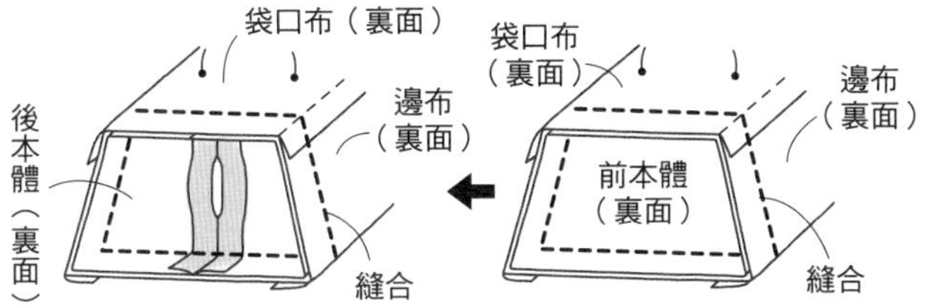

袋口布（裏面）
後本體（裏面）
邊布（裏面）
縫合
袋口布（裏面）
邊布（裏面）
前本體（裏面）
縫合

製作完成

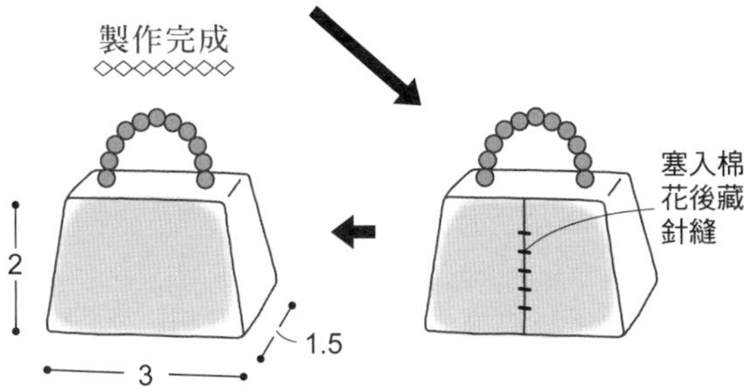

塞入棉花後藏針縫
2
1.5
3

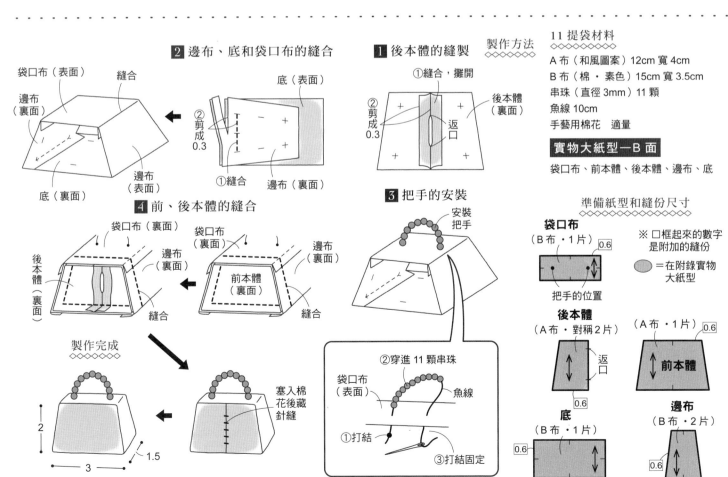

11 和服涼鞋（1 隻份）

鞋面：A 布（棉 ・ 素色）5cm 寬 9cm
鞋側邊：B 布（縮緬 ・ 花紋）10cm 寬 10cm
木屐帶：C 布（縮緬 ・ 素色）
5cm 寬 1.5cm（斜裁）2 片
毛線（粗）35cm
底（不織布）4cm×3cm
拼布用鋪棉 4cm×3cm
厚紙 11cm×8cm

實物大紙型—B 面

鞋側邊ⓐ③、鞋側邊ⓑ③、鞋面②、底②、木屐帶②

製作方法

和 47 頁同樣方法製作

製作完成

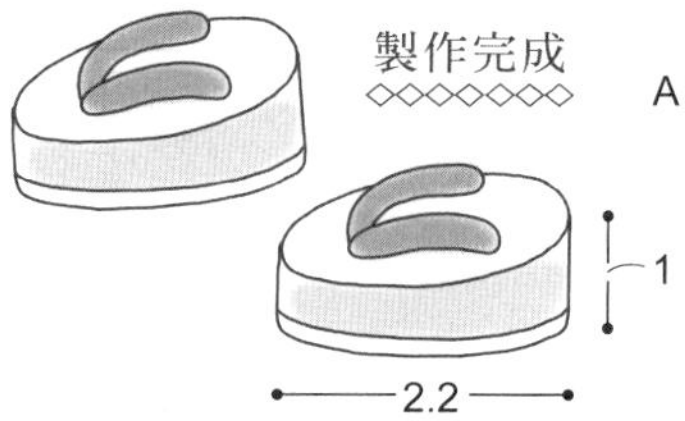

1
2.2

準備紙型和縫份尺寸

※ 口框起來的數字是附加的縫份

⬭ ＝在附錄實物大紙型

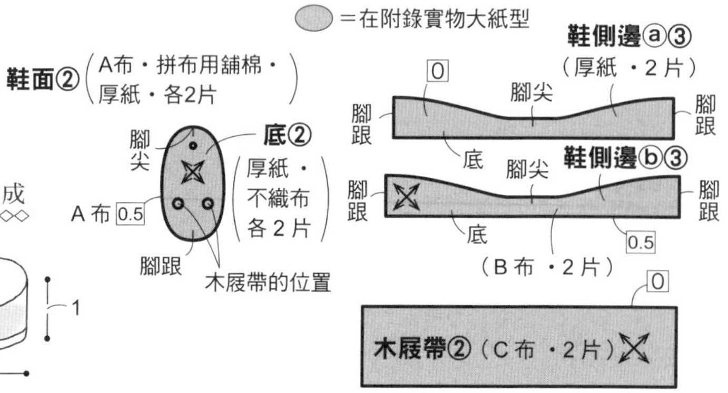

鞋面②（A布・拼布用鋪棉・厚紙・各2片）
腳尖
底②
厚紙・不織布 各 2 片
A 布 0.5
腳跟
木屐帶的位置
鞋側邊ⓐ③（厚紙 ・2 片）
0
腳尖
腳跟
腳跟
底
鞋側邊ⓑ③
腳尖
腳跟
腳跟
底
0.5
（B 布 ・2 片）
0
木屐帶②（C 布 ・2 片）

實物大紙型—A 面

素布：衣服前片①、衣服後片①、衣襟①、衿①、袖子②、袖翻邊②、下襬內裡之衣服前片①、下襬內裡之衣服後片①、下襬內裡之衣襟① **伊達衿：**伊達衿① **半衿** **半衿襯** **帶締：**帶締①
腰帶：胴①、太鼓①、太鼓襯① **人台：**身體①

實物大紙型—B 面 **帶揚：**帶揚ⓐ②、帶揚ⓑ②

素布、腰帶、帶揚、伊達衿、半衿、人台的紙型和 57 頁同樣準備好

準備紙型和縫份尺寸

⬭ ＝在附錄實物大紙型

帶締（E 布 ・1 片） ※ 無縫份

製作完成

製作方法

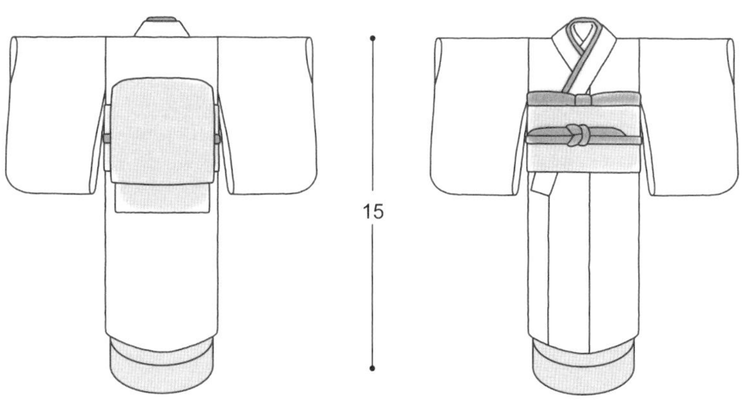

後
前
15

小紋、伊達衿、腰帶 ・ 胴、帶締、半衿、人台和 21 頁同樣方法製作。
腰帶、太鼓、帶揚和 58 頁同樣方法製作。

16 頁 12

素布材料

素布：A 布（縮緬 ・ 素色）45cm 寬 27cm
B 布（棉 ・ 素色）32cm 寬 22cm
棉質扁帶（9mm 寬）18cm 2 條
腰帶：C 布（金襴）30cm 寬 15cm
布襯（超級硬）12cm 寬 3cm
暗釦（6mm）2 組
厚紙 2cm×2cm
伊達衿：D 布（縮緬 ・ 素色）
15cm 寬 3cm（斜裁）
帶揚：D 布（縮緬 ・ 素色）17cm 寬 14cm
帶締：E 布（和風圖案）30cm 寬 1.5cm（斜裁）
毛線（粗）50cm
半衿：F 布（縮緬 ・ 素色）
10cm 寬 2.5cm（斜裁）
厚紙 9cm×0.5cm
人台：不織布 13cm×10cm
木棒（厚度 5mm）12cm
圓木（直徑 4cm 厚 1cm）1 枝
手藝用棉花　適量

製作方法

和 47 頁同樣方法製作

製作完成

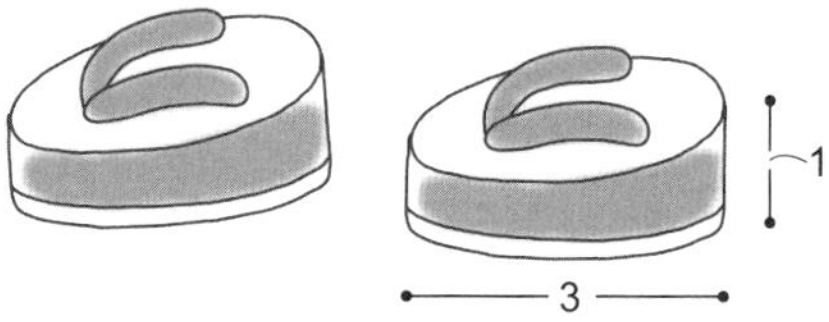

1
3

實物大紙型—A 面

鞋側邊ⓐ②、鞋側邊ⓑ②、木屐帶①、鞋面①、底①

鞋側邊、鞋面、底的紙型和 58 頁，木屐帶和 46 頁同樣準備好

和服涼鞋材料

鞋面：A 布（縮緬 ・ 素色）5cm 寬 9cm
鞋側邊：B 布（金襴）10cm 寬 10cm
木屐帶：C 布（縮緬 ・ 素色）6cm 寬 1.5cm（斜裁）2 片
毛線（粗）35cm
底（不織布）4cm×3cm
拼布用鋪棉 4cm×3cm
厚紙 11cm×8cm

12 提袋材料

A 布（金欄）37cm 寬 5cm

B 布（棉・素色）6cm 寬 5cm

手藝用棉花　適量

實物大紙型—B 面

袋蓋、本體、邊布、底

準備紙型和縫份尺寸

※ 口框起來的數字是附加的縫份

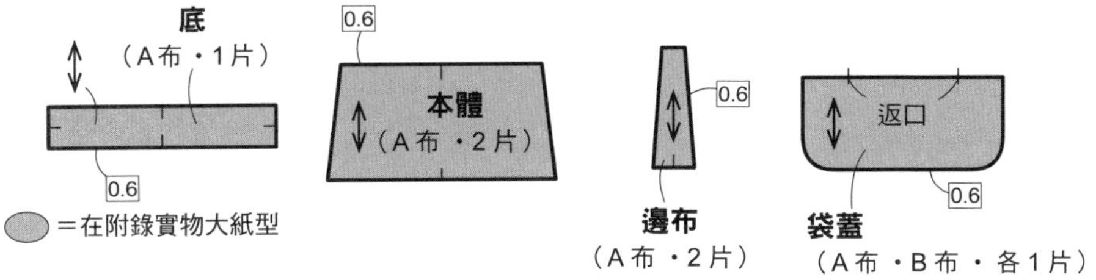

底
（A 布・1 片）
0.6
0.6
本體
（A 布・2 片）
0.6
邊布
（A 布・2 片）
返口
0.6
袋蓋
（A 布・B 布・各 1 片）
=在附錄實物大紙型

製作方法

1 本體的製作

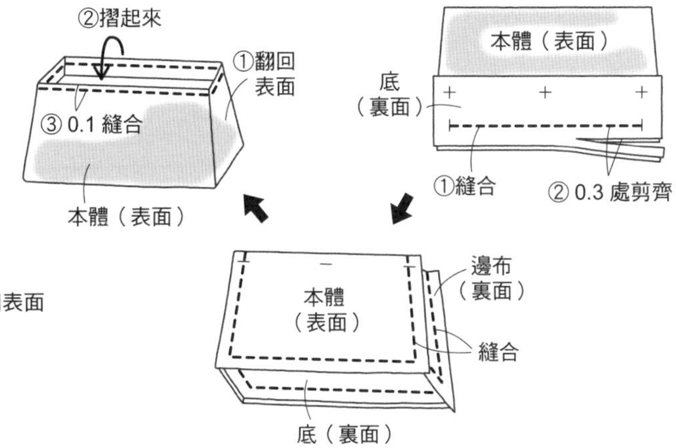

本體（表面）
底
（裏面）
①縫合
② 0.3 處剪齊
邊布
（裏面）
本體
（表面）
縫合
底（裏面）
②摺起來
①翻回
表面
③ 0.1 縫合
本體（表面）

2 袋蓋的製作

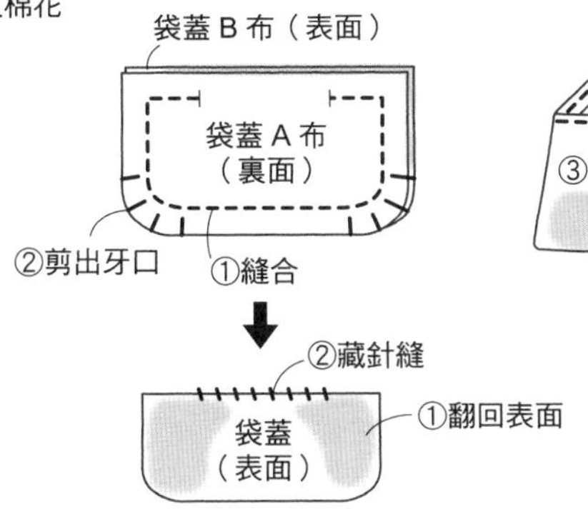

袋蓋 B 布（表面）
袋蓋 A 布
（裏面）
②剪出牙口
①縫合
②藏針縫
袋蓋
（表面）
①翻回表面

3 袋蓋的連接

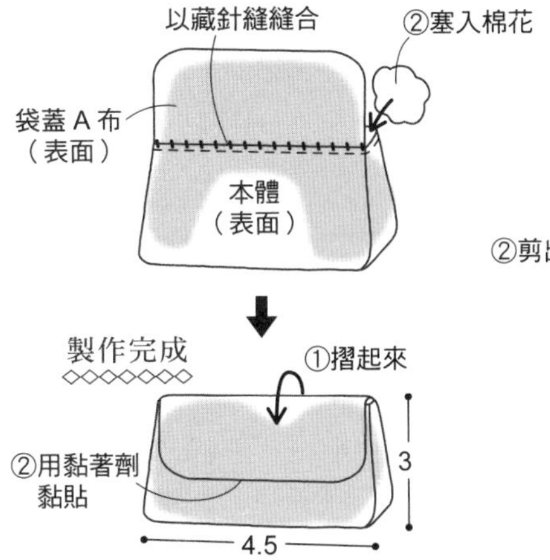

以藏針縫縫合
②塞入棉花
袋蓋 A 布
（表面）
本體
（表面）
①摺起來
②用黏著劑
黏貼
3
4.5

製作完成

---

18 頁 13・14

提袋材料（一個份）

A 布（13／縮緬・花紋　14／和風圖案）13.5cm 寬 8cm

B 布（麻布・素色）9cm 寬 9cm

C 布（棉・素色）10cm 寬 10cm

鈕釦（5mm）1 顆

皮革帶（13／3mm 寬　14／2mm 寬）12cm

手藝用棉花　適量

實物大紙型—B 面

本體、扣帶、邊布、翻邊、邊布翻邊

準備紙型和縫份尺寸

※ 口框起來的數字是附加的縫份

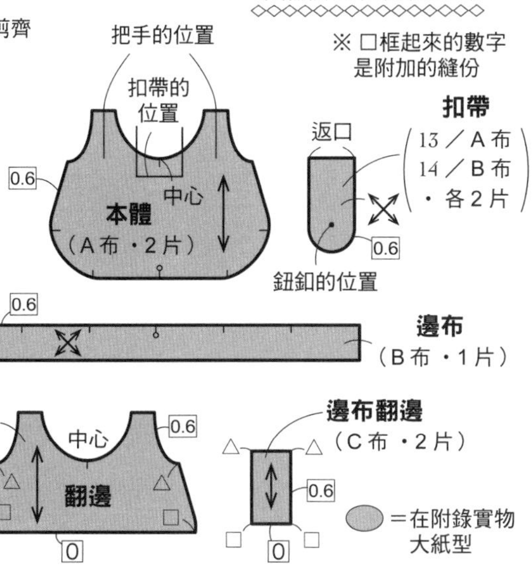

把手的位置
扣帶的
位置
中心
0.6
本體
（A 布・2 片）
扣帶
13／A 布
14／B 布
・各 2 片
返口
0.6
鈕釦的位置
0.6
邊布
（B 布・1 片）
（C 布・2 片）
中心
0.6
0.6
翻邊
0
邊布翻邊
（C 布・2 片）
0.6
0
=在附錄實物
大紙型

製作方法

1 本體的製作

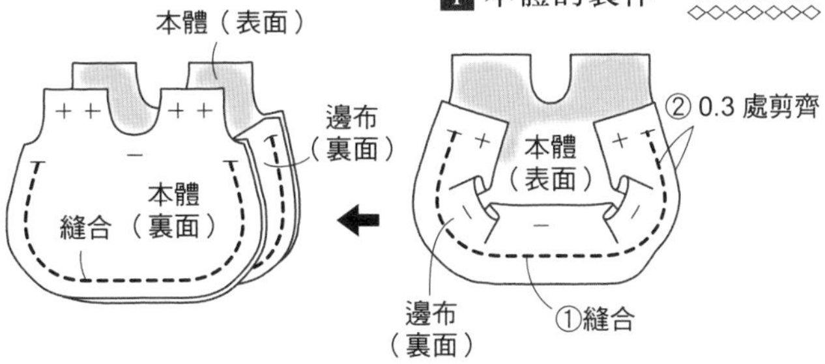

本體（表面）
② 0.3 處剪齊
邊布
（裏面）
①縫合
本體（表面）
邊布
（裏面）
縫合
本體
（裏面）

2 翻邊的製作

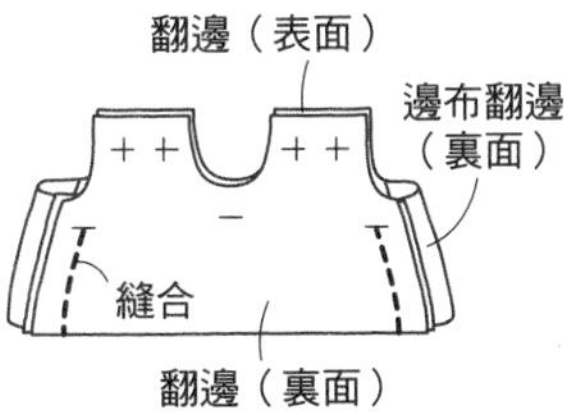

翻邊（表面）
邊布翻邊
（裏面）
縫合
翻邊（裏面）

3 本體和翻邊的連接

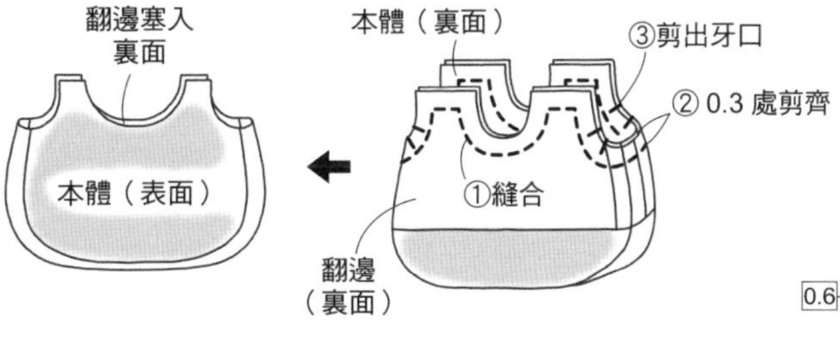

本體（裏面）
③剪出牙口
② 0.3 處剪齊
①縫合
翻邊
（裏面）
翻邊塞入
裏面
本體（表面）

4 扣帶的製作

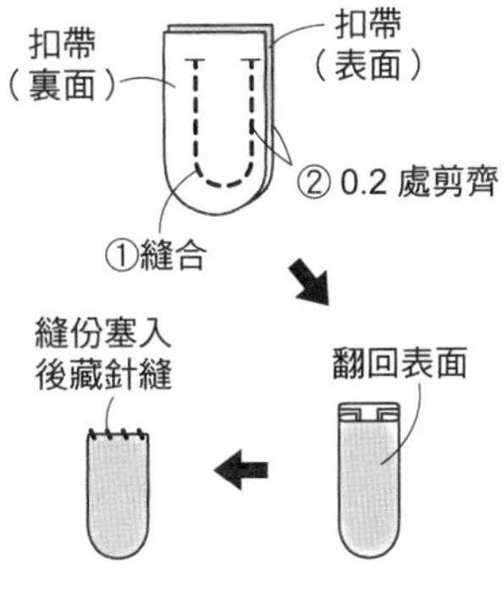

扣帶
（裏面）
扣帶
（表面）
② 0.2 處剪齊
①縫合
縫份塞入
後藏針縫
翻回表面

5 扣帶和把手的連接

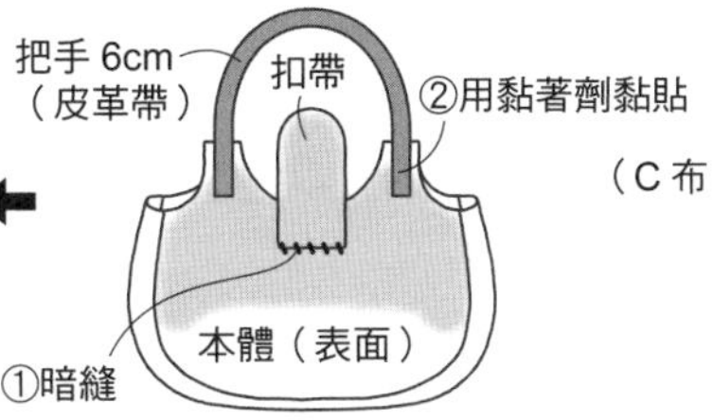

把手 6cm
（皮革帶）
扣帶
②用黏著劑黏貼
本體（表面）
①暗縫

製作完成

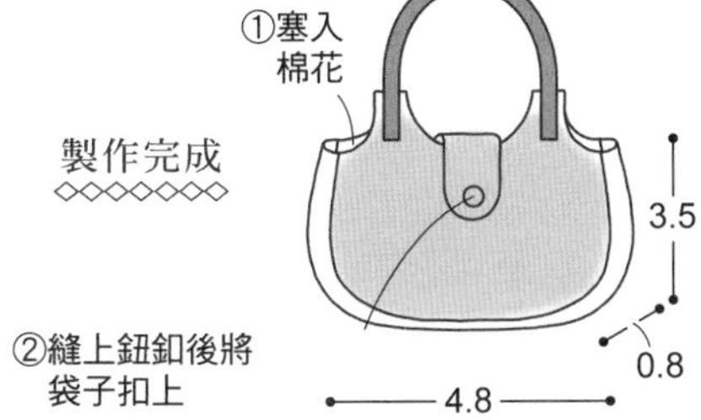

①塞入
棉花
3.5
0.8
4.8
②縫上鈕釦後將
袋子扣上

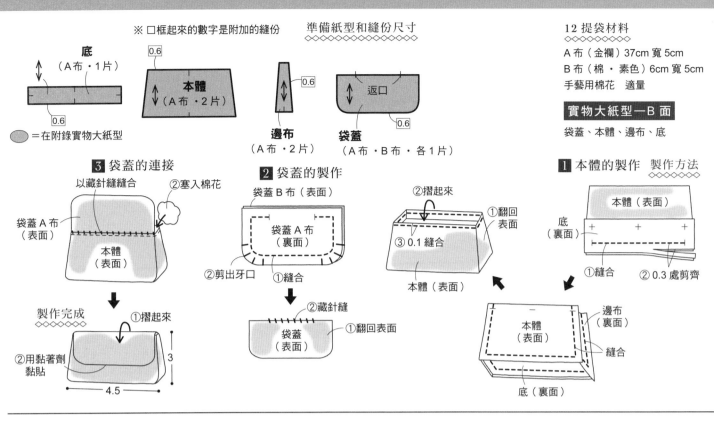

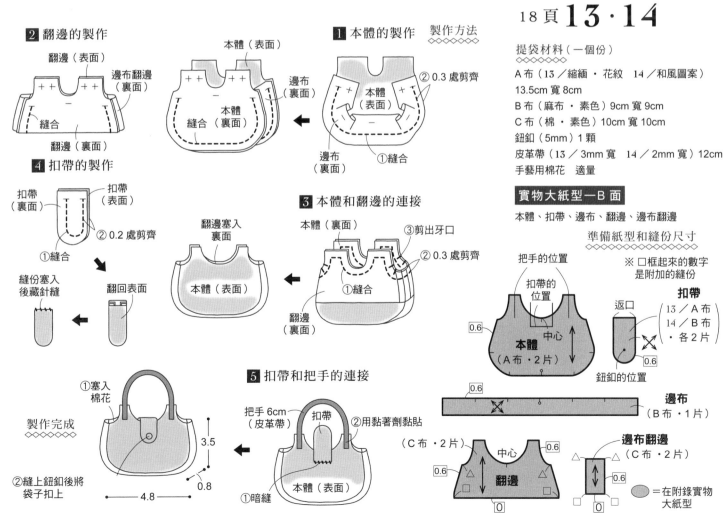

製作方法

1 背中心、衣服前片、衣襟、肩的縫製

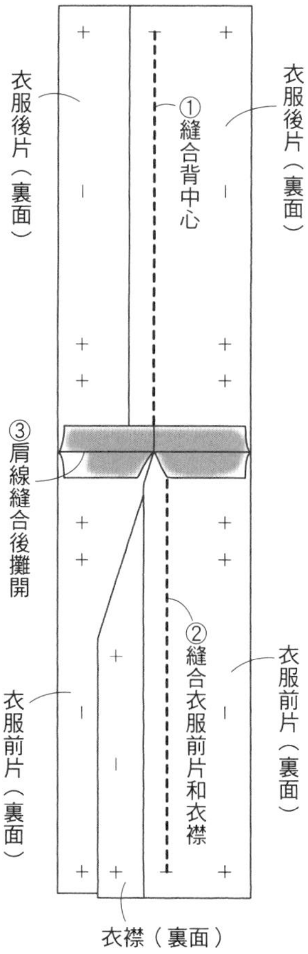

衣服後片（裏面）
①縫合背中心
衣服後片（裏面）
③肩線縫合後攤開
②縫合衣服前片和衣襟
衣服前片（裏面）
衣服前片（裏面）
衣襟（裏面）

2 袖口縫製、袖子的連接

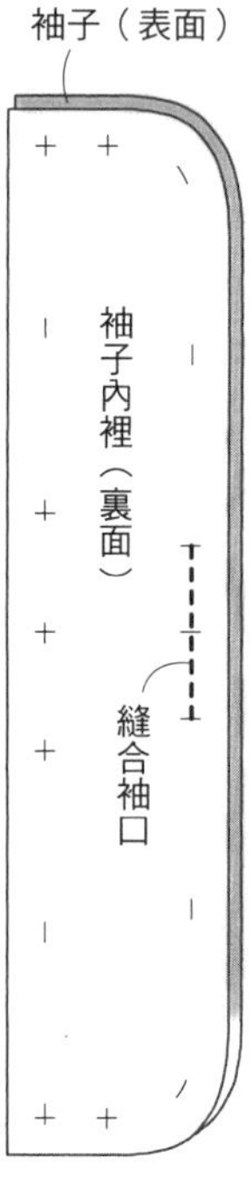

袖子（表面）
袖子內裡（裏面）
縫合袖口

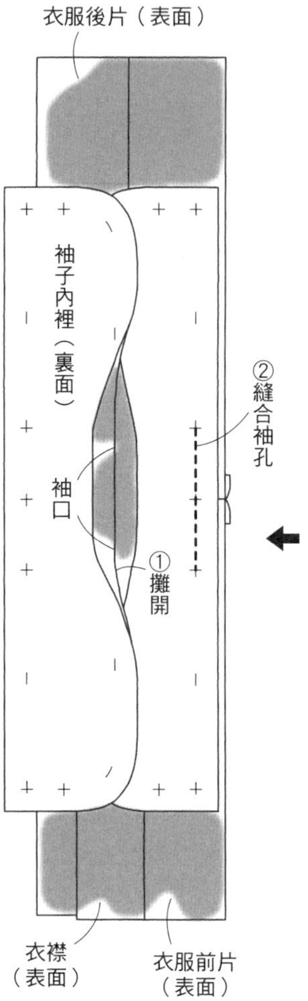

衣服後片（表面）
袖子內裡（裏面）
②縫合袖孔
袖口
①攤開
衣襟（表面）
衣服前片（表面）

3 從袖口下開始到止縫處縫合

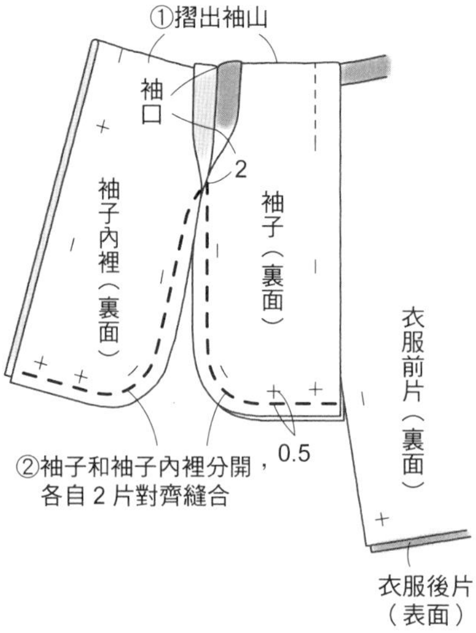

①摺出袖山
袖口
2
袖子內裡（裏面）
袖子（裏面）
衣服前片（裏面）
②袖子和袖子內裡分開，各自2片對齊縫合
0.5
衣服後片（表面）

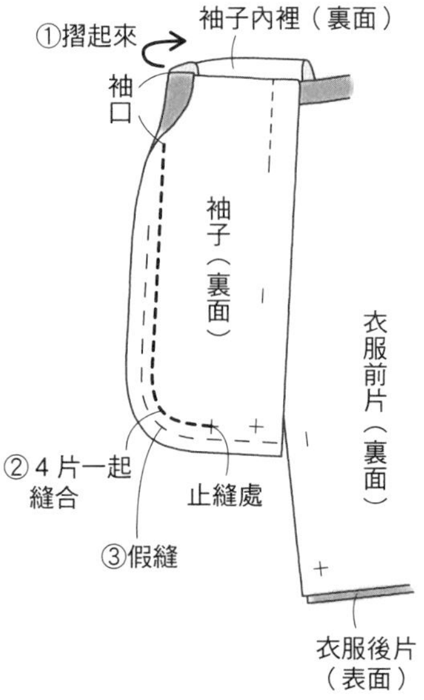

①摺起來
袖子內裡（裏面）
袖口
袖子（裏面）
衣服前片（裏面）
②4片一起縫合
止縫處
③假縫
衣服後片（表面）

※67頁繼續

13・14 衣桁材料（一組份）

振袖：A布（13／縮緬・花紋　14／和風圖案）
55cm 寬 30cm
B布（棉・素色）33cm 寬 27cm
衣桁：縱 18cm 橫 20cm

實物大紙型－B面

衣服前片⑤、衣服後片⑤、衣襟⑤、袖子⑤、衿④、衣服前片內裡、衣服後片內裡、袖子內裡

準備紙型和縫份尺寸

※□框起來的數字是附加的縫份

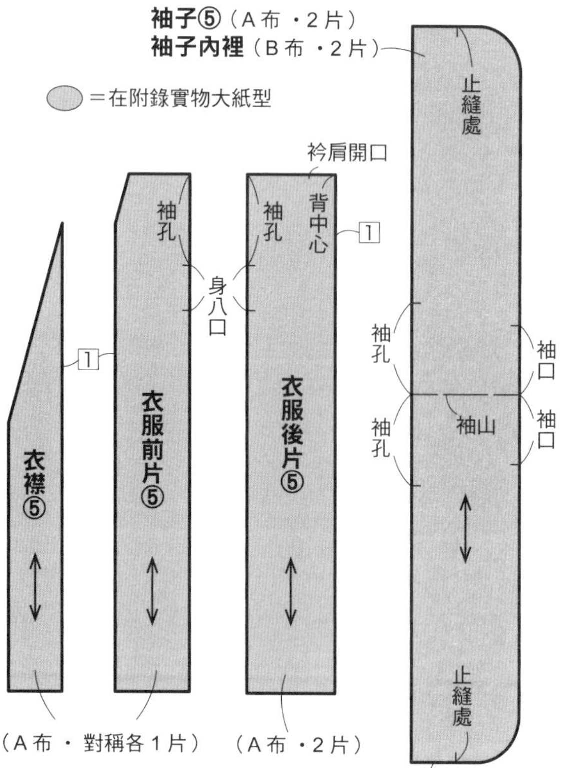

袖子⑤（A布・2片）
袖子內裡（B布・2片）
＝在附錄實物大紙型
止縫處
衿肩開口
袖孔
背中心
1
身八口
衣襟⑤
衣服前片⑤
衣服後片⑤
袖孔
袖口
袖山
（A布・對稱各1片）
（A布・2片）

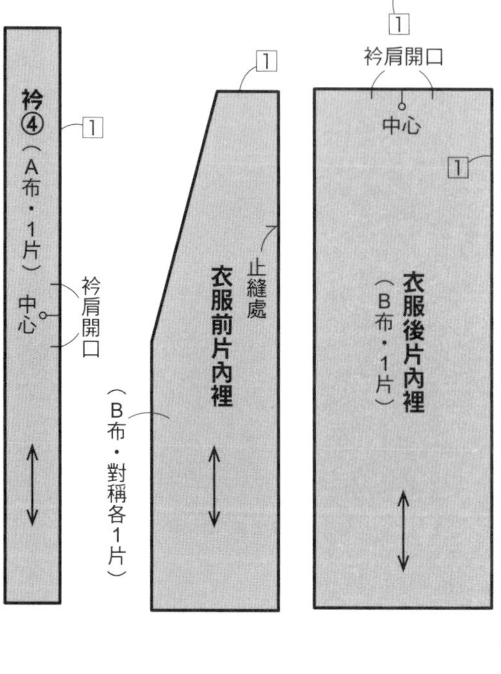

1
衿肩開口
中心
衿④（A布・1片）
衿肩開口
止縫處
衣服前片內裡
（B布・對稱各1片）
衣服後片內裡（B布・1片）

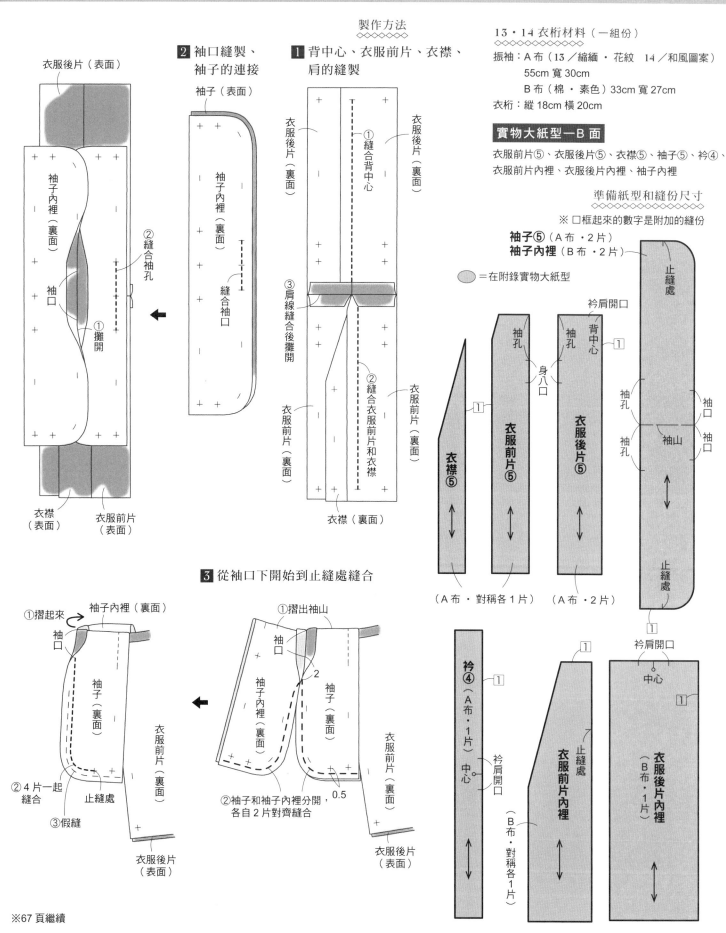

4 袖下各自的縫製

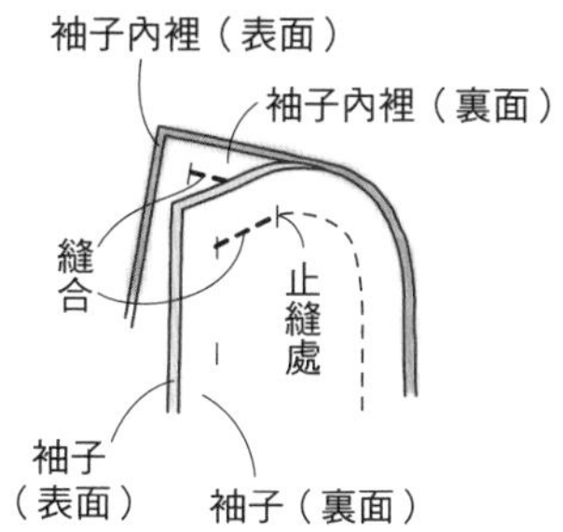
袖子內裡（表面）
袖子內裡（裏面）
縫合
止縫處
袖子（表面）
袖子（裏面）

5 袖的振八口縫合

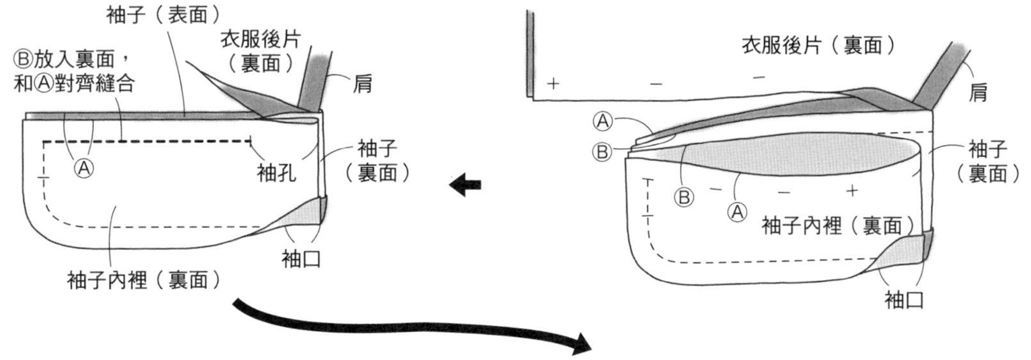
衣服後片（裏面）
肩
Ⓐ
Ⓑ
袖子（裏面）
袖子內裡（裏面）
袖口
袖子（表面）
衣服後片（裏面）
Ⓑ放入裏面，和Ⓐ對齊縫合
袖孔
袖子內裡（裏面）

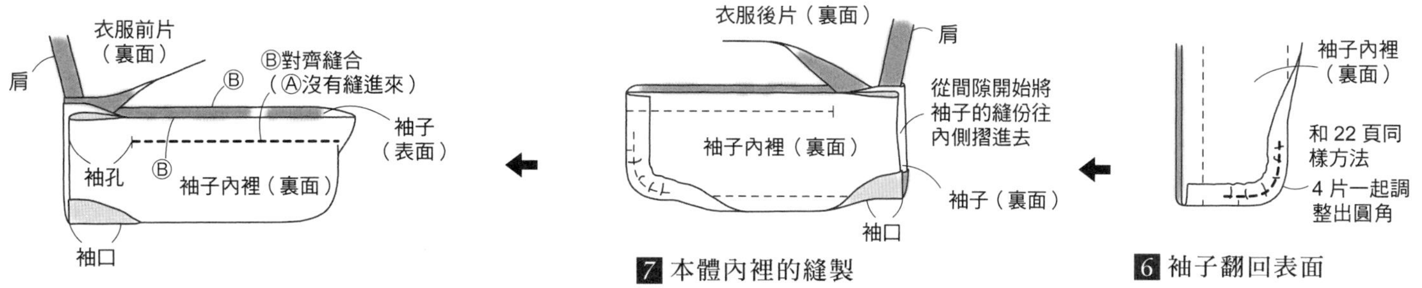
袖子內裡（裏面）
和 22 頁同樣方法
4 片一起調整出圓角
衣服後片（裏面）
肩
從間隙開始將袖子的縫份往內側摺進去
袖子內裡（裏面）
袖子（裏面）
袖口
衣服前片（裏面）
肩
Ⓑ對齊縫合（Ⓐ沒有縫進來）
Ⓑ
袖子（表面）
袖孔
袖子內裡（裏面）
袖口

6 袖子翻回表面

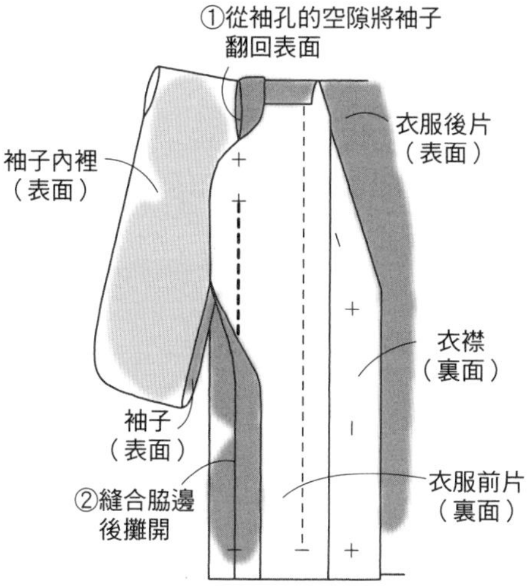
①從袖孔的空隙將袖子翻回表面
袖子內裡（表面）
衣服後片（表面）
衣襟（裏面）
袖子（表面）
②縫合脇邊後攤開
衣服前片（裏面）

7 本體內裡的縫製

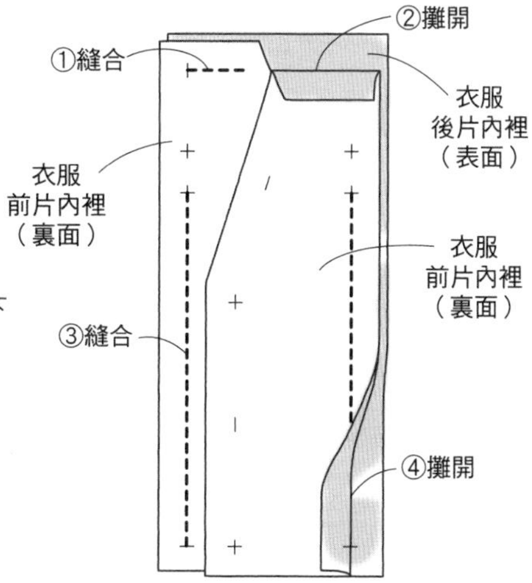
①縫合
②攤開
衣服後片內裡（表面）
衣服前片內裡（裏面）
衣服前片內裡（裏面）
③縫合
④攤開

8 和服和內裡的縫合

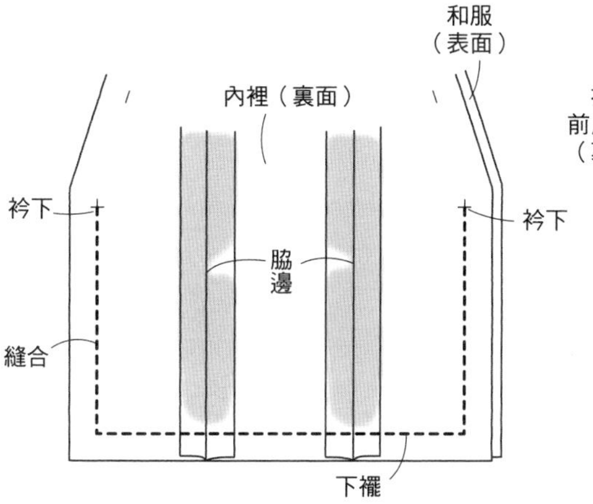
和服（表面）
內裡（裏面）
衿下
衿下
脇邊
縫合
下襬

9 翻回表面

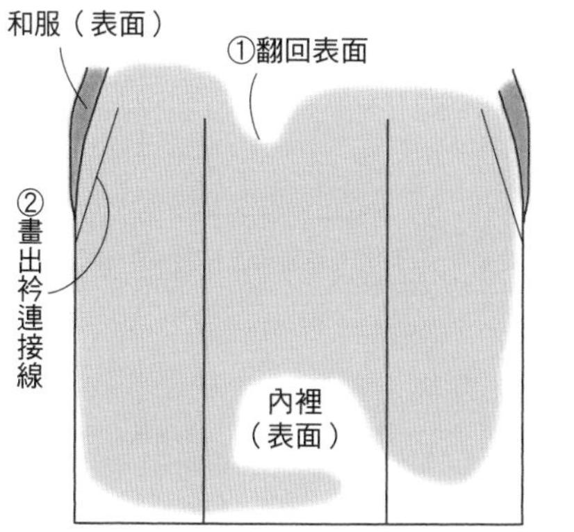
和服（表面）
①翻回表面
②畫出衿連接線
內裡（表面）

10 連接衿、袖孔和身八口的暗縫

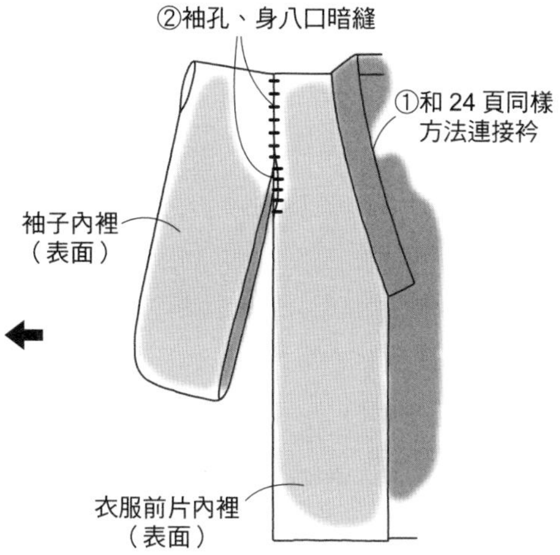
②袖孔、身八口暗縫
①和 24 頁同樣方法連接衿
袖子內裡（表面）
衣服前片內裡（表面）

製作完成

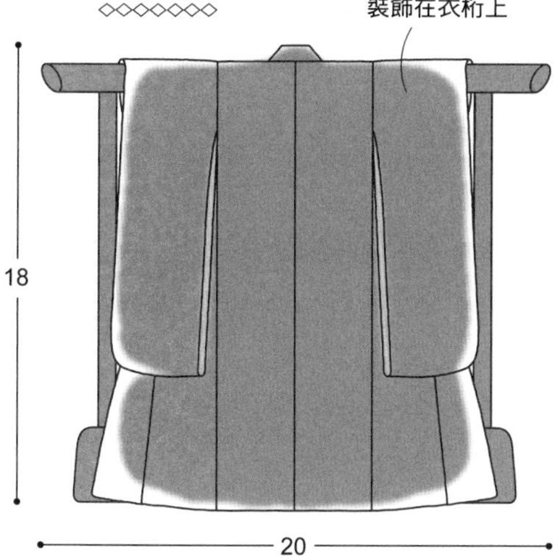
裝飾在衣桁上
18
20

紙型、製作方法和 46、47 頁同樣方法製作

製作方法

製作完成

14

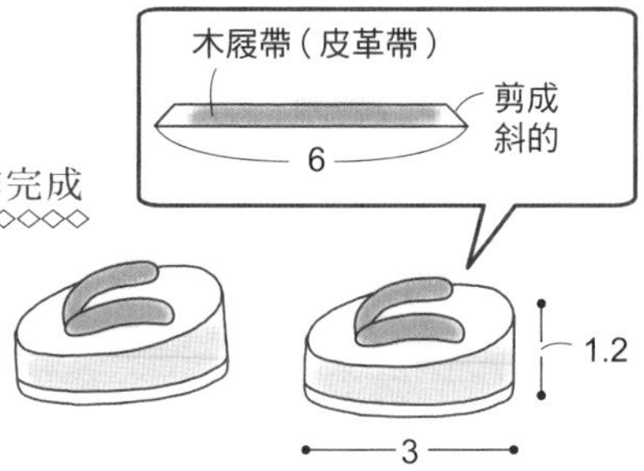
木屐帶（皮革帶）
剪成斜的
6
1.2
3

實物大紙型─A 面

鞋側邊ⓐ①、鞋側邊ⓑ①、木屐帶①（只有 13）、鞋面①、底①

製作方法

紙型、製作方法和 46、47 頁同樣方法製作

製作完成

13

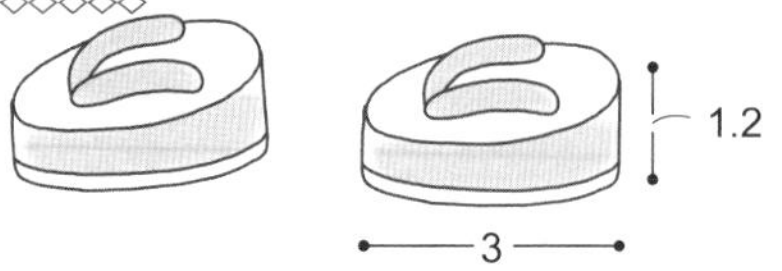
1.2
3

13・14 和服涼鞋材料（1 隻份）

鞋面：A 布（麻布 · 素色）5cm 寬 9cm
鞋側邊：B 布（13／縮緬 · 花紋
　14／和風圖案）10cm 寬 10cm
木屐帶：13／C 布（縮緬 · 花紋）
　6cm 寬 1.5cm（斜裁）2 片
　毛線（粗）35cm
　14／皮革帶（3mm 寬）12cm
底（不織布）4cm×3cm
拼布用鋪棉 4cm×3cm
厚紙 11cm×8cm

實物大紙型─A 面

浴衣：衣服前片①、衣服後片①、衣襟①、衿①、袖子② **腰帶：**胴①、太鼓③、太鼓襯③、羽③ **人台：**身體①

35 頁 15

紙型和 54 頁 8、55 頁 8 同樣方法製作

製作方法

製作完成

後　　前

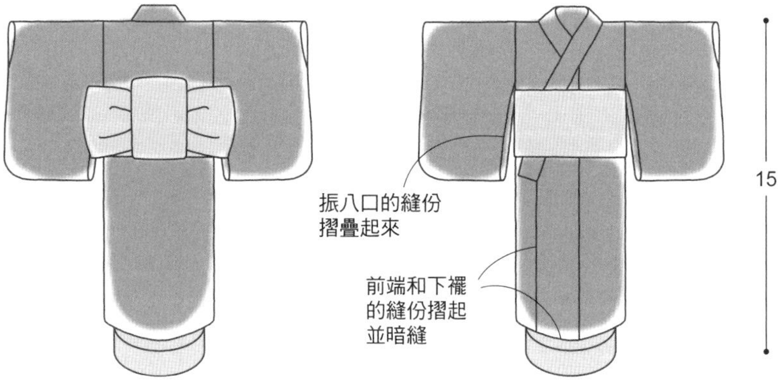
振八口的縫份
摺疊起來
前端和下襬
的縫份摺起
並暗縫
15

浴衣材料

浴衣：A 布（手巾布）33cm 寬 30cm
　布襯 33cm 寬 30cm
　棉質扁帶（9mm 寬）18cm 2 條
腰帶：B 布（縮緬 · 素色）20cm 寬 15cm
　布襯ⓐ（超級硬）12cm 寬 3cm
　布襯ⓑ 2.5cm 寬 7cm
　厚紙 2.5cm×2cm
　暗釦（6mm）2 組
人台：不織布 13cm×10cm
　木棒（厚度 6mm）12cm
　圓木（直徑 4cm 厚 1cm）1 枝
　手藝用棉花　適量

15 木屐材料

A 布（和風圖案）10cm 寬 1.5cm
木板ⓐ（厚 3mm）1.5cm×2.5cm 2 片
木板ⓑ（厚 3mm）1.5cm×5mm 4 片
25 號刺繡線 20cm
砂紙

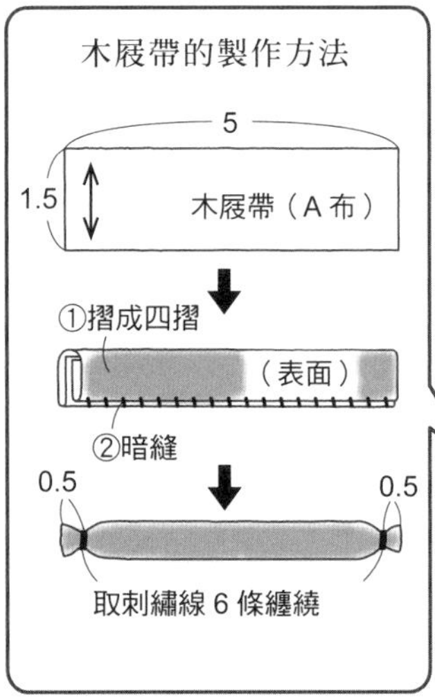
木屐帶的製作方法
5
1.5
木屐帶（A 布）
①摺成四摺
（表面）
②暗縫
0.5
0.5
取刺繡線 6 條纏繞

製作方法

和 56 頁同樣方法製作

製作完成

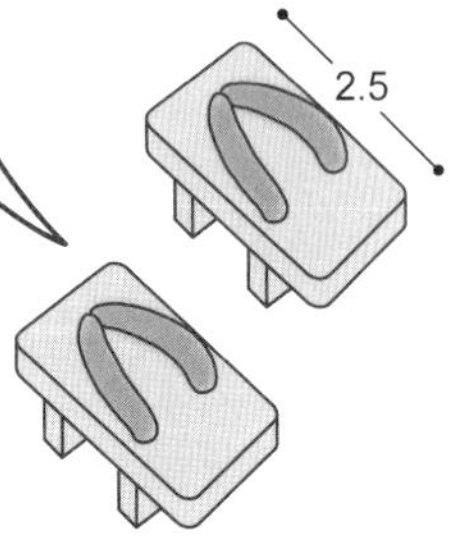
2.5

製作方法

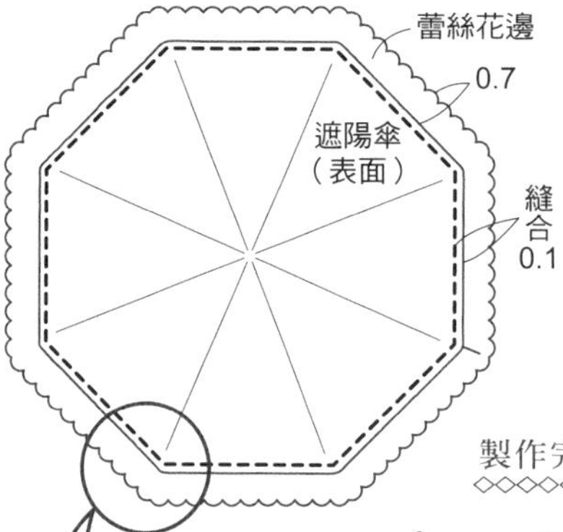
蕾絲花邊
0.7
遮陽傘
（表面）
縫合
0.1

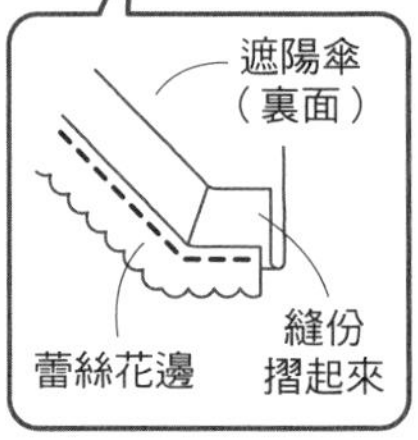
遮陽傘
（裏面）
蕾絲花邊
縫份
摺起來

製作完成

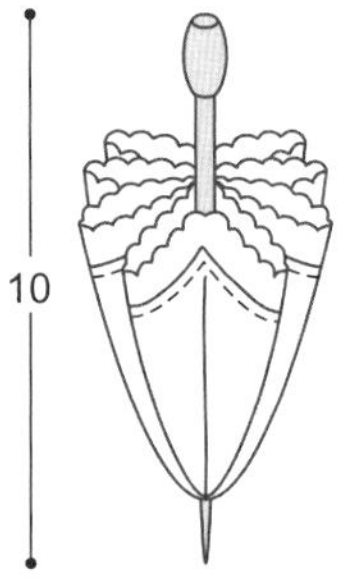
10

15 遮陽傘材料

A 布（蕾絲布）15cm 寬 15cm
蕾絲花邊（1cm 寬）45cm
竹籤（直徑 3mm）10cm
木珠（長 9cm 孔徑 3mm）1 顆

實物大紙型─B 面

遮陽傘

紙型和 55 頁、製作方法和 56 頁同樣方法製作。

⬭ ＝在附錄實物大紙型　※ 口框起來的數字是附加的縫份

準備紙型和縫份尺寸

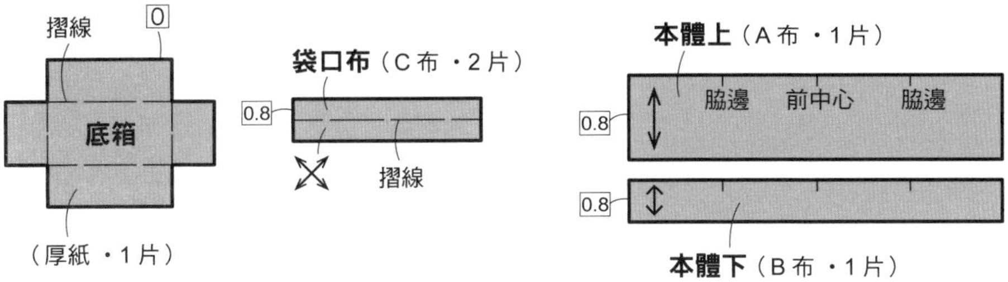

摺線
0
底箱
（厚紙・1片）
袋口布（C布・2片）
0.8
摺線
本體上（A布・1片）
脇邊
前中心
脇邊
0.8
0.8
本體下（B布・1片）

15 抽繩布袋材料

A布（縮緬・花紋）5cm 寬 12cm
B布（和風圖案）4cm 寬 12cm
C布（棉・素色）7cm 寬 10cm
厚紙 4cm×6cm

實物大紙型一B 面

本體上、本體下、袋口布、底箱

製作方法

1 底箱的製作

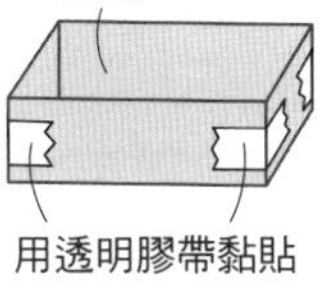

底箱
用透明膠帶黏貼

2 本體上、下的縫製

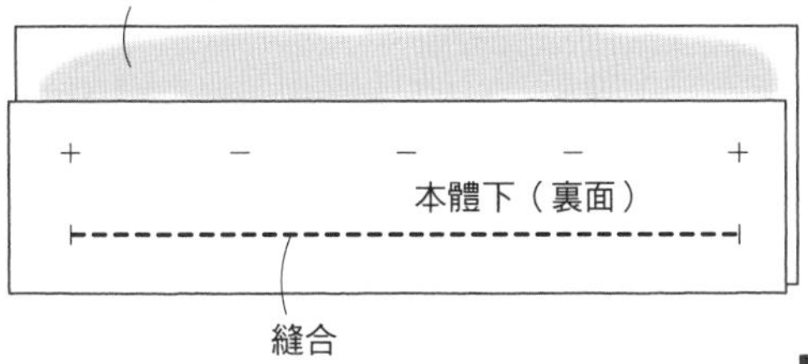

本體上（表面）
本體下（裏面）
縫合

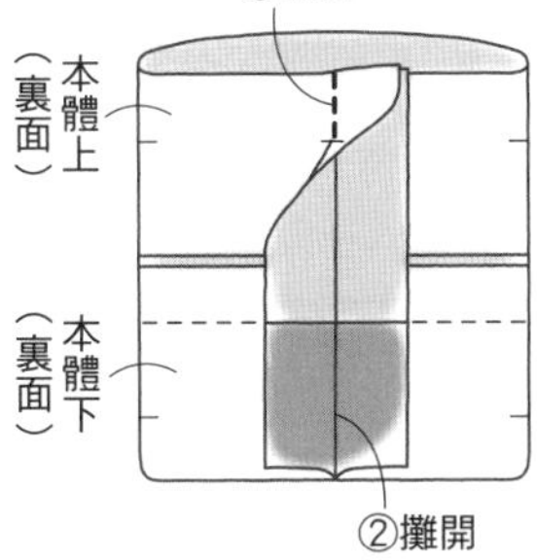

①縫合
本體上（裏面）
本體下（裏面）
②攤開

3 袋口布的摺疊

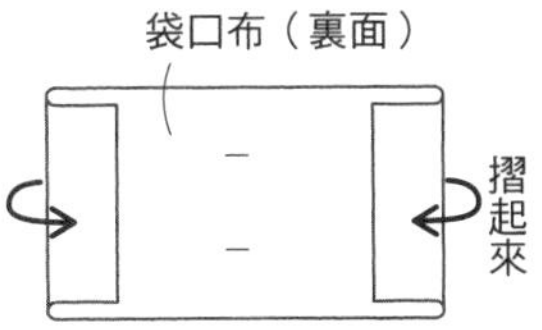

袋口布（裏面）
摺起來

4 袋口布的連接

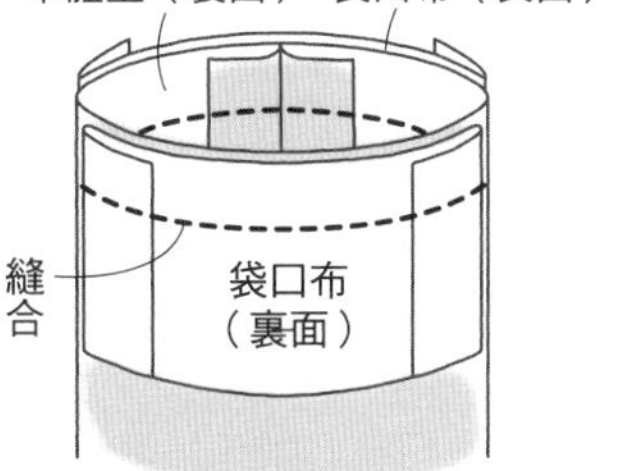

本體上（裏面）
袋口布（表面）
縫合
袋口布（裏面）

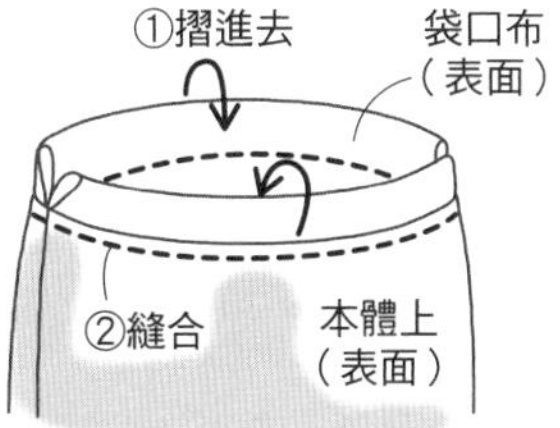

①摺進去
袋口布（表面）
②縫合
本體上（表面）

5 底的摺疊，穿過繩子

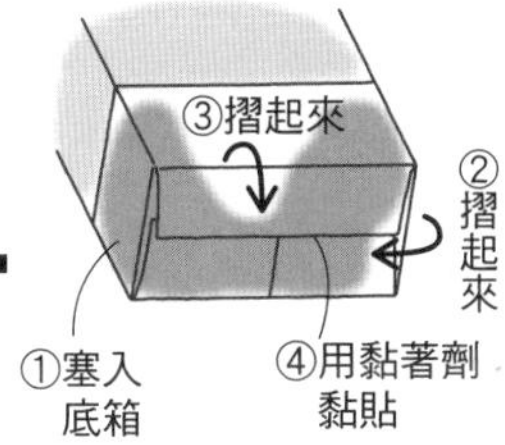

③摺起來
②摺起來
①塞入底箱
④用黏著劑黏貼

製作完成

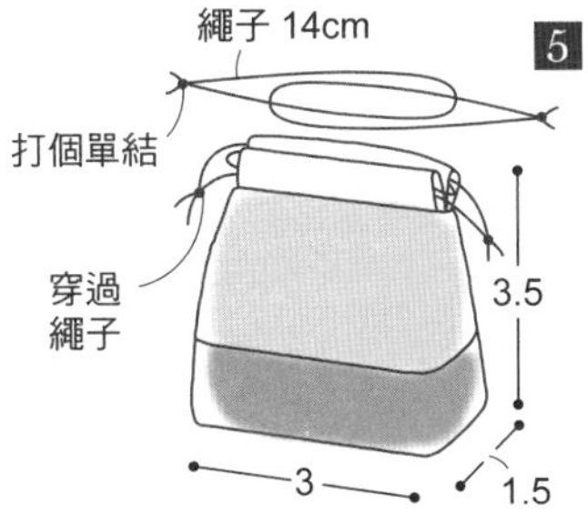

繩子 14cm
打個單結
穿過繩子
3.5
3
1.5

準備紙型和縫份尺寸

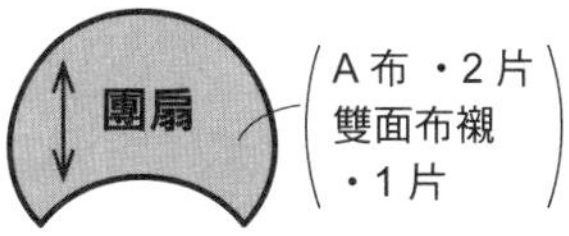

團扇
A布・2片
雙面布襯・1片

⬭ ＝在附錄實物大紙型
※ 不用加縫份

15 團扇材料

A布（手巾布）8cm 寬 3cm
雙面布襯 4cm×3cm
竹籤（直徑 3mm）3.8cm

實物大紙型一B 面

團扇

製作方法

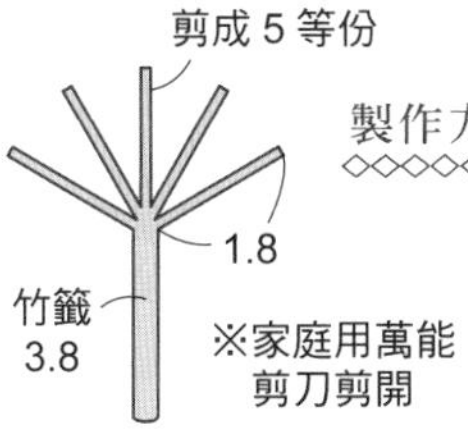

剪成 5 等份
1.8
竹籤 3.8
※家庭用萬能剪刀剪開

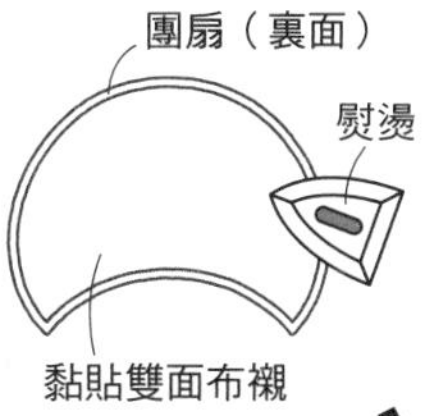

團扇（裏面）
熨燙
黏貼雙面布襯

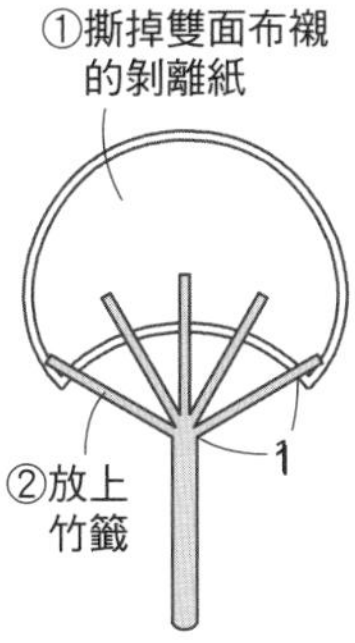

①撕掉雙面布襯的剝離紙
②放上竹籤
1

製作完成

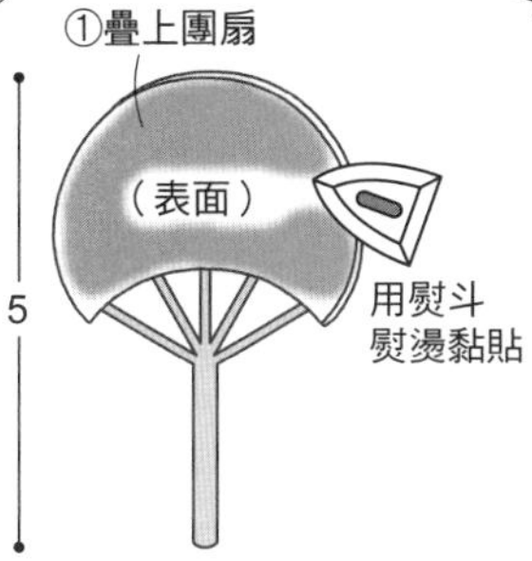

①疊上團扇
（表面）
5
用熨斗熨燙黏貼

15 擦手巾材料（一塊份）

A布（手巾布）8.5cm 寬 5.5cm 1 片
紙 6cm×0.5cm

實物大紙型一B 面

擦手巾、標籤

準備紙型和縫份尺寸

※ 不用加縫份

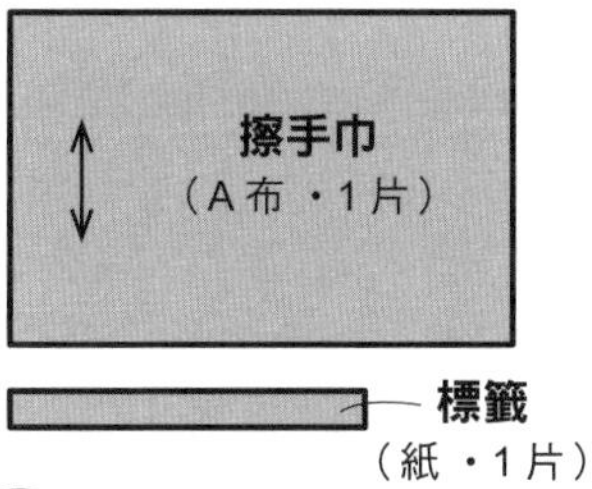

擦手巾
（A布・1片）
標籤
（紙・1片）

⬭ ＝在附錄實物大紙型

製作方法

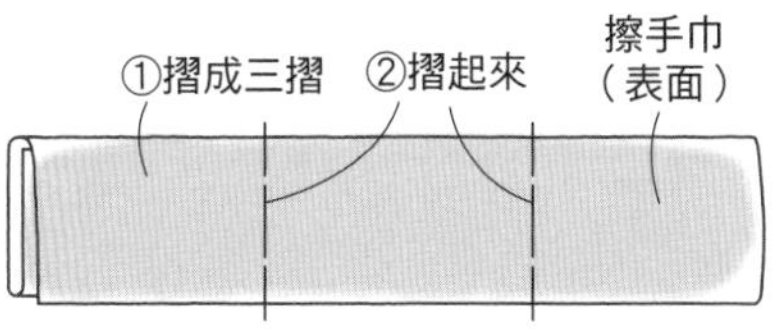

①摺成三摺
②摺起來
擦手巾（表面）

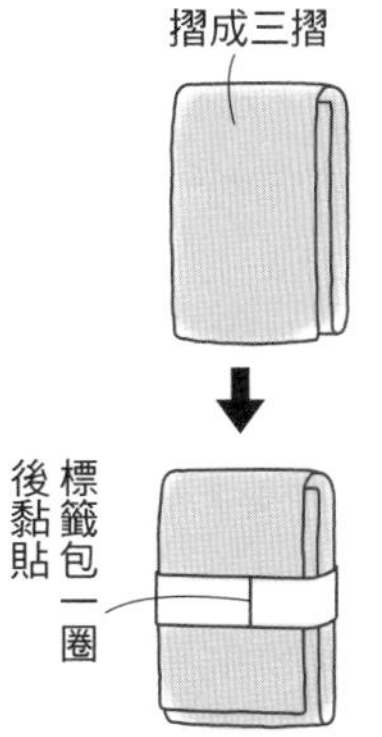

摺成三摺
標籤包一圈後黏貼

製作完成

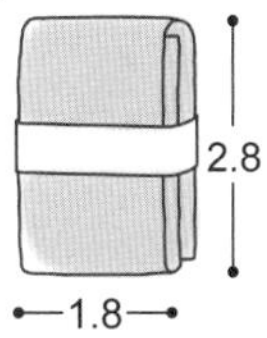

2.8
1.8

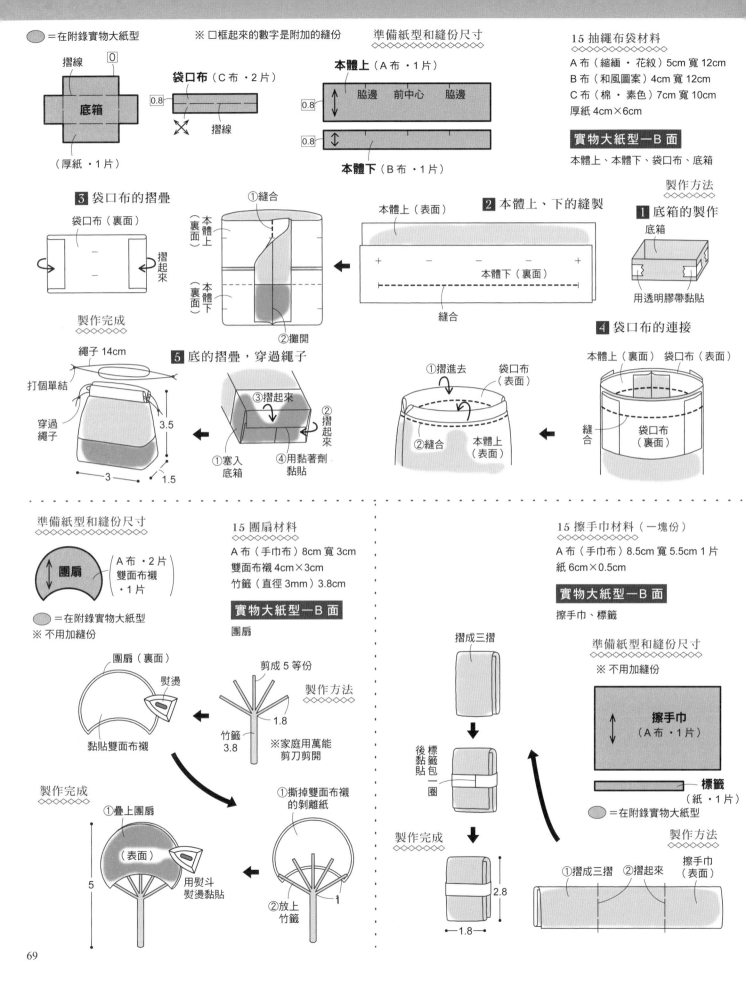

15 門簾材料

A 布（手巾布）5.5cm 寬 6.5cm 3 種各 1 片
B 布（手巾布）17cm 寬 6.5cm
C 布（手巾布）12.5cm 寬 3cm
木桿（粗 3mm）14cm

實物大紙型—B 面

前本體、後本體、掛耳

準備紙型和縫份尺寸

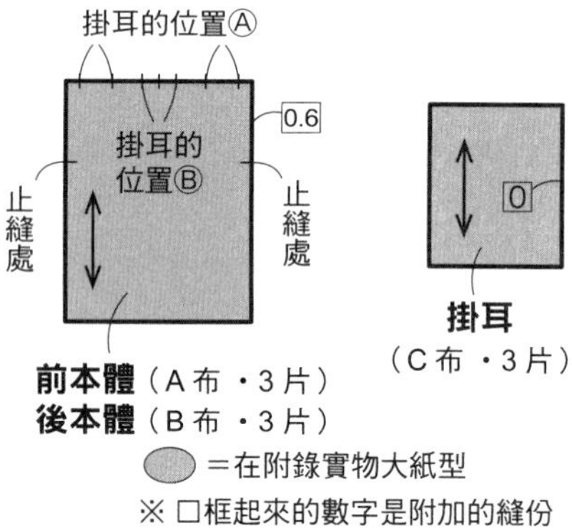

掛耳的位置Ⓐ
掛耳的位置Ⓑ
0.6
止縫處
止縫處
0
前本體（A 布 ・3 片）
後本體（B 布 ・3 片）
掛耳
（C 布 ・3 片）
＝在附錄實物大紙型
※ 口框起來的數字是附加的縫份

製作方法

1 本體的縫製

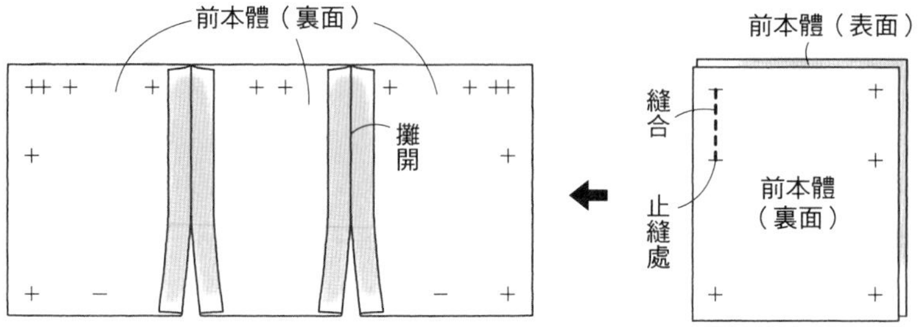

前本體（表面）
縫合
止縫處
前本體
（裏面）
前本體（裏面）
攤開

※後本體也是同樣方法縫製

2 掛耳的製作、連接

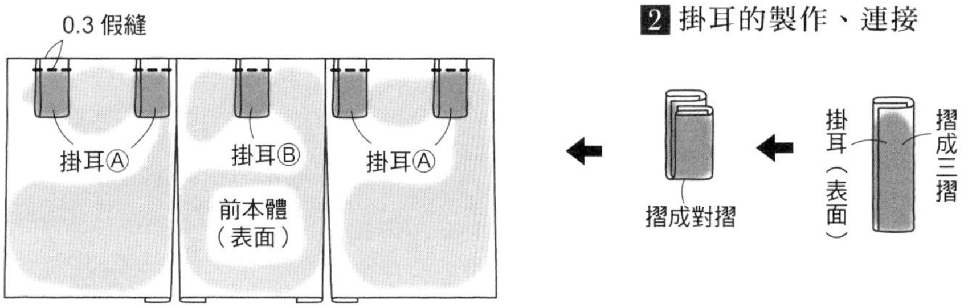

摺成三摺
掛耳（表面）
摺成對摺
0.3 假縫
掛耳Ⓐ
掛耳Ⓑ
掛耳Ⓐ
前本體
（表面）

3 前、後本體的縫合

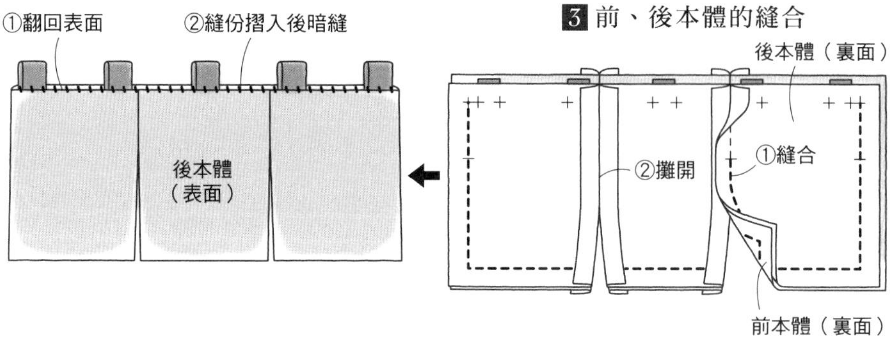

後本體（裏面）
①縫合
②攤開
前本體（裏面）
①翻回表面
②縫份摺入後暗縫
後本體
（表面）

製作完成

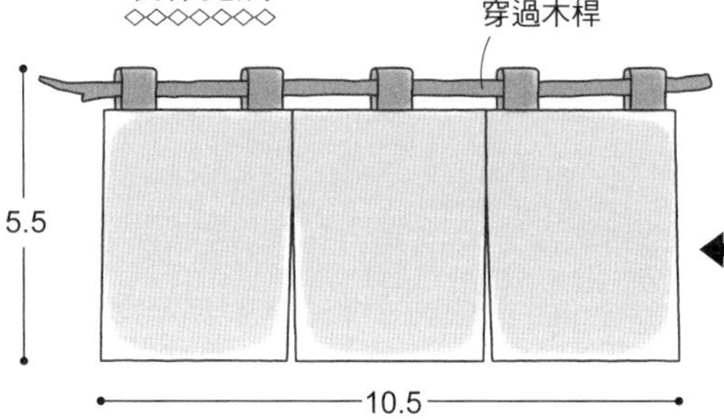

穿過木桿
5.5
10.5

完成圖

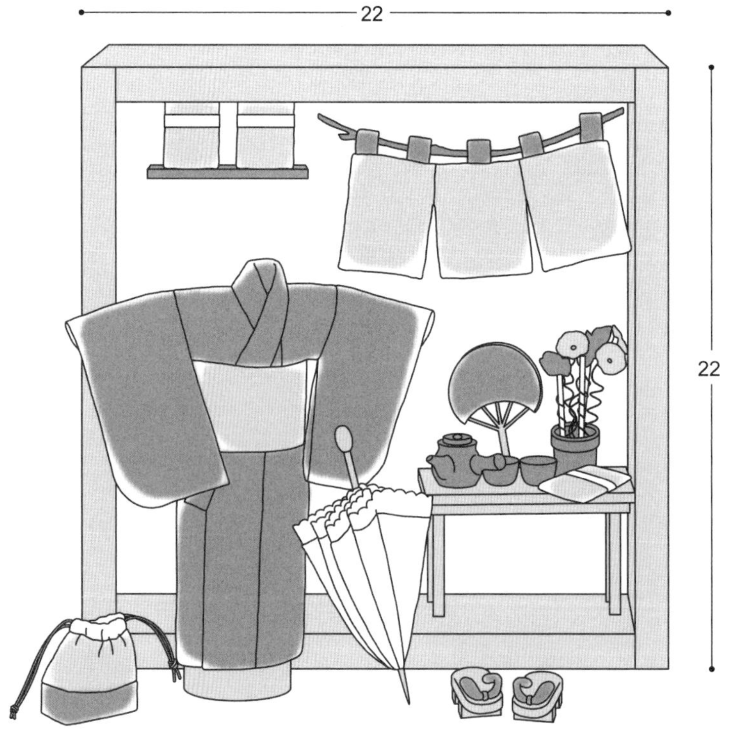

22
22

各個配件和牽牛花、桌子、茶杯組均衡地擺設著。門簾用黏著劑黏貼。

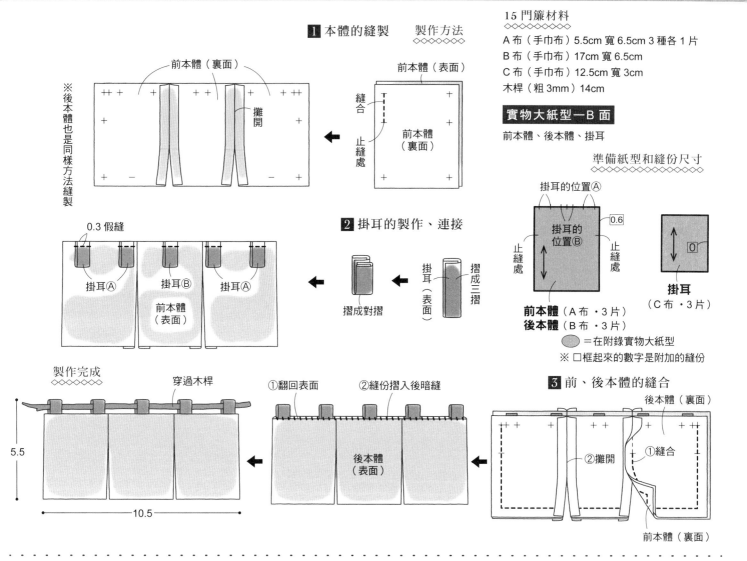

實物大紙型—B 面 **和服**：衣服前片⑥、衣服後片⑥、衣襟⑥、衿⑤、袖子⑥
圍裙：衣服前片、衣服後片、裙子前片、裙子後片、前翻邊、後翻邊、荷葉邊

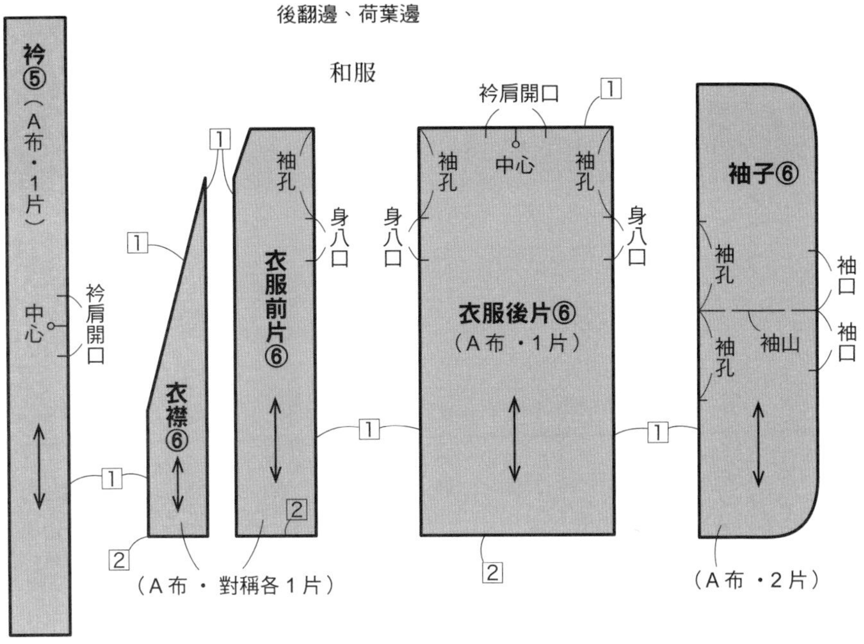

和服
衿⑤（A布・1片）
中心
衿肩開口
衣襟⑥
衣服前片⑥
袖孔
身八口
衣服後片⑥（A布・1片）
袖子⑥
袖口
袖山
1
2
（A布・對稱各1片）
（A布・2片）

36 頁 16

材料

和服：A 布（和風圖案）45cm 寬 24cm
圍裙：C 布（棉・素色）35cm 寬 25cm
暗釦（6mm）2 組
衣架（5cm）1 個

準備紙型和縫份尺寸

※ 口框起來的數字是附加的縫份

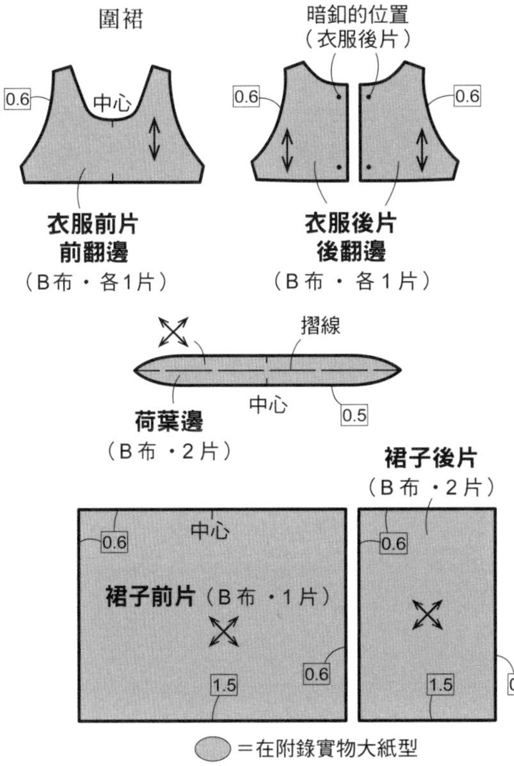

圍裙
暗釦的位置（衣服後片）
中心
0.6
衣服前片
前翻邊
（B布・各1片）
衣服後片
後翻邊
（B布・各1片）
摺線
荷葉邊
（B布・2片）
0.5
裙子後片
（B布・2片）
裙子前片（B布・1片）
1.5

＝在附錄實物大紙型

製作方法

1 和服的製作

和服的製作方法和 21 頁、袖子的振八口處理、衿下和下襬的處理同樣方法製作

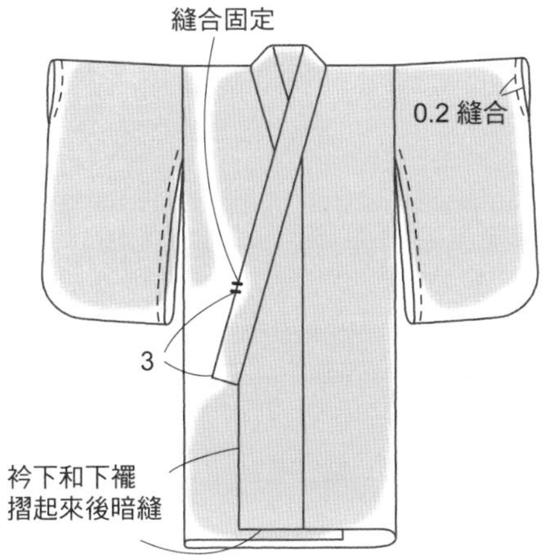

縫合固定
0.2 縫合
3
衿下和下襬
摺起來後暗縫

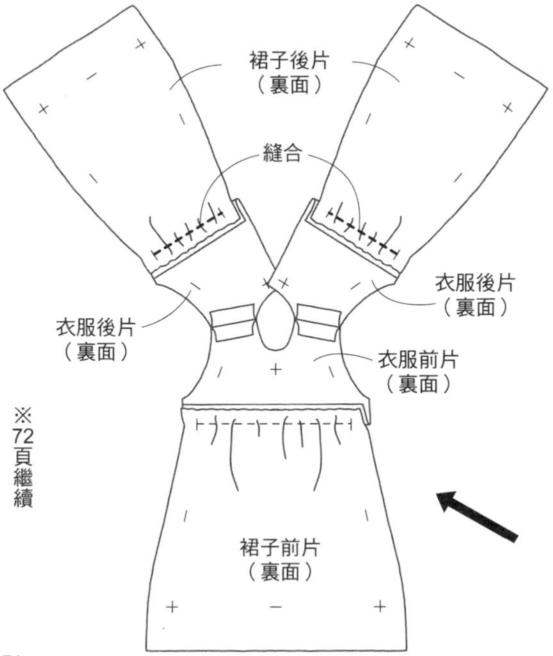

裙子後片
（裏面）
縫合
衣服後片
（裏面）
衣服前片
（裏面）
裙子前片
（裏面）

※72頁繼續

3 裙子和本體的縫合

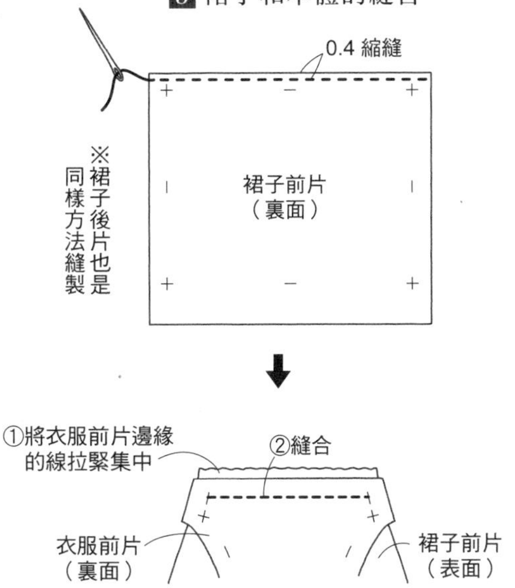

0.4 縮縫
※裙子後片也是同樣方法縫製
裙子前片
（裏面）
①將衣服前片邊緣的線拉緊集中
②縫合
衣服前片
（裏面）
裙子前片
（表面）

2 圍裙的肩部縫合

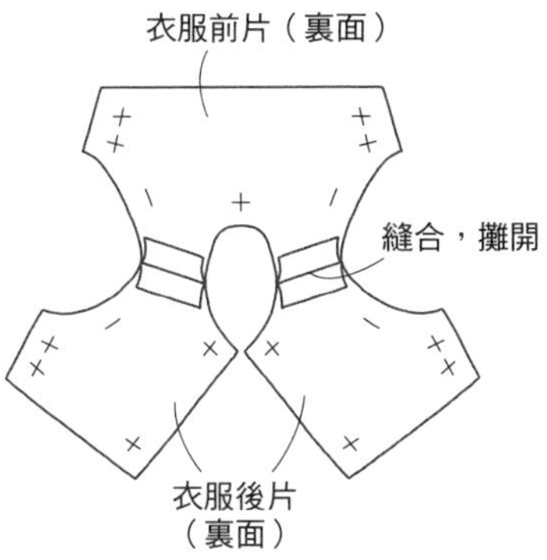

衣服前片（裏面）
縫合，攤開
衣服後片
（裏面）

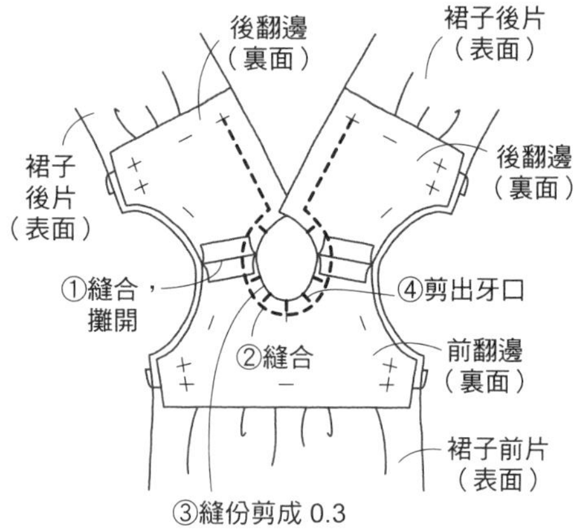
後翻邊
（裏面）
裙子後片
（表面）
裙子
後片
（表面）
後翻邊
（裏面）
①縫合，
攤開
④剪出牙口
②縫合
前翻邊
（裏面）
裙子前片
（表面）
③縫份剪成 0.3

4 荷葉邊的製作和連接

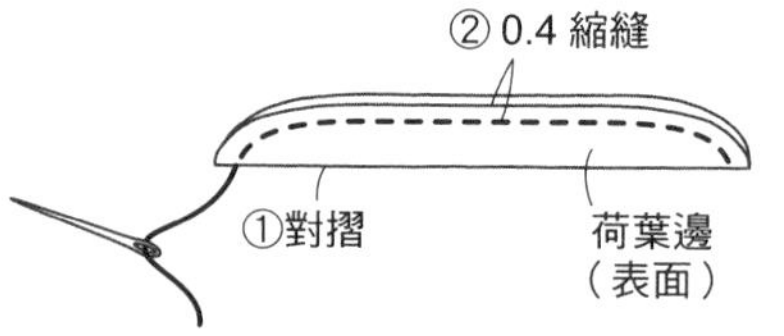
② 0.4 縮縫
①對摺
荷葉邊
（表面）

5 本體和翻邊的縫製

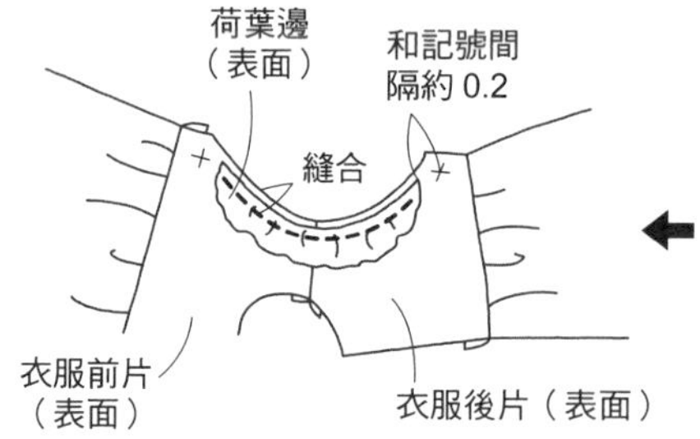
荷葉邊
（表面）
和記號間
隔約 0.2
縫合
衣服前片
（表面）
衣服後片（表面）

6 翻邊翻回表面

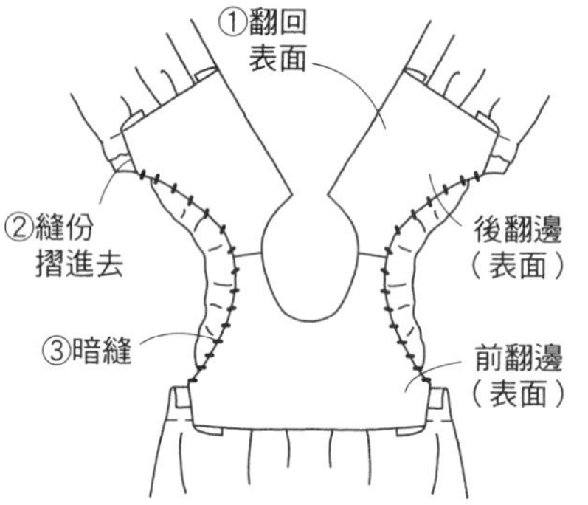
①翻回
表面
②縫份
摺進去
後翻邊
（表面）
③暗縫
前翻邊
（表面）

7 脇邊縫製

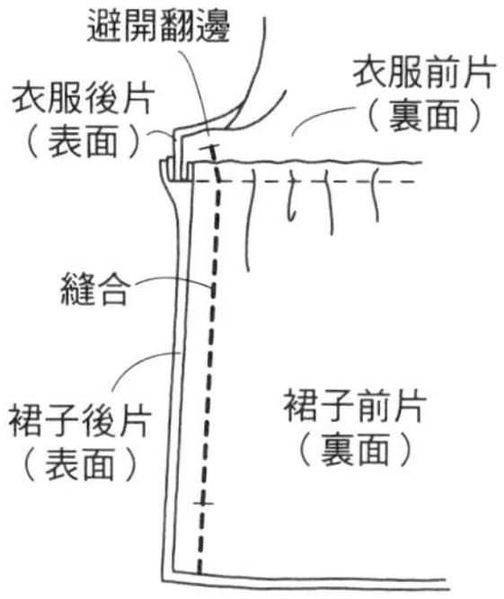
避開翻邊
衣服後片
（表面）
衣服前片
（裏面）
縫合
裙子後片
（表面）
裙子前片
（裏面）

8 翻邊的脇邊縫製

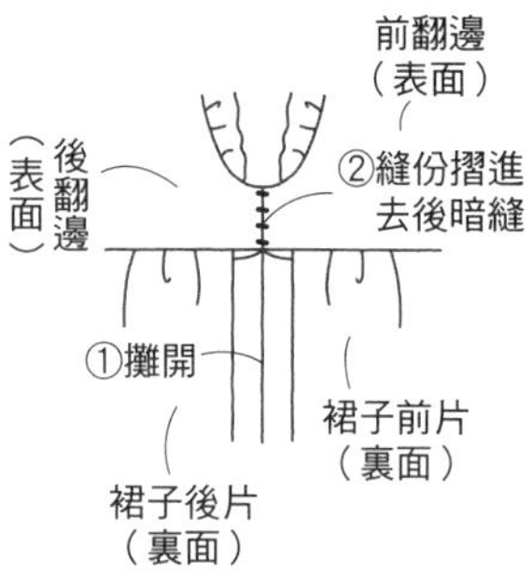
前翻邊
（表面）
後翻邊（表面）
②縫份摺進
去後暗縫
①攤開
裙子前片
（裏面）
裙子後片
（裏面）

9 下襬的縫製

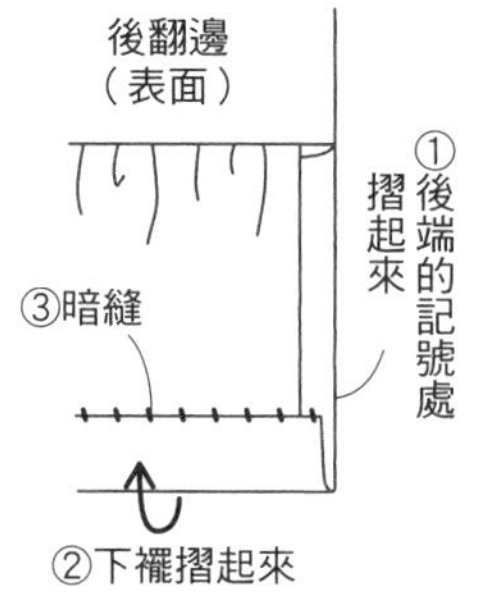
後翻邊
（表面）
①後端的記號處摺起來
③暗縫
②下襬摺起來

10 暗釦的安裝

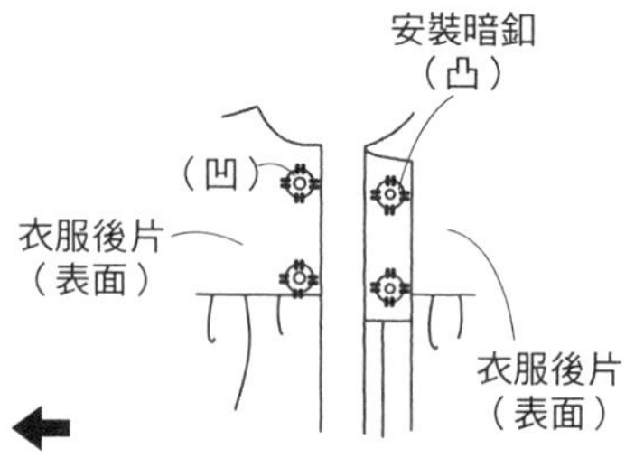
安裝暗釦
（凸）
（凹）
衣服後片
（表面）
衣服後片
（表面）

製作完成

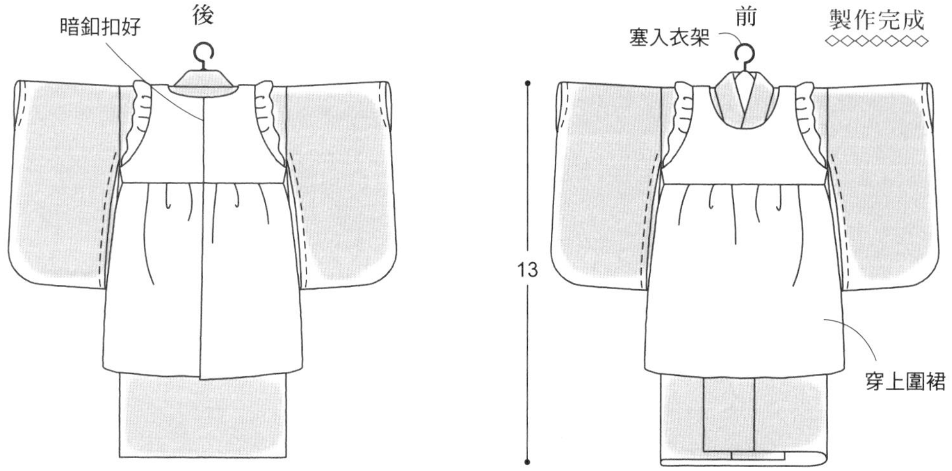
後
暗釦扣好
前
塞入衣架
13
穿上圍裙

準備紙型和縫份尺寸

※ 口框起來的數字是附加的縫份

＝在附錄實物大紙型

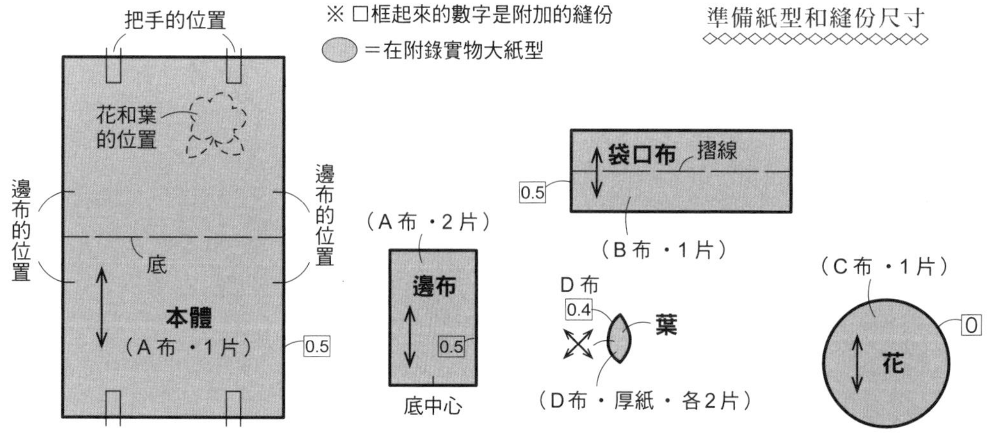
把手的位置
花和葉
的位置
邊布的位置
邊布的位置
底
本體
（A 布 ・1 片）
0.5
（A 布 ・2 片）
邊布
0.5
底中心
袋口布
摺線
0.5
（B 布 ・1 片）
D 布
0.4
葉
（D 布 ・厚紙 ・各 2 片）
（C 布 ・1 片）
0
花

16 波士頓包材料

A 布（麻 ・ 素色）11cm 寬 13cm
B 布（和風圖案）7cm 寬 3.5cm
C 布（棉 ・ 素色）3cm 寬 3cm
D 布（棉 ・ 素色）3cm 寬 6cm
厚紙 3cm×3cm
珍珠（3mm）1 顆
皮革帶（3mm 寬）12cm
25 號刺繡線　適量
手藝用棉花　適量

實物大紙型－B 面

本體、邊布、袋口布、花、葉

1 本體和邊布的縫合

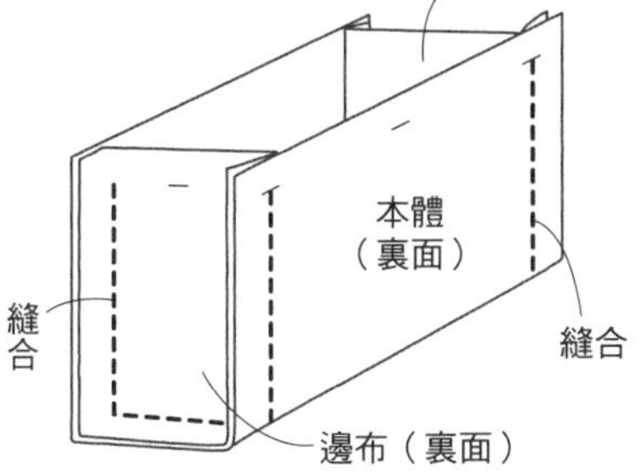

邊布（表面）
本體
（裏面）
縫合
縫合
邊布（裏面）

2 花和葉的製作連接

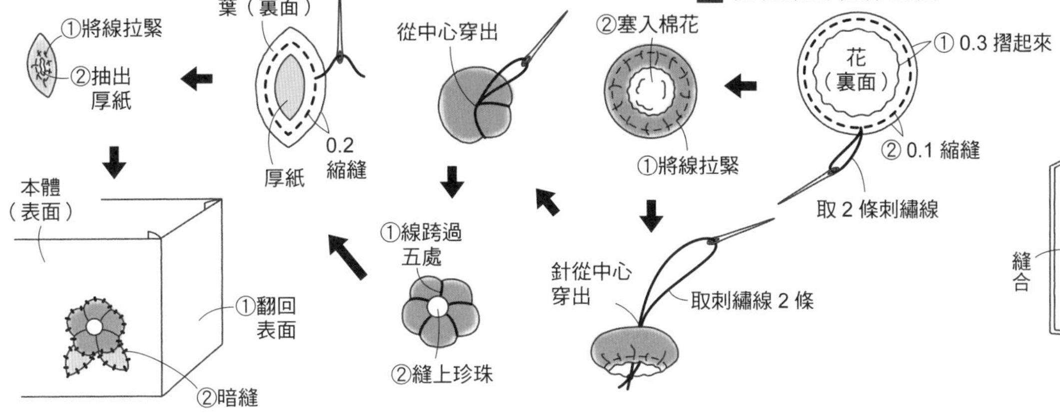

花
（裏面）
① 0.3 摺起來
② 0.1 縮縫
取 2 條刺繡線
②塞入棉花
①將線拉緊
針從中心
穿出
取刺繡線 2 條
從中心穿出
①線跨過
五處
②縫上珍珠
葉（裏面）
厚紙
0.2
縮縫
①將線拉緊
②抽出
厚紙
本體
（表面）
①翻回
表面
②暗縫

3 本體和袋口布的連接

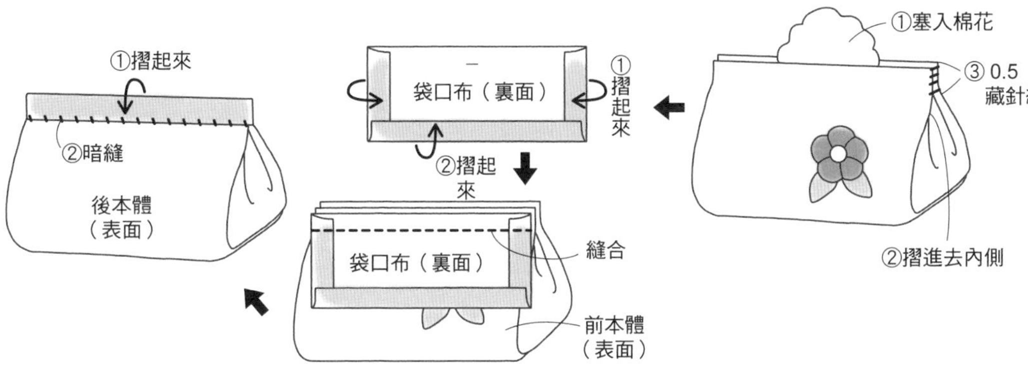

①塞入棉花
③ 0.5
藏針縫
②摺進去內側
袋口布（裏面）
①
摺
起
來
②摺起
來
袋口布（裏面）
縫合
前本體
（表面）
①摺起來
②暗縫
後本體
（表面）

4 把手的安裝

製作完成

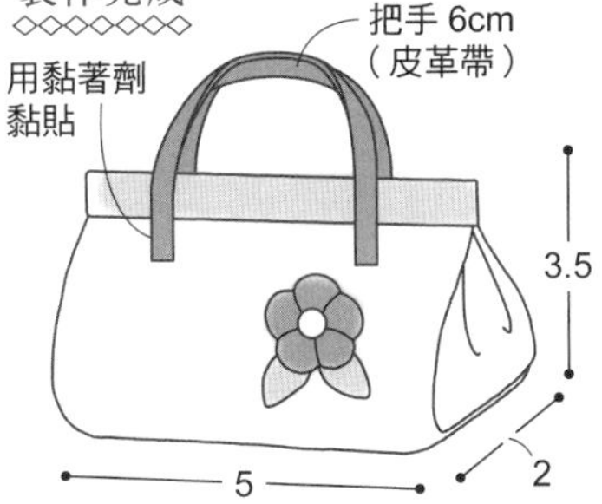

把手 6cm
（皮革帶）
用黏著劑
黏貼
3.5
5
2

製作方法

1 本體、底、袋口布的縫合

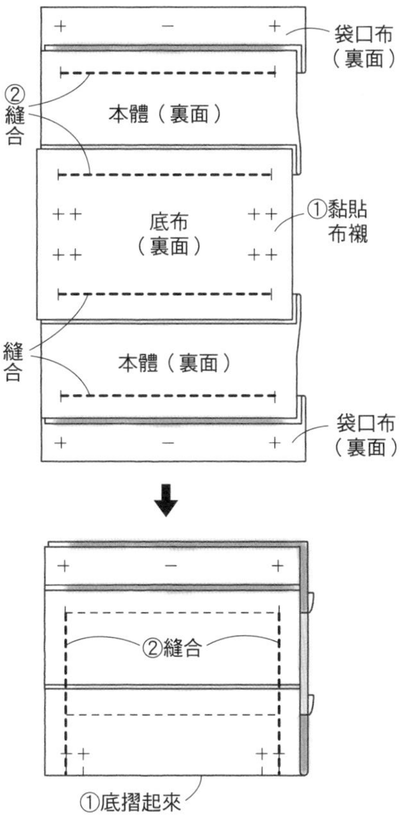

袋口布
（裏面）
②
縫
合
本體（裏面）
底布
（裏面）
①黏貼
布襯
縫
合
本體（裏面）
袋口布
（裏面）
②縫合
①底摺起來

2 袋口布的縫製

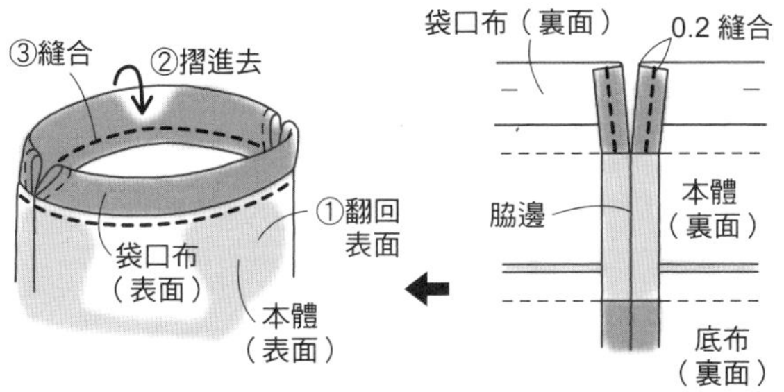

袋口布（裏面）
0.2 縫合
脇邊
本體
（裏面）
底布
（裏面）
③縫合
②摺進去
①翻回
表面
袋口布
（表面）
本體
（表面）

3 邊角的縫製

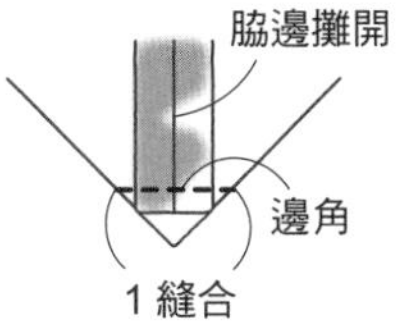

脇邊攤開
邊角
1 縫合

4 穿過刺繡線

製作完成

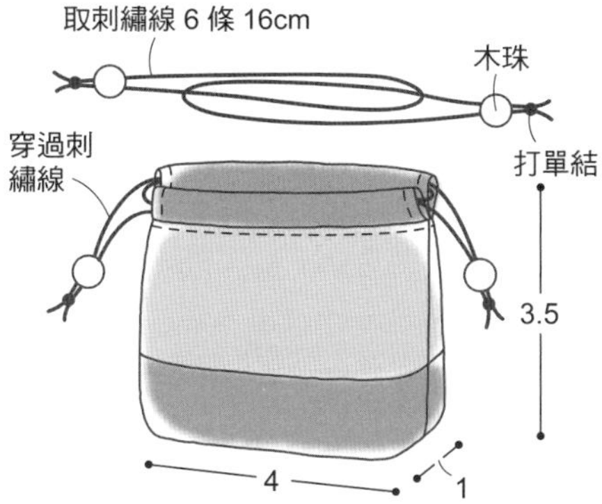

取刺繡線 6 條 16cm
木珠
打單結
穿過刺
繡線
3.5
4
1

16 抽繩布袋材料

A 布（和風圖案）12cm 寬 4.5cm
B 布（和風圖案）7cm 寬 4.5cm
C 布（棉・素色）8cm 寬 10cm
布襯 7cm 寬 4.5cm
25 號刺繡線 32cm
木珠（3mm）2 顆

實物大紙型—B 面

袋口布、本體、底

準備紙型和縫份尺寸

袋口布（C 布・2 片）

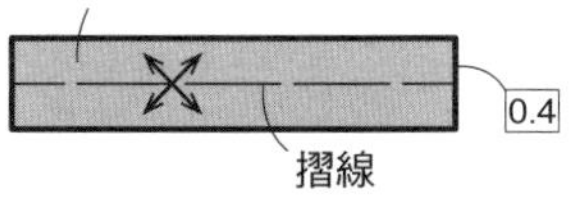

0.4
摺線

本體
（A 布・2 片）
0.4

底
（B 布・布襯・各 1 片）

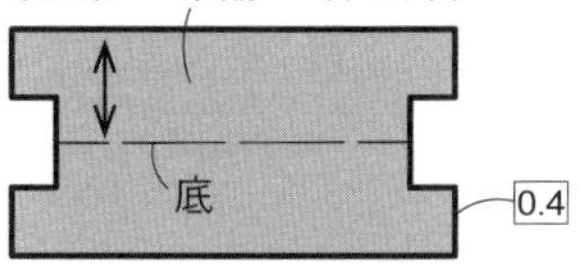

底
0.4

※ 口框起來的數字是附加的縫份
⬭ = 在附錄實物大紙型

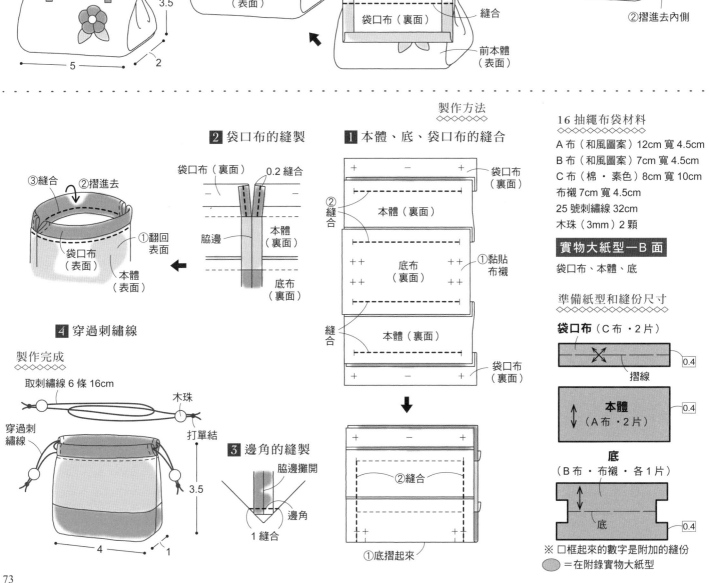

準備紙型和縫份尺寸

※ 口框起來的數字是附加的縫份

（灰色橢圓）＝在附錄實物大紙型

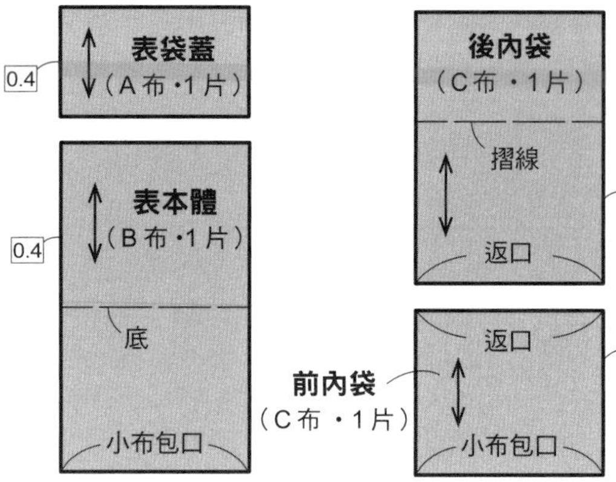

表袋蓋
（A布・1片）
0.4
表本體
（B布・1片）
0.4
底
小布包口
後內袋
（C布・1片）
摺線
返口
0.4
前內袋
（C布・1片）
返口
0.4
小布包口

實物大紙型—B面

表袋蓋、表本體、前內袋、後內袋

16 小布包材料

A布（和風圖案）5.5cm 寬 4cm

B布（棉・素色）8cm 寬 6cm

C布（棉・素色）12cm 寬 6cm

鈕釦（5mm）1顆

製作方法

製作完成

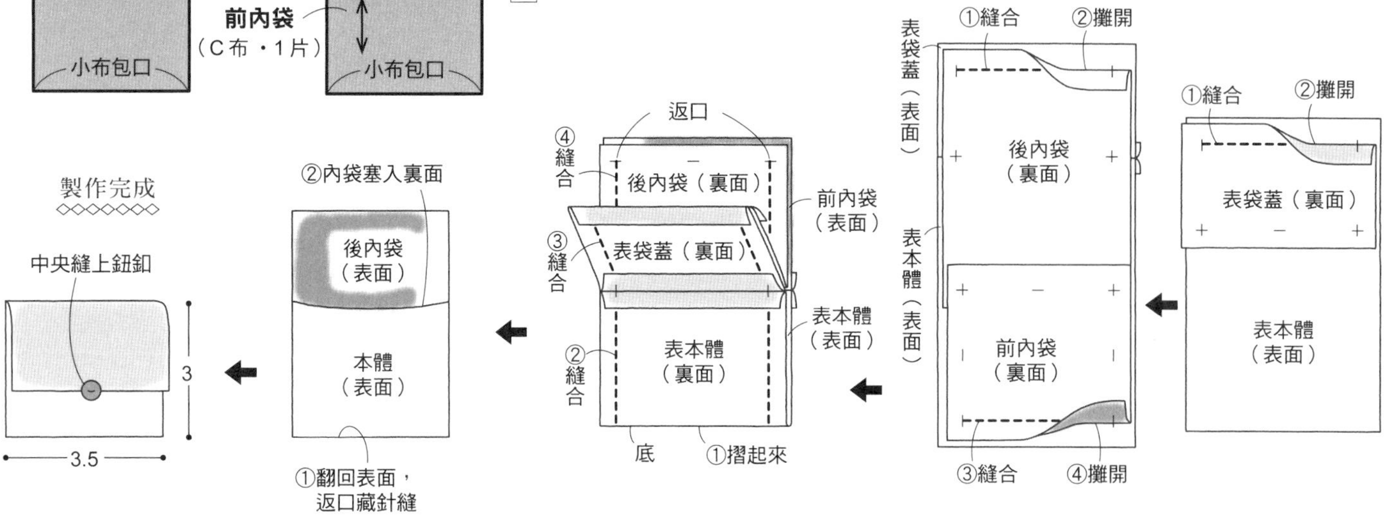

①縫合
②攤開
表袋蓋（裏面）
表本體（表面）
表袋蓋（表面）
①縫合
②攤開
後內袋（裏面）
表本體（表面）
前內袋（裏面）
③縫合
④攤開
返口
④縫合
後內袋（裏面）
前內袋（表面）
③縫合
表袋蓋（裏面）
表本體（表面）
②縫合
表本體（裏面）
底
①摺起來
②內袋塞入裏面
後內袋（表面）
本體（表面）
①翻回表面，返口藏針縫
中央縫上鈕釦
3
3.5

1 臉、手、身體、耳朵的縫製

☆＝留下返口不要縫

製作方法

16 兔子材料

A布（和風圖案）15cm 寬 15cm

B布（棉・素色）5cm 寬 3cm

手藝用棉花　適量

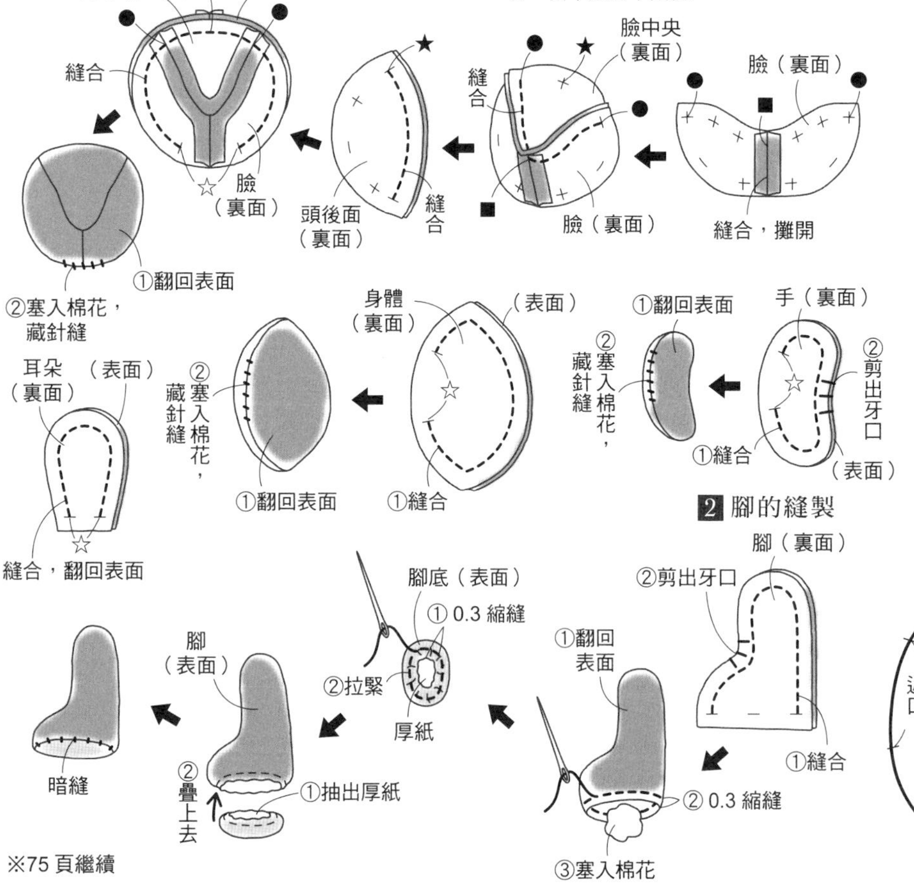

臉（裏面）
縫合，攤開
臉中央（裏面）
縫合
臉（裏面）
縫合
頭後面（裏面）
臉中央（裏面）
臉後面（表面）
縫合
臉（裏面）
①翻回表面
②塞入棉花，藏針縫
手（裏面）
②剪出牙口
①縫合
（表面）
①翻回表面
②塞入棉花，藏針縫
身體（裏面）
（表面）
①縫合
①翻回表面
②塞入棉花，藏針縫
耳朵（裏面）
（表面）
縫合，翻回表面
2 腳的縫製
腳（裏面）
②剪出牙口
①縫合
①翻回表面
② 0.3 縮縫
③塞入棉花
腳底（表面）
① 0.3 縮縫
②拉緊
厚紙
腳（表面）
②疊上去
①抽出厚紙
暗縫

實物大紙型

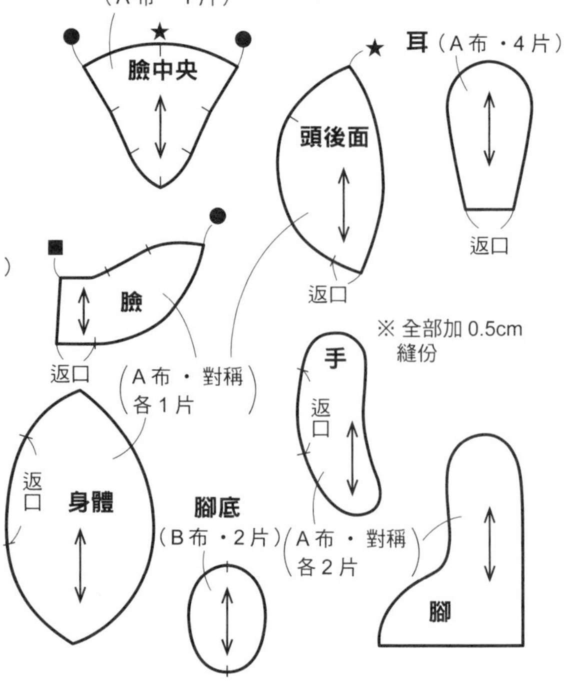

（A布・1片）
臉中央
頭後面
耳（A布・4片）
返口
返口
臉
返口
（A布・對稱各1片）
身體
返口
腳底
（B布・2片）
手
返口
（A布・對稱各2片）
腳

※ 全部加 0.5cm 縫份

※75 頁繼續

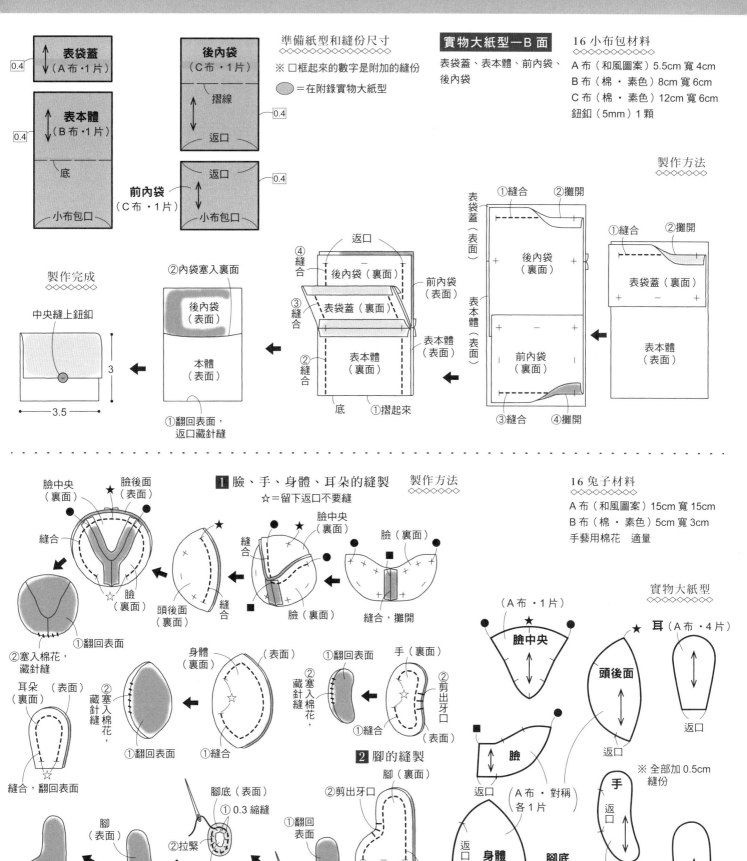

製作方法

紙型、作法和46、47頁同樣方法製作

16 和服涼鞋材料

鞋面：A布（麻・素色）5cm寬9cm
鞋側邊：B布（和風圖案）10cm寬10cm
木屐帶：C布（和風圖案）
6cm寬1.5cm（斜裁）2片
毛線（粗）35cm
底（不織布）4cm×3cm
拼布用鋪棉4cm×3cm
厚紙11cm×8cm

製作完成

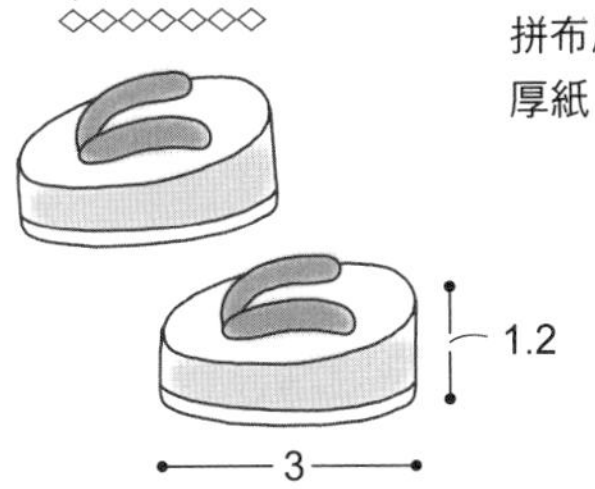

1.2
3

實物大紙型—A面

鞋側邊ⓐ①、鞋側邊ⓑ①、木屐帶①、鞋面①、底①

製作完成

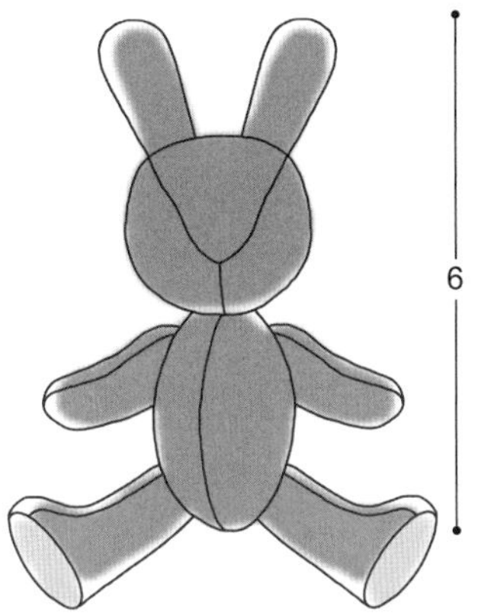

6

3 各部位的連接

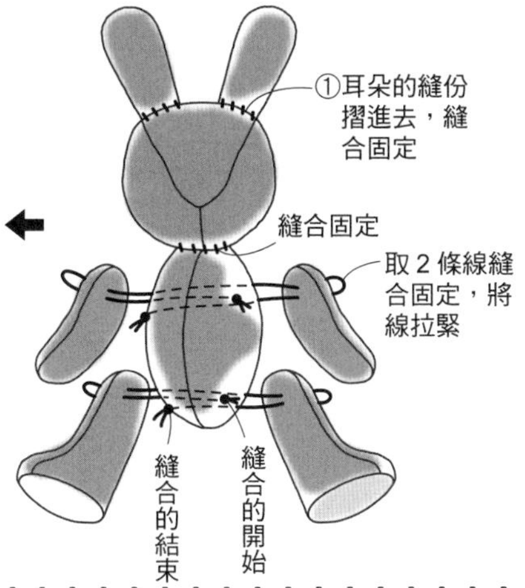

①耳朵的縫份摺進去，縫合固定
縫合固定
取2條線縫合固定，將線拉緊
縫合的結束
縫合的開始

實物大紙型

※口框起來的數字是附加的縫份

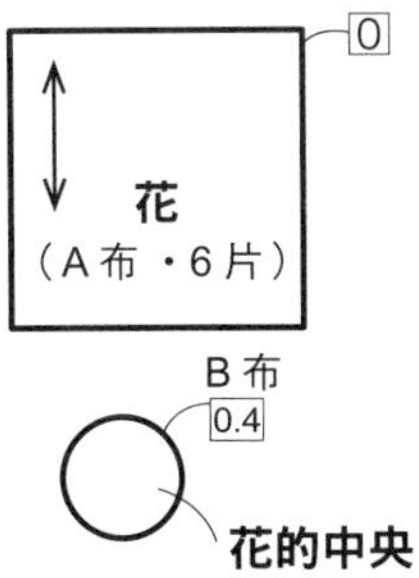

0
花
（A布・6片）
B布
0.4
花的中央
（B布・厚紙・各1片）

1 花的製作

製作方法

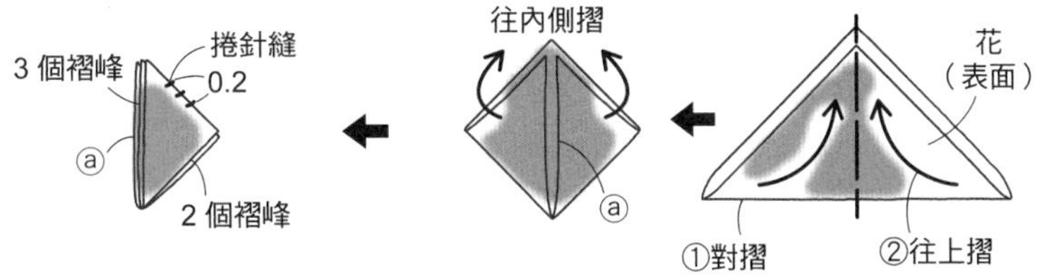

3個褶峰
捲針縫
0.2
ⓐ
2個褶峰
往內側摺
ⓐ
花
（表面）
①對摺
②往上摺

16 日式布花的花材料

A布（棉・素色）5cm寬7cm
A布（棉・素色）3cm寬3cm
厚紙1cm×1cm

2 花的連接

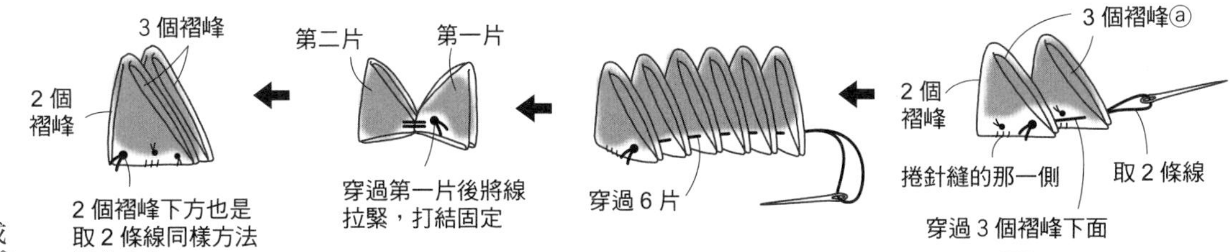

3個褶峰
2個褶峰
2個褶峰下方也是取2條線同樣方法縫合6片
第二片
第一片
穿過第一片後將線拉緊，打結固定
穿過6片
3個褶峰ⓐ
2個褶峰
捲針縫的那一側
取2條線
穿過3個褶峰下面

製作完成

4 花中央的製作

3 將花展開

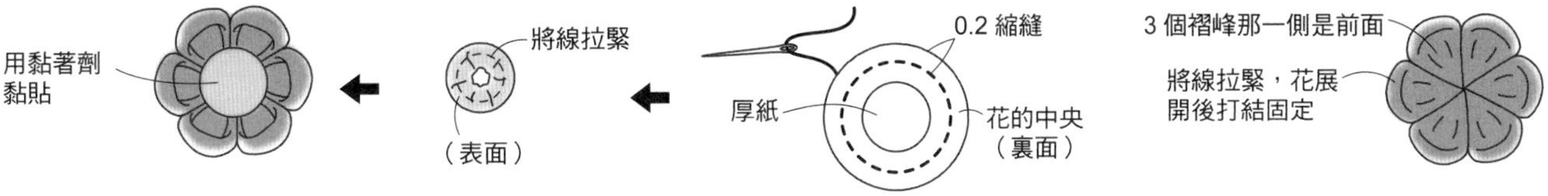

用黏著劑黏貼
將線拉緊
（表面）
0.2縮縫
厚紙
花的中央
（裏面）
3個褶峰那一側是前面
將線拉緊，花展開後打結固定

製作完成

毛球裝飾ⓐⓑ插入藤籃裏

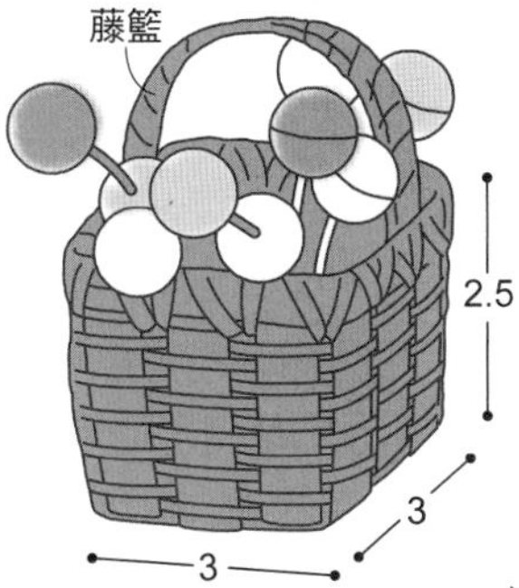

藤籃
2.5
3
3

毛球裝飾ⓑ

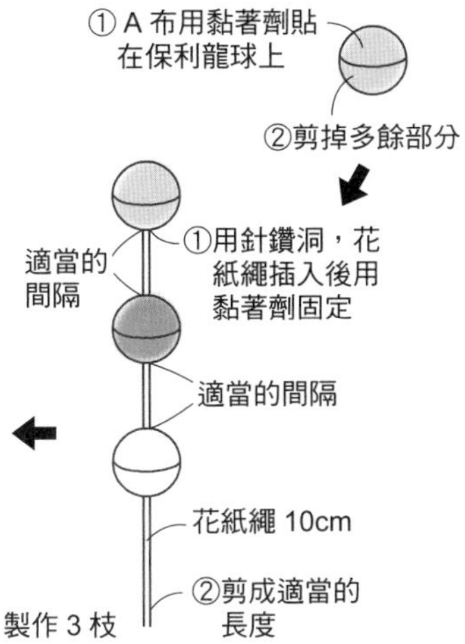

①A布用黏著劑貼在保利龍球上
②剪掉多餘部分
適當的間隔
①用針鑽洞，花紙繩插入後用黏著劑固定
適當的間隔
花紙繩10cm
②剪成適當的長度
※製作3枝

製作方法

毛球裝飾ⓐ

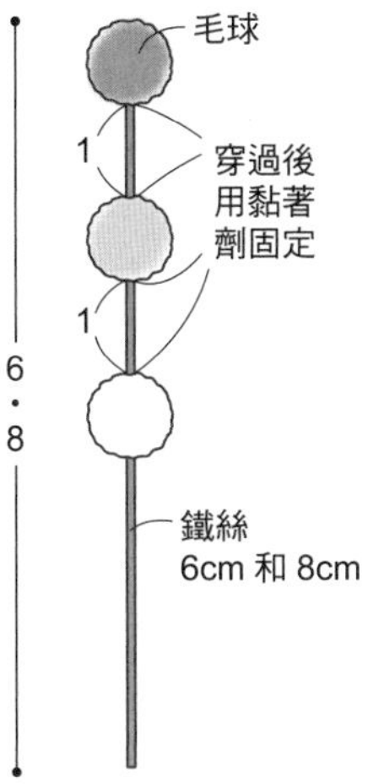

毛球
1
穿過後用黏著劑固定
1
6・8
鐵絲
6cm和8cm

16 毛球裝飾材料

毛球裝飾ⓐ：毛球（10mm）6顆
鐵絲#26 14cm
毛球裝飾ⓑ：保利龍球（10mm）9顆
A布（縮緬・花紋）10cm寬5cm
花紙繩30cm
藤籃（3cm×3cm高2.5cm）1個

實物大紙型

※不用加縫份

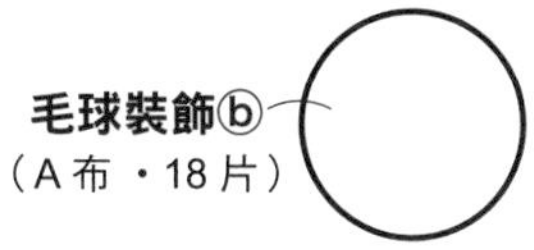

毛球裝飾ⓑ
（A布・18片）

22
22

完成圖

各個配件和迷你小物均衡地擺設著，用大頭針釘著掛有和服的衣架。

棚架材料

木板ⓐ（厚 3mm）10cm×3cm 2 片
木板ⓑ（厚 3mm）9cm×3cm 1 片
木板ⓒ（厚 3mm）12cm×3cm 2 片

製作完成

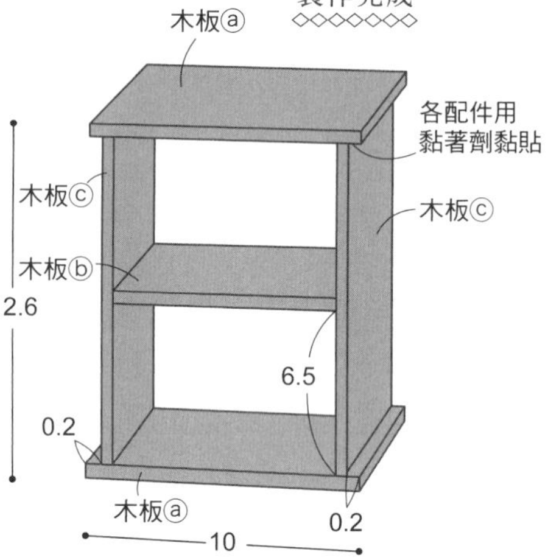
木板ⓐ
各配件用
黏著劑黏貼
木板ⓒ
木板ⓒ
木板ⓑ
12.6
6.5
0.2
木板ⓐ
0.2
10

實物大紙型—A 面

小紋：衣服前片①、衣服後片①、衣襟①、衿①、袖子⑦、下襬內裡之衣服前片①、下襬內裡之衣服後片①、下襬內裡之衣襟① **伊達衿：**伊達衿① **腰帶：**胴①、太鼓①、太鼓襯① **人台：**身體① **工作圍裙：**衣服前片、衣服後片、袖子、前翻邊、後翻邊、口袋、荷葉邊

實物大紙型—B 面 **帶揚：**帶揚ⓐ②、帶揚ⓑ②

小紋（袖子以外）、腰帶、帶揚、伊達衿、人台的紙型和 57 頁同樣準備好。

準備紙型和縫份尺寸

※ 口框起來的數字是附加的縫份

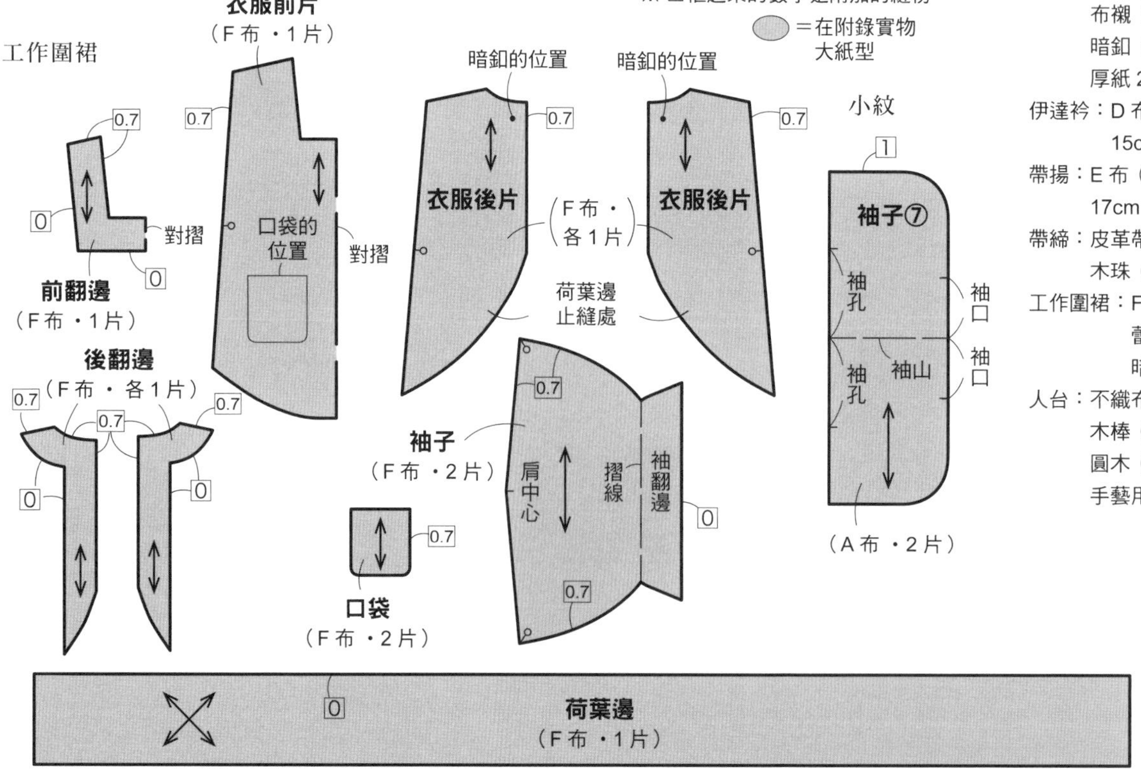
＝在附錄實物大紙型
工作圍裙
衣服前片
（F 布 ・1 片）
0.7
0.7
0
對摺
0
前翻邊
（F 布 ・1 片）
口袋的位置
對摺
後翻邊
0.7（F 布 ・ 各 1 片）
0.7
0.7
0
0
暗釦的位置
暗釦的位置
0.7
0.7
衣服後片
衣服後片
F 布・各 1 片
荷葉邊止縫處
0.7
袖子
（F 布 ・2 片）
肩中心
摺線
袖翻邊
0
0.7
口袋
（F 布 ・2 片）
0.7
小紋
1
袖子⑦
袖孔
袖口
袖山
袖孔
袖口
（A 布 ・2 片）
0
荷葉邊
（F 布 ・1 片）

38 頁 **17**

小紋和工作圍裙材料

小紋：A 布（和風圖案）45cm 寬 27cm
B 布（棉 ・ 素色）30cm 寬 12cm
棉質扁帶（9mm 寬）18cm 2 條
腰帶：C 布（和布）30cm 寬 15cm
布襯（超級硬）12cm 寬 3cm
暗釦（6mm）2 組
厚紙 2cm×2cm
伊達衿：D 布（縮緬 ・ 素色）15cm 寬 3cm（斜裁）
帶揚：E 布（縮緬 ・ 素色）17cm 寬 14cm
帶締：皮革帶（3mm 寬）30cm
木珠（長 9mm）1 顆
工作圍裙：F 布（棉 ・ 素色）80cm 寬 28cm
蕾絲花邊（13mm 寬）5cm
暗釦（6mm）1 組
人台：不織布 13cm×10cm
木棒（厚度 5mm）12cm
圓木（直徑 4cm 厚 1cm）1 枝
手藝用棉花　適量

1 和服、腰帶、人台的製作

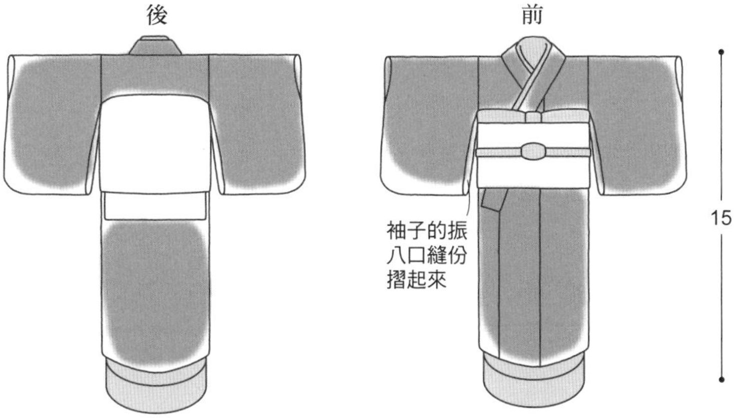
後
前
袖子的振
八口縫份
摺起來
15

小紋、伊達衿、腰帶 · 胴、人台和21頁同樣方法製作。
帶揚、腰帶、太鼓和58頁，袖子和55頁同樣方法製作。

2 工作圍裙肩部的縫製

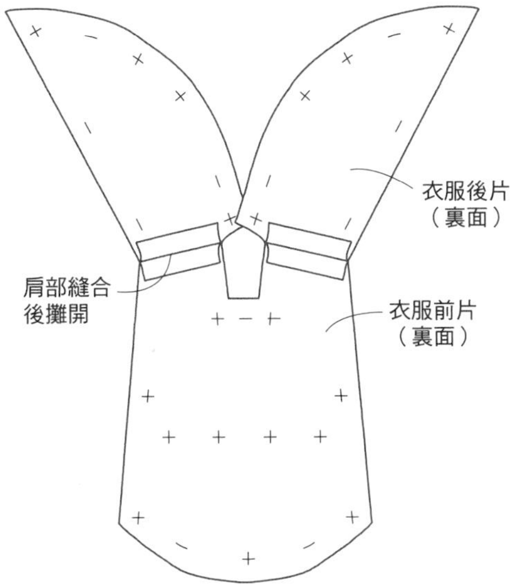
衣服後片
（裏面）
肩部縫合
後攤開
衣服前片
（裏面）

3 本體和袖子的縫合

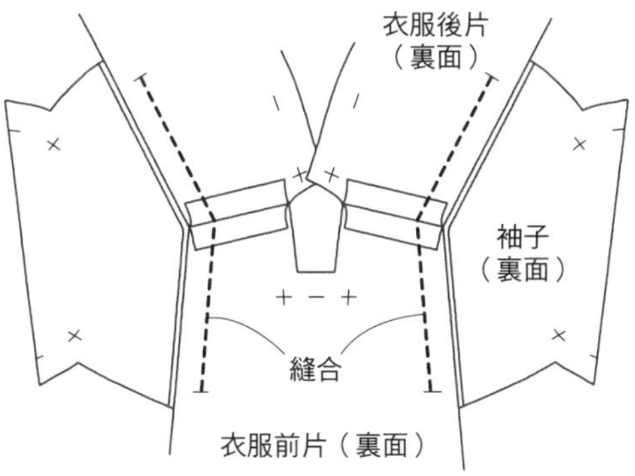
衣服後片
（裏面）
袖子
（裏面）
縫合
衣服前片（裏面）

4 袖下和脇邊的縫合

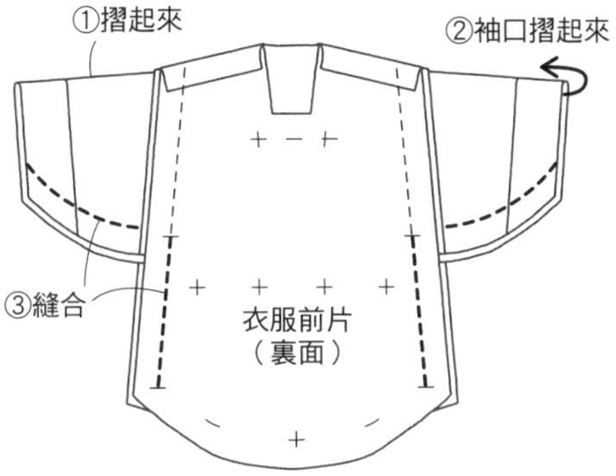
①摺起來
②袖口摺起來
③縫合
衣服前片
（裏面）

5 荷葉邊的製作

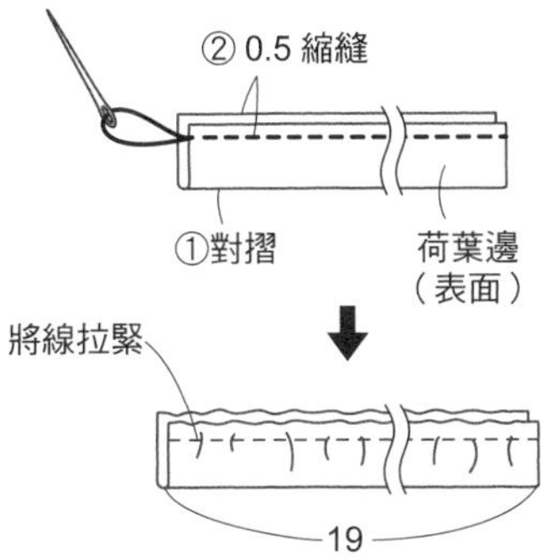
② 0.5 縮縫
①對摺
荷葉邊
（表面）
將線拉緊
19

6 荷葉邊的連接

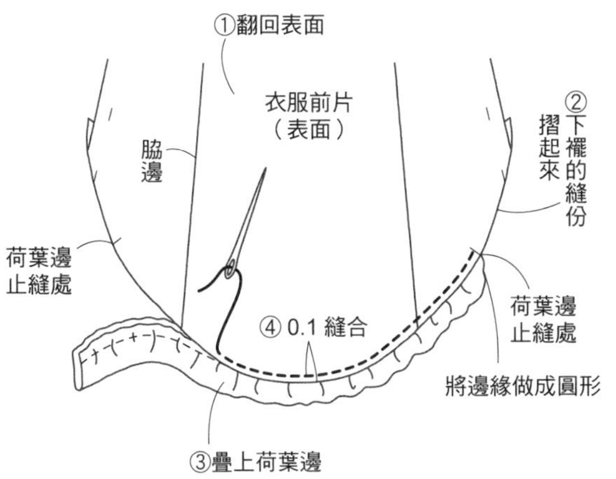
①翻回表面
衣服前片
（表面）
脇邊
②下襬摺起來的縫份
荷葉邊
止縫處
④ 0.1 縫合
荷葉邊
止縫處
將邊緣做成圓形
③疊上荷葉邊

7 翻邊的製作、連接

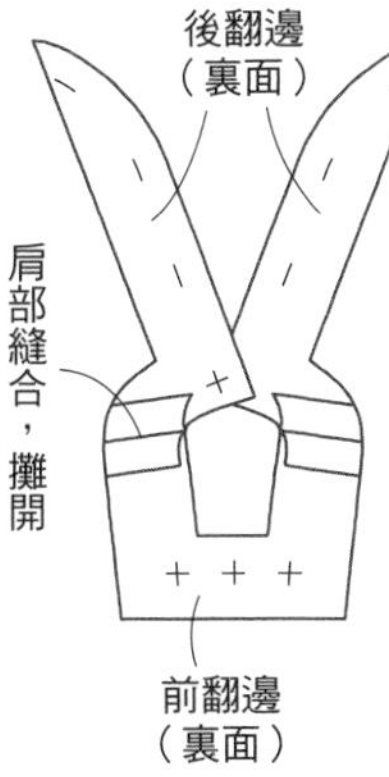
後翻邊
（裏面）
肩部縫合，攤開
前翻邊
（裏面）

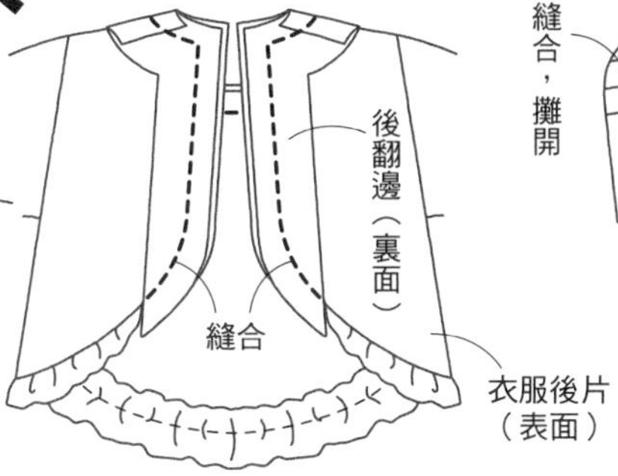
後翻邊（裏面）
縫合
衣服後片
（表面）

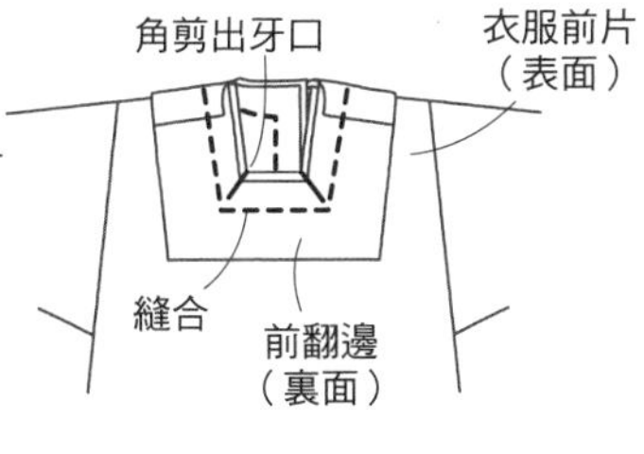
角剪出牙口
衣服前片
（表面）
縫合
前翻邊
（裏面）

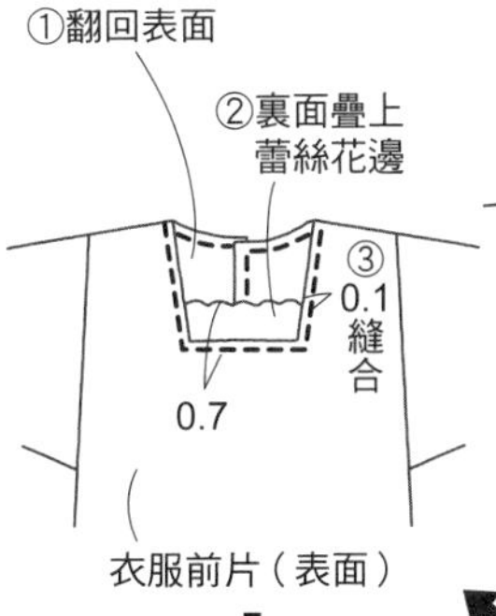
①翻回表面
②裏面疊上
蕾絲花邊
③
0.1
縫合
0.7
衣服前片（表面）

安裝暗釦

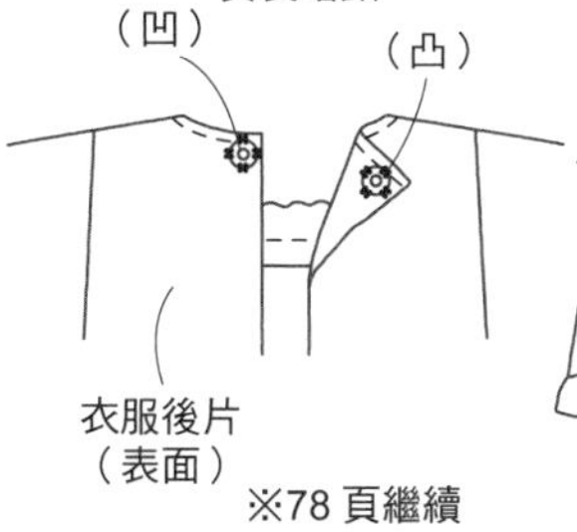
（凹）
（凸）
衣服後片
（表面）

※78頁繼續

製作完成

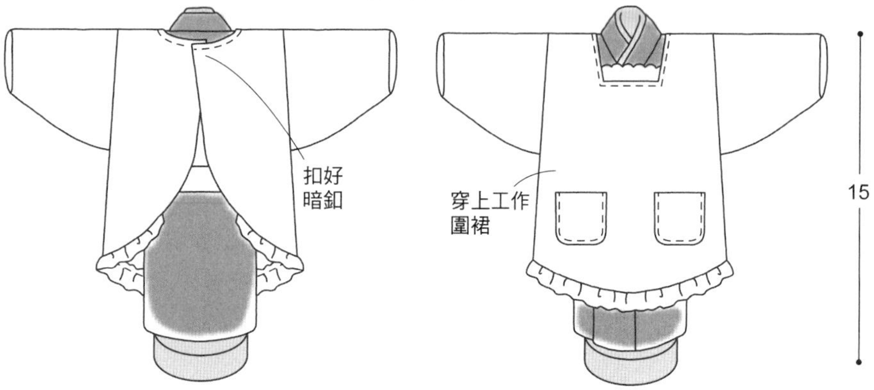
後
前
扣好
暗釦
穿上工作
圍裙
15

8 口袋的製作、安裝

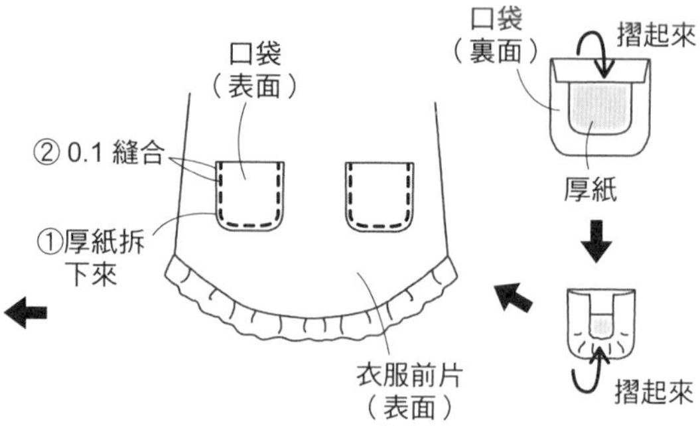
口袋
（表面）
口袋
（裏面）
摺起來
②0.1 縫合
①厚紙拆
下來
厚紙
摺起來
衣服前片
（表面）

製作方法

1 本體和底的縫合

※全部的配件用黏著劑黏貼

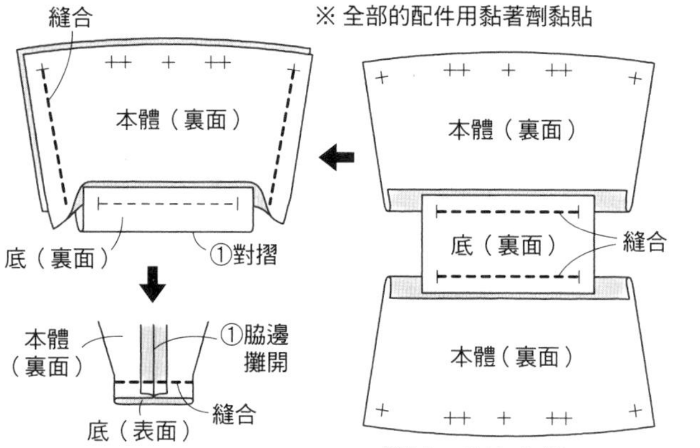
縫合
本體（裏面）
底（裏面）
①對摺
本體（裏面）
底（裏面）
縫合
本體（裏面）
本體
（裏面）
①脇邊
攤開
縫合
底（表面）

2 翻邊的縫製

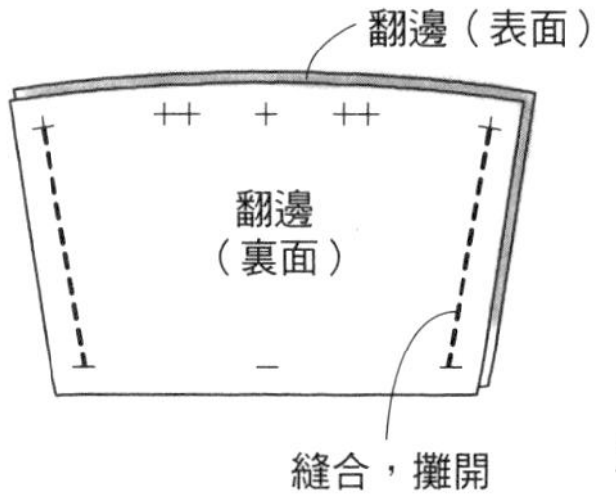
翻邊（表面）
翻邊
（裏面）
縫合，攤開

3 把手的安裝

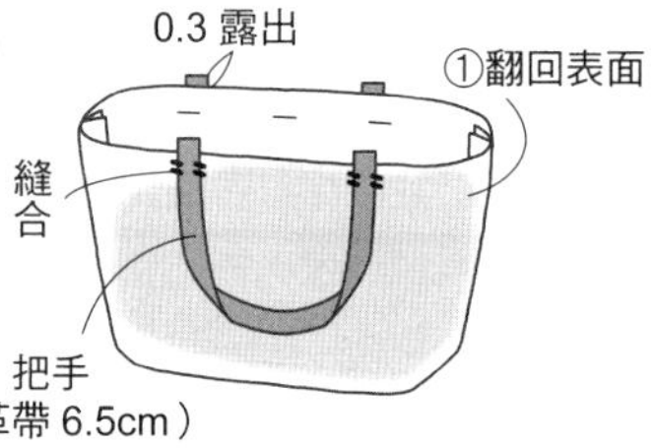
0.3 露出
①翻回表面
縫合
把手
（皮革帶 6.5cm）

4 本體和翻邊的縫合

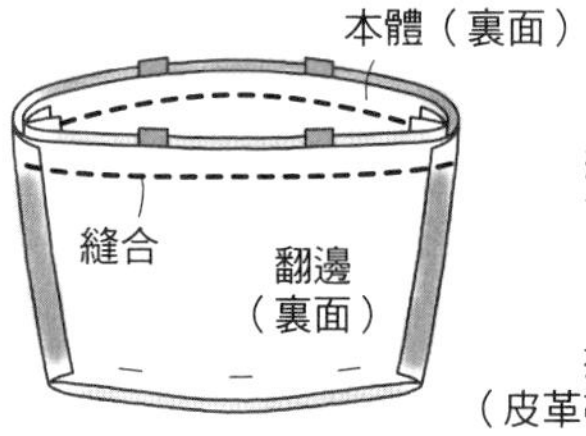
本體（裏面）
縫合
翻邊
（裏面）

製作完成

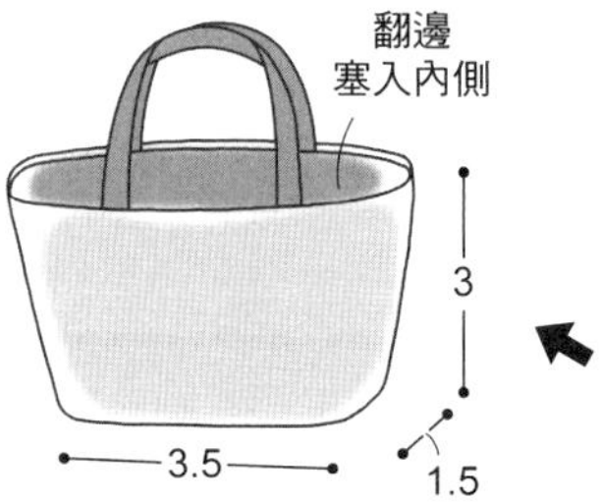
翻邊
塞入內側
3
3.5
1.5

17 購物籃材料

A 布（和風圖案）5cm 寬 22cm
B 布（棉・素色）5cm 寬 16cm
布襯 32cm 寬 10cm
皮革帶（3mm 寬）13cm

實物大紙型—A 面

本體、翻邊、底

準備紙型和縫份尺寸

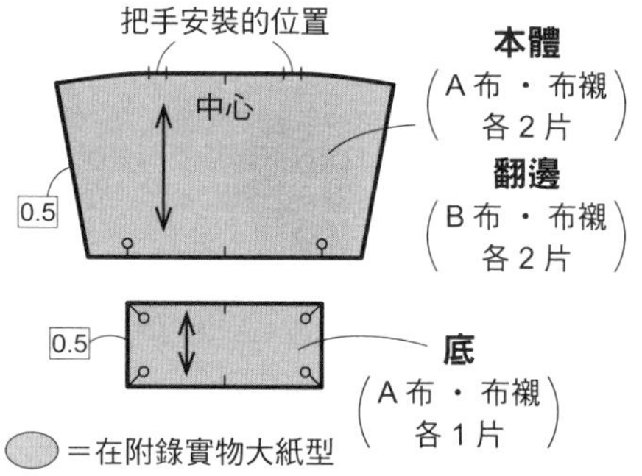
把手安裝的位置
中心
0.5
本體
（A 布・布襯
各 2 片）
翻邊
（B 布・布襯
各 2 片）
0.5
底
（A 布・布襯
各 1 片）
＝在附錄實物大紙型

※ 口框起來的數字是附加的縫份

17 木屐材料

木板ⓐ（厚 3mm）1.5cm×2.5cm 2 片
木板ⓑ（厚 3mm）1.5cm×0.5cm 4 片
皮革帶（3mm 寬）10cm
25 號刺繡線 20cm
砂紙

製作方法

作法和 56 頁同樣方法製作

製作完成

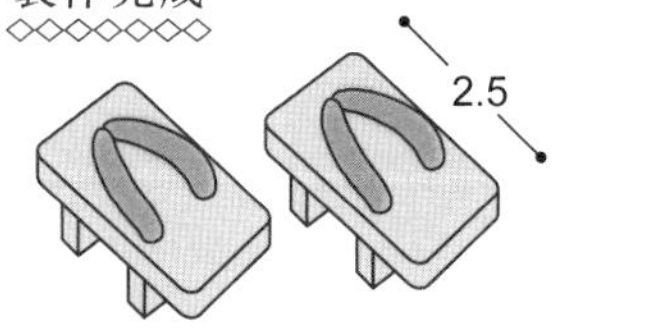
2.5

製作方法

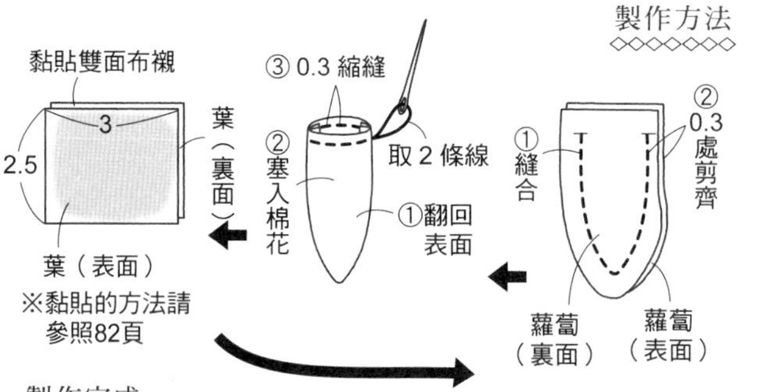
黏貼雙面布襯
3
2.5
葉（裏面）
葉（表面）
※黏貼的方法請
參照82頁
③0.3 縮縫
取 2 條線
②塞入棉花
①翻回
表面
①縫合
②0.3 處剪齊
蘿蔔
（裏面）
蘿蔔
（表面）

17 蘿蔔材料

A 布（縮緬・素色）5cm 寬 4cm
B 布（縮緬・素色）6cm 寬 2.5cm
雙面布襯 3cm×2.5cm
鐵絲#26 2cm 3 條
手藝用棉花　適量

製作完成

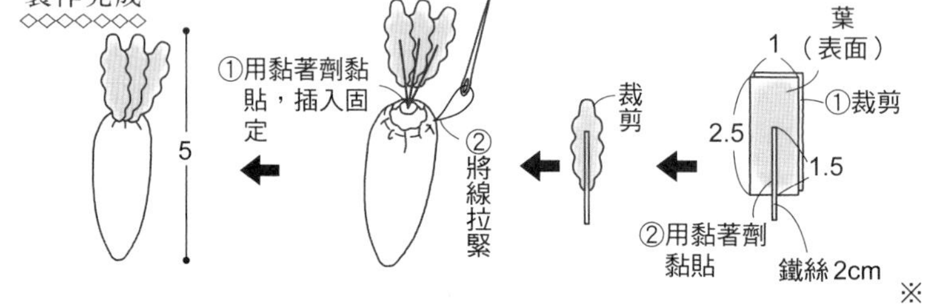
5
①用黏著劑黏
貼，插入固
定
②將線拉緊
裁剪
葉
（表面）
1
2.5
①裁剪
1.5
②用黏著劑
黏貼
鐵絲 2cm

實物大紙型

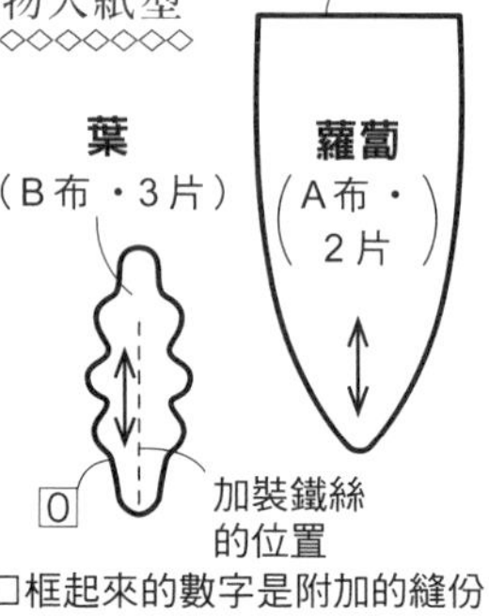
0.5
葉
（B 布・3 片）
蘿蔔
（A 布・
2 片）
0
加裝鐵絲
的位置

※ 口框起來的數字是附加的縫份

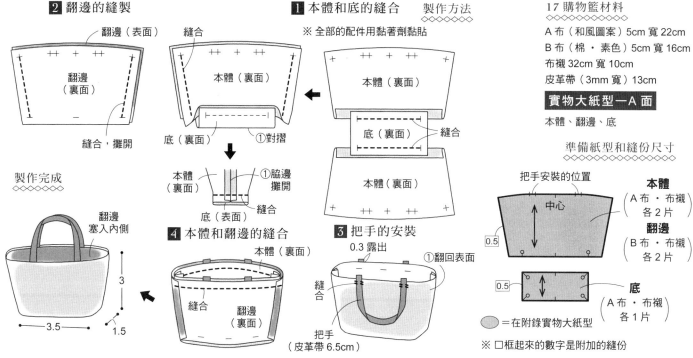

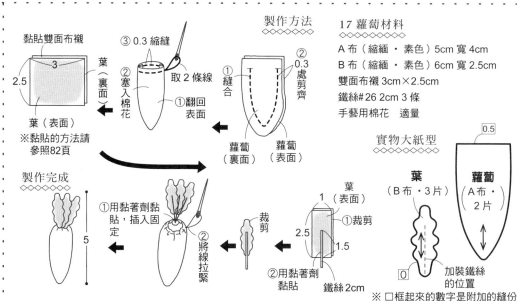

準備紙型和縫份尺寸

※ 口框起來的數字是附加的縫份

⬭ ＝在附錄實物大紙型

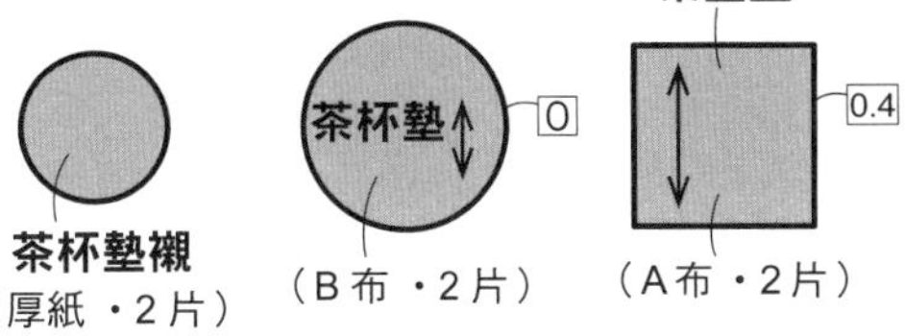

茶壺墊
茶杯墊
0
0.4
茶杯墊襯
（厚紙・2 片）
（B 布・2 片）
（A 布・2 片）

茶杯墊的製作方法

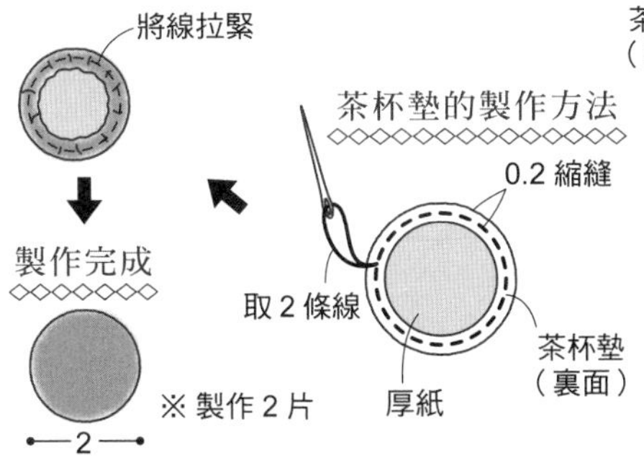

將線拉緊
0.2 縮縫
取 2 條線
茶杯墊
（裏面）
厚紙
製作完成
※ 製作 2 片
2

17 茶杯墊和茶壺墊材料

A 布（和風圖案）7cm 寬 3.5cm

B 布（棉・素色）6cm 寬 3cm

厚紙 5cm×2.5cm

實物大紙型—A 面

茶壺墊、茶杯墊、茶杯墊襯

茶壺墊的製作方法

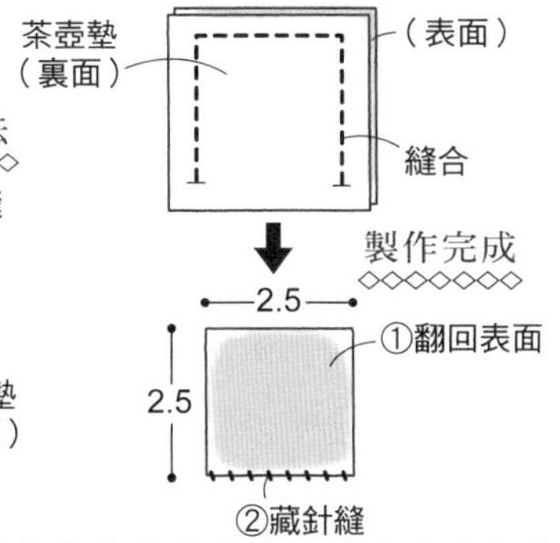

茶壺墊
（裏面）
（表面）
縫合
製作完成
2.5
2.5
①翻回表面
②藏針縫

製作方法

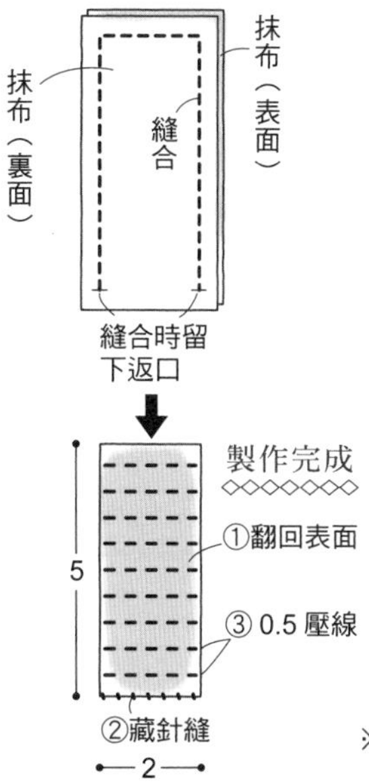

抹布（裏面）
抹布（表面）
縫合
縫合時留下返口
製作完成
①翻回表面
③ 0.5 壓線
②藏針縫
5
2

17 抹布材料

A 布（棉・素色）7cm 寬 8cm

製圖

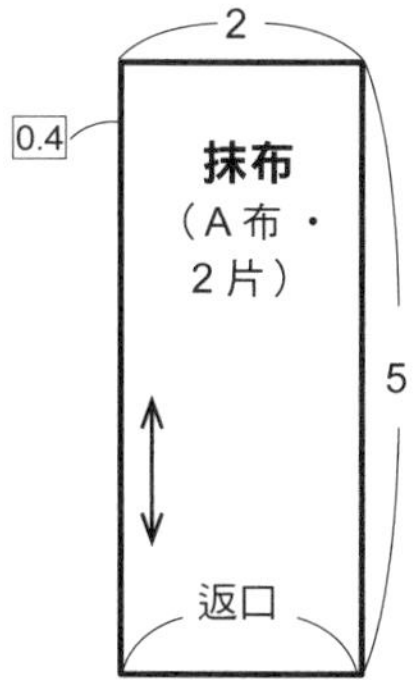

2
0.4
抹布
（A 布・2 片）
5
返口

※ 口框起來的數字是附加的縫份

17 圓凳套材料

A 布（和風圖案）7cm 寬 7cm

拼布用舖棉 4cm×4cm

圓凳子（直徑 3mm 高 5cm）1 張

實物大紙型—A 面

圓凳套、圓凳套襯

準備紙型和縫份尺寸

※ 不用加縫份　⬭ ＝在附錄實物大紙型

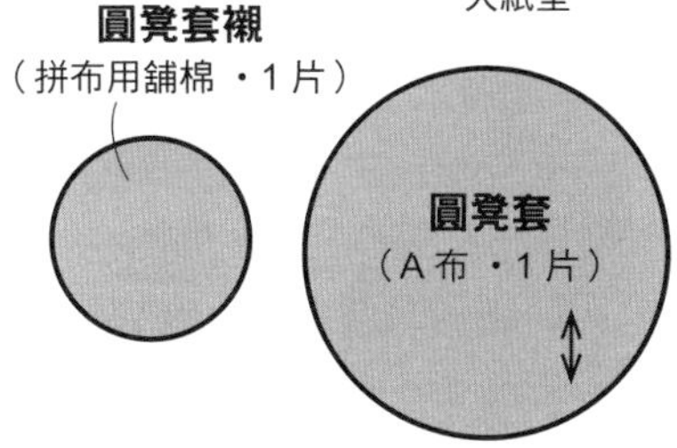

圓凳套襯
（拼布用舖棉・1 片）
圓凳套
（A 布・1 片）

製作方法

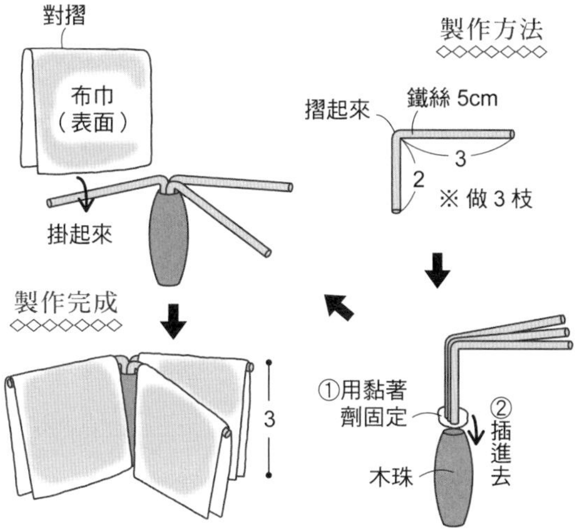

對摺
布巾
（表面）
掛起來
製作完成
3
摺起來
鐵絲 5cm
3
2
※ 做 3 枝
①用黏著劑固定
②插進去
木珠

17 布巾材料

布巾：A 布（手巾布）3cm 寬 6cm 3 片

布巾架：鐵絲# 265cm 3 枝

木珠（長 2.5cm 洞 2mm）1 顆

製圖

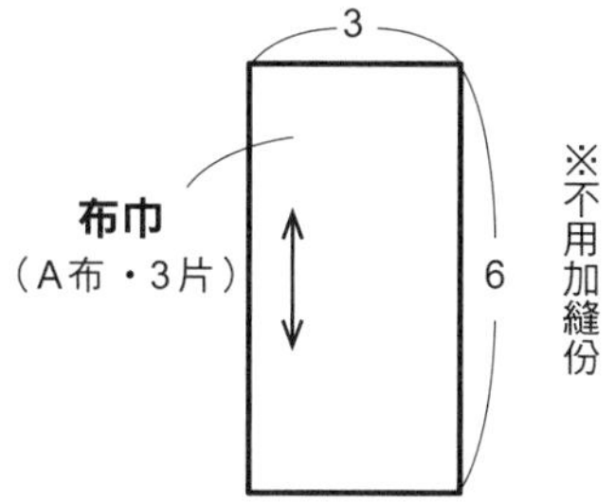

3
布巾
（A 布・3 片）
6
※不用加縫份

製作方法

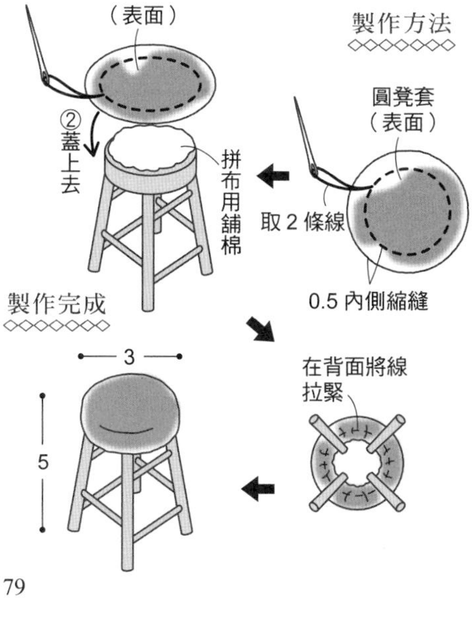

（表面）
②蓋上去
拼布用舖棉
圓凳套
（表面）
取 2 條線
0.5 內側縮縫
製作完成
在背面將線拉緊
3
5

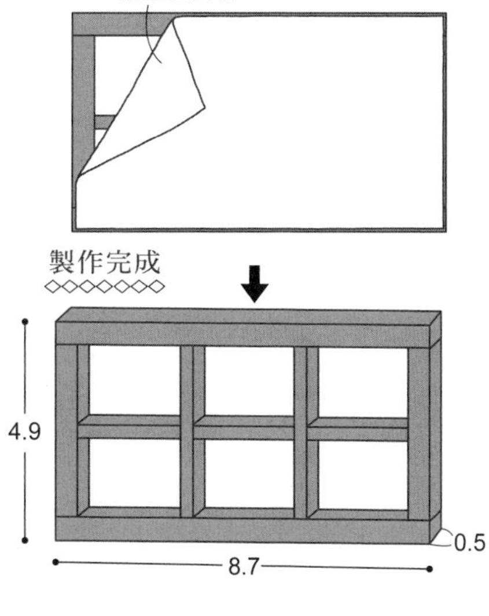

貼上拉門紙
製作完成
4.9
0.5
8.7

17 拉門材料

木板ⓐ（厚 3mm）3.9cm×0.5cm 2 片

木板ⓑ（厚 3mm）2.8cm×0.5cm 3 片

木板ⓒ（厚 5mm）3.9cm×0.5cm 2 片

木板ⓓ（厚 5mm）8.7cm×0.5cm 2 片

拉門紙 8.7cm×4.9cm

製作方法

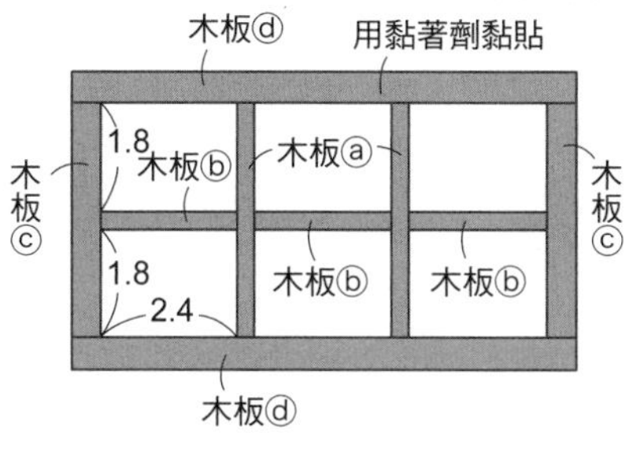

木板ⓓ
用黏著劑黏貼
木板ⓒ
1.8
木板ⓑ
木板ⓐ
木板ⓒ
1.8
2.4
木板ⓑ
木板ⓑ
木板ⓓ

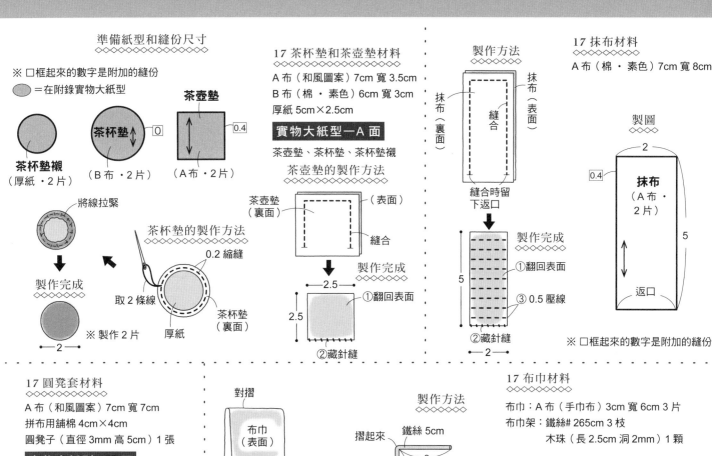

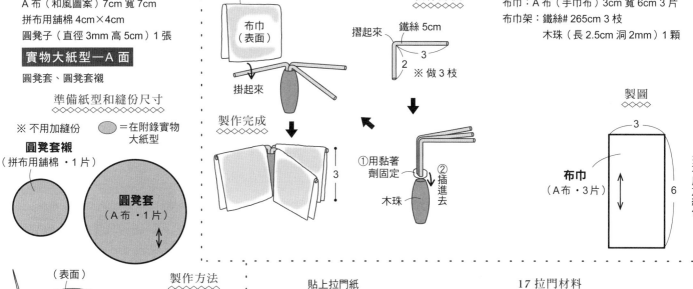

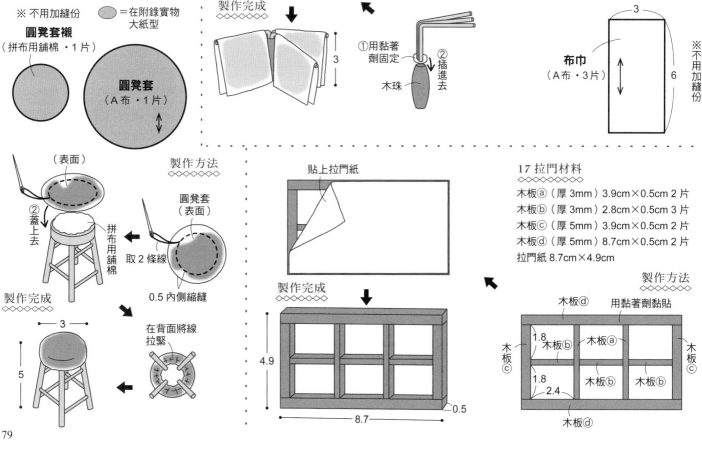

製作完成

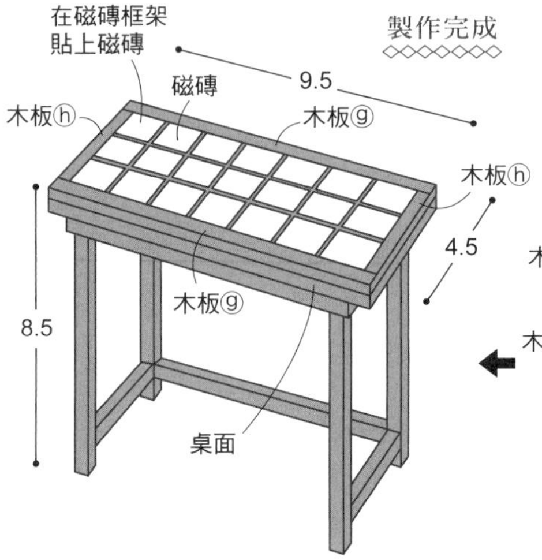
在磁磚框架
貼上磁磚
9.5
磁磚
木板ⓗ
木板ⓖ
木板ⓗ
4.5
8.5
木板ⓖ
桌面

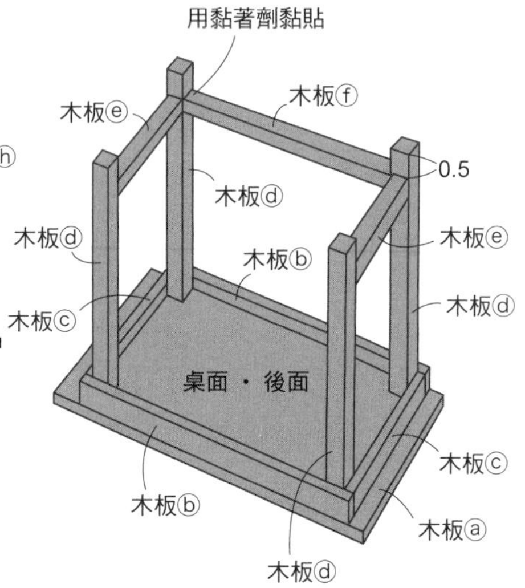
用黏著劑黏貼
木板ⓔ
木板ⓕ
0.5
木板ⓓ
木板ⓓ
木板ⓔ
木板ⓑ
木板ⓓ
木板ⓒ
桌面・後面
木板ⓒ
木板ⓑ
木板ⓐ
木板ⓓ

廚房桌材料

桌面：木板ⓐ（厚 3mm）9.5cm×4.5cm 1 片
　　　木板ⓑ（厚 3mm）8.5cm×0.5cm 2 片
　　　木板ⓒ（厚 3mm）4cm×0.5cm 2 片
桌腳：木板ⓓ（厚 5mm）8cm×0.5cm 4 枝
　　　木板ⓔ（厚 5mm）3cm×0.5cm 2 枝
　　　木板ⓕ（厚 3mm）6.9cm×0.5cm 1 枝
磁磚框架：木板ⓖ（厚 3mm）9.5cm×0.5cm 2 枝
　　　　　木板ⓗ（厚 3mm）3.9cm×0.5cm 2 枝
磁磚（1cm×1cm）21 塊

製作方法

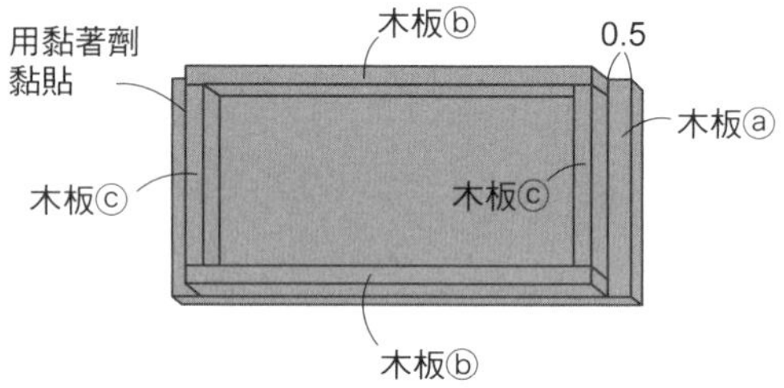
用黏著劑
黏貼
木板ⓑ
0.5
木板ⓐ
木板ⓒ
木板ⓒ
木板ⓑ

完成圖

各個配件和小物均衡地擺設著
紙門和布巾架用黏著劑黏貼

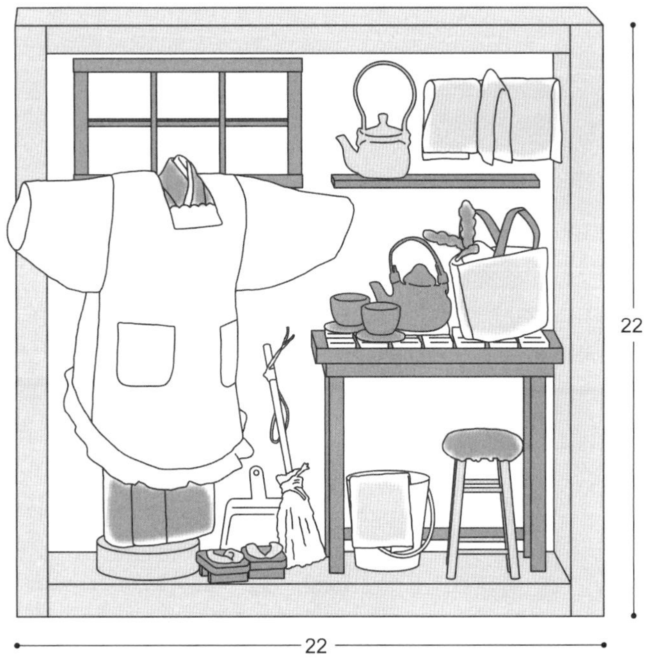
22
22

40 頁 18

和服涼鞋材料

鞋面：A 布（縮緬・素色）5cm 寬 9cm
鞋側邊：B 布（縮緬・花紋）10cm 寬 10cm
木屐帶：C 布（縮緬・花紋）
　　　6cm 寬 1.5cm（斜裁）2 條
　　　毛線（粗）35cm
　　　底（不織布）4cm×3cm
　　　拼布用鋪棉 4cm×3cm
　　　厚紙 11cm×8cm

實物大紙型一A 面

鞋側邊ⓐ①、鞋側邊ⓑ①、木屐帶①、鞋面①、底①

製作方法

紙型、作法和 46、47 頁同樣方法製作

製作完成

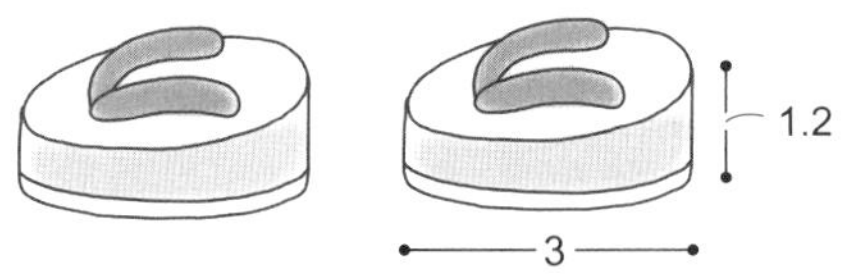
1.2
3

製作完成

製作方法

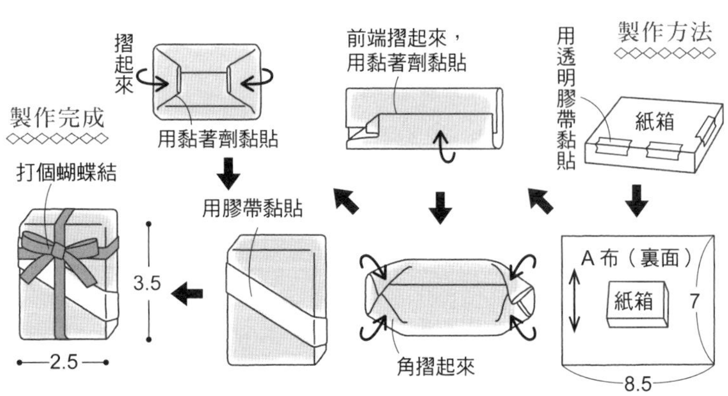
摺起來
用黏著劑黏貼
前端摺起來，
用黏著劑黏貼
用透明膠帶黏貼
紙箱
打個蝴蝶結
用膠帶黏貼
3.5
2.5
角摺起來
A 布（裏面）
紙箱
7
8.5

※ 不用加縫份

紙型

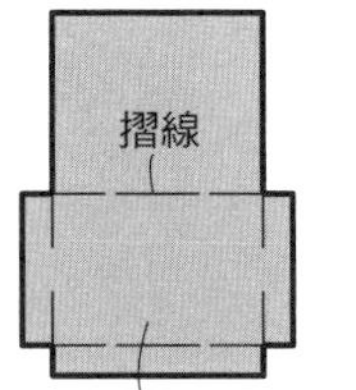
摺線

紙箱
（厚紙・1 片）

⬭＝在附錄實物大紙型

18 禮物材料

A 布（縮緬・花紋）8.5cm 寬 7cm
厚紙 6cm×7cm
緞帶（3mm 寬）35cm
膠帶（5mm 寬）5cm

實物大紙型一A 面

紙箱

實物大紙型—A 面

振袖：衣服前片①、衣服後片①、衣襟①、衿①、袖子①、袖翻邊①、下襬內裡之衣服前片①、下襬內裡之衣服後片①、下襬內裡之衣襟① **伊達衿**：伊達衿① **半衿** **半衿襯** **帶締**：帶締①
腰帶：胴①、太鼓①、太鼓襯①、羽① **人台**：身體①

實物大紙型—B 面 **帶揚**：帶揚ⓐ②、帶揚ⓑ②

製作完成

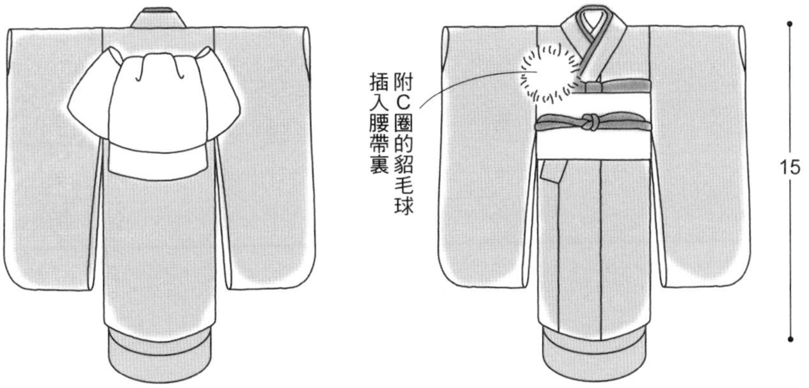

後
前
附C圈的貂毛球插入腰帶裏
15

紙型在 44 頁，帶揚的紙型在 57 頁，振袖、伊達衿、腰帶、帶締、半衿、人台和 21 頁同樣方法製作。
帶揚和 58 頁同樣方法製作。

18 振袖材料

振袖：A 布（和風圖案）45cm 寬 27cm
B 布（棉・素色）32cm 寬 22cm
棉質扁帶（9mm 寬）18cm 2 條
腰帶：C 布（金襴）30cm 寬 20cm
布襯（超級硬）12cm 寬 3cm
暗釦（6mm）2 組
厚紙 2cm×2cm
伊達衿：D 布（縮緬・花紋）
15cm 寬 3cm（斜裁）
帶揚：D 布（縮緬・花紋）17cm 寬 14cm
帶締：E 布（和風圖案）30cm 寬 1.5cm（斜裁）
毛線（粗）50cm
半衿：F 布（縮緬・素色）
10cm 寬 2.5cm（斜裁）
厚紙 9cm×0.5cm
人台：不織布 13cm×10cm
木棒（厚度 5mm）12cm
圓木（直徑 4cm 厚 1cm）1 枝
手藝用棉花 適量
附 C 圈的貂毛球（直徑 2.5cm）1 顆

準備紙型和縫份尺寸

※ 口框起來的數字是附加的縫份

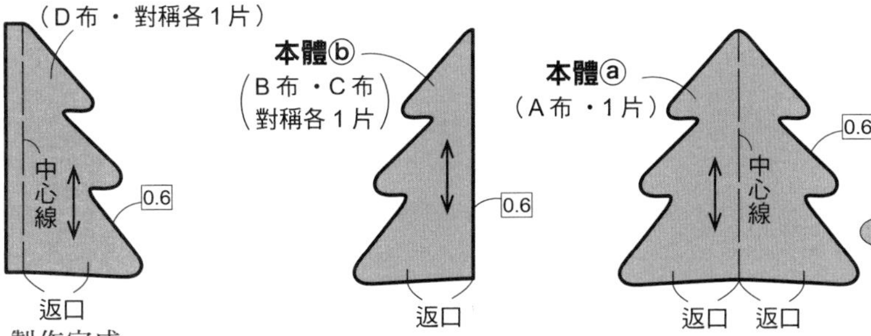

本體ⓒ
（D 布・對稱各 1 片）
中心線
0.6
返口
本體ⓑ
（B 布・C 布 對稱各 1 片）
0.6
返口
本體ⓐ
（A 布・1 片）
中心線
0.6
返口 返口

實物大紙型—A 面
本體ⓐ、本體ⓑ、本體ⓒ

＝在附錄實物大紙型

18 聖誕樹材料

A 布（縮緬・花紋）9cm 寬 9.5cm
B 布（縮緬・素色）5.5cm 寬 9.5cm
C 布（縮緬・花紋）5.5cm 寬 9.5cm
D 布（縮緬・素色）12cm 寬 9.5cm
E 布（縮緬・素色）14cm 寬 4cm
寶特瓶瓶蓋
（直徑 3cm 高 1.5cm）1 個
手藝用棉花 適量

製作方法

1 本體的製作

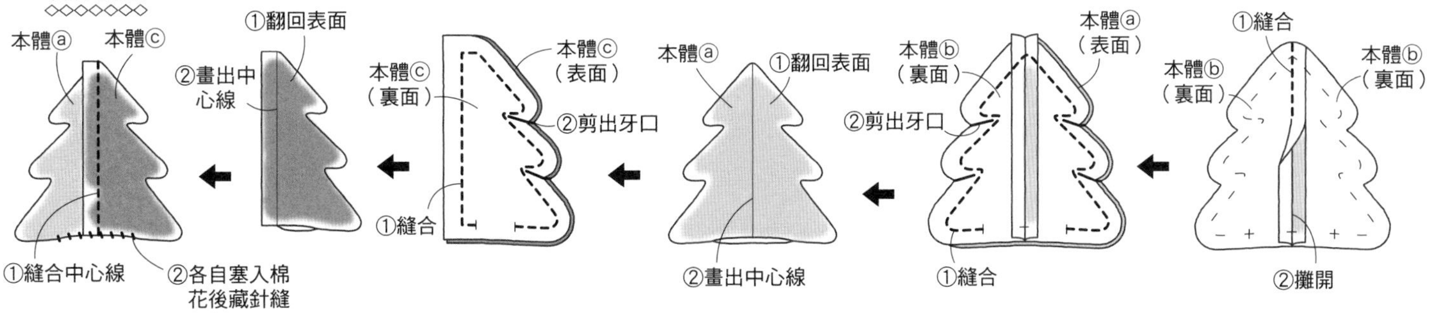

製作完成
本體ⓐ
本體ⓒ
①縫合中心線
②各自塞入棉花後藏針縫
①翻回表面
②畫出中心線
本體ⓒ（裏面）
本體ⓒ（表面）
②剪出牙口
①縫合
本體ⓐ
①翻回表面
②畫出中心線
本體ⓑ（裏面）
本體ⓐ（表面）
②剪出牙口
①縫合
①縫合
本體ⓑ（裏面）
本體ⓑ（裏面）
②攤開

3 本體和瓶蓋的連接

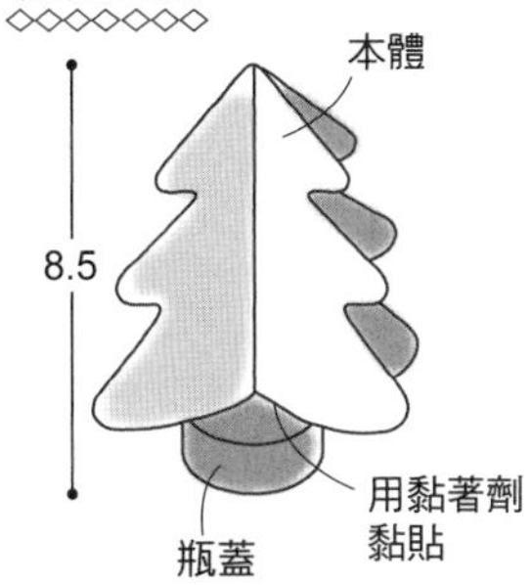

製作完成
本體
8.5
瓶蓋
用黏著劑黏貼

2 用布黏貼瓶蓋

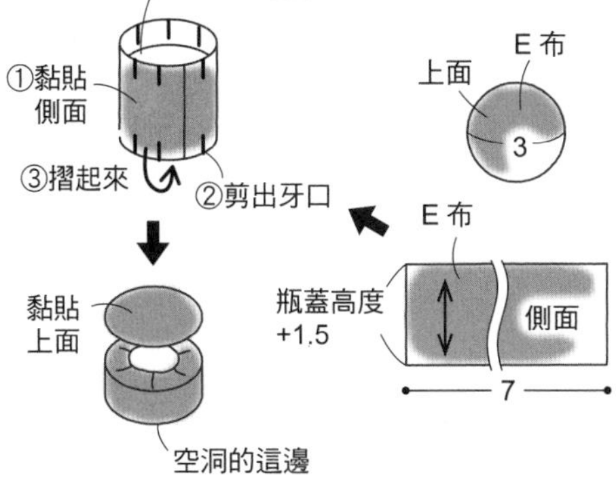

瓶蓋
①黏貼側面
③摺起來
②剪出牙口
黏貼上面
空洞的這邊
上面
E 布
3
E 布
瓶蓋高度+1.5
側面
7

40 頁 18 實物大紙型

※ 不用加縫份

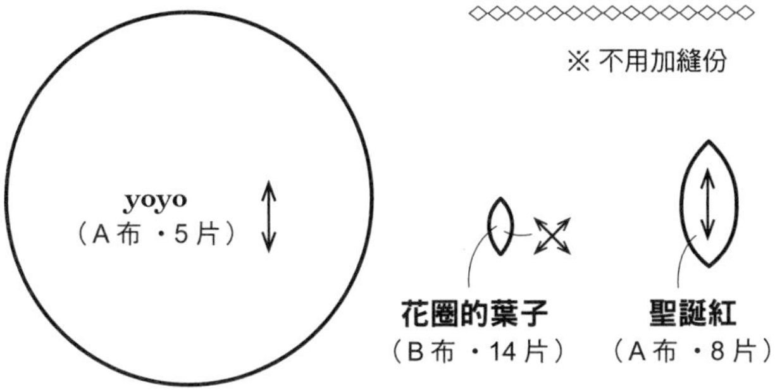

yoyo
（A 布・5 片）
花圈的葉子
（B 布・14 片）
聖誕紅
（A 布・8 片）

實物大紙型—81 頁

聖誕紅

18 聖誕紅材料

A 布（縮緬 · 素色）10cm 寬 4cm
雙面布襯 10cm×2cm
鐵絲#26 18cm
花芯 2 枝

製作方法

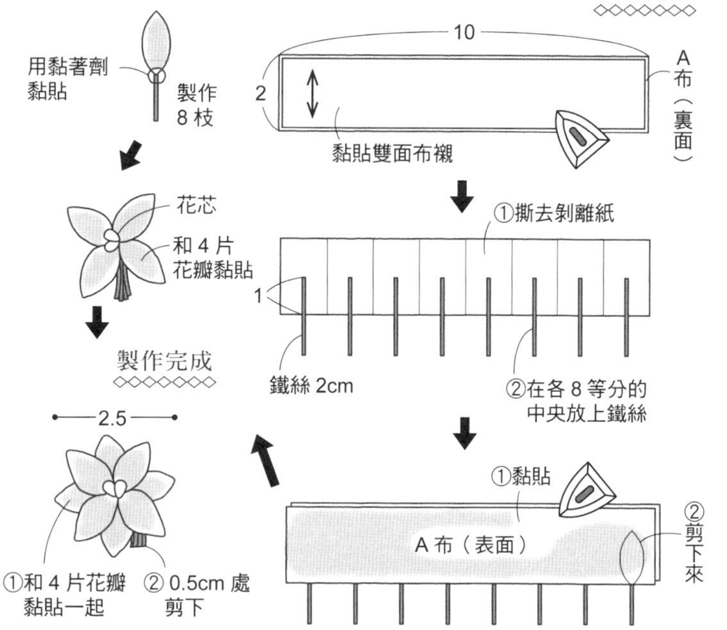

18yoyo 拼布材料

A 布（縮緬 · 花紋、素色）5cm 寬 5cm 5 片

實物大紙型—81 頁

yoyo

製作方法

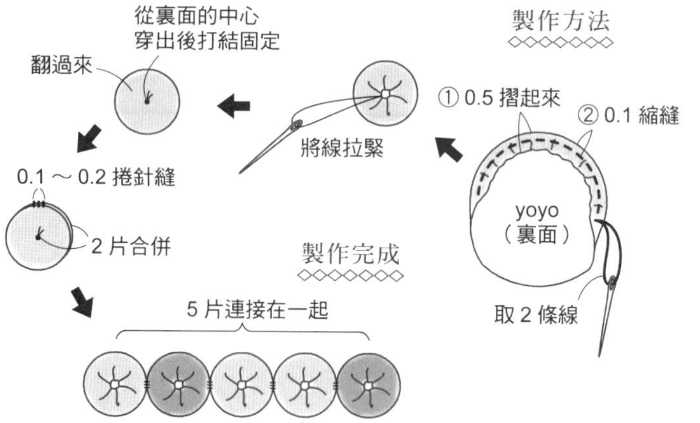

實物大紙型—A 面

袋口布、前本體、前別布、後本體

準備紙型和縫份尺寸

※ 口框起來的數字是附加的縫份

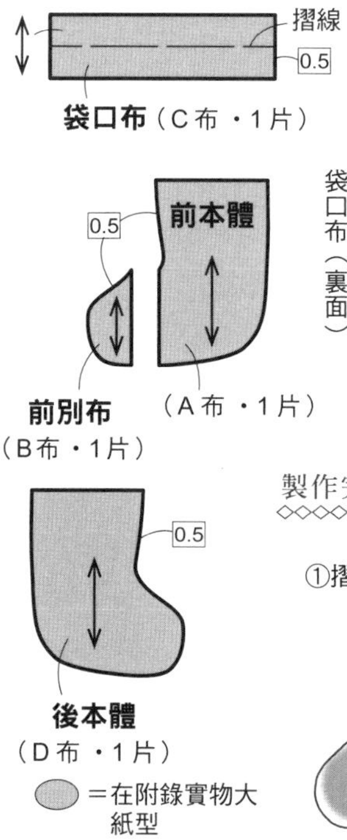

18 襪子材料

A 布（聖誕圖案）4cm 寬 6cm
B 布（縮緬 · 花紋）3cm 寬 4cm
C 布（縮緬 · 素色）7cm 寬 3cm
D 布（棉 · 素色）7cm 寬 6cm
手藝用棉花 適量

製作方法

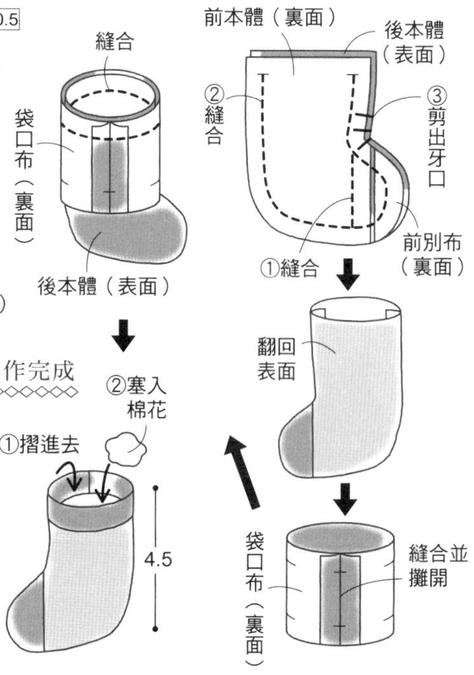

18 花圈材料

A 布（縮緬 · 素色）
2cm 寬 14cm（斜裁）2 片
B 布（縮緬 · 素色）6cm 寬 4cm
雙面布襯 3cm×4cm
鐵絲#26 15cm 2 枝
毛線（粗）70cm
木珠（3mm）4 顆
緞帶（5mm 寬）15cm
鈴鐺 （1cm）1 顆

實物大紙型—81 頁

花圈的葉子

實物大紙型—A 面

花圈

準備紙型和縫份尺寸

※ 不用加縫份

＝在附錄實物大紙型

製作方法

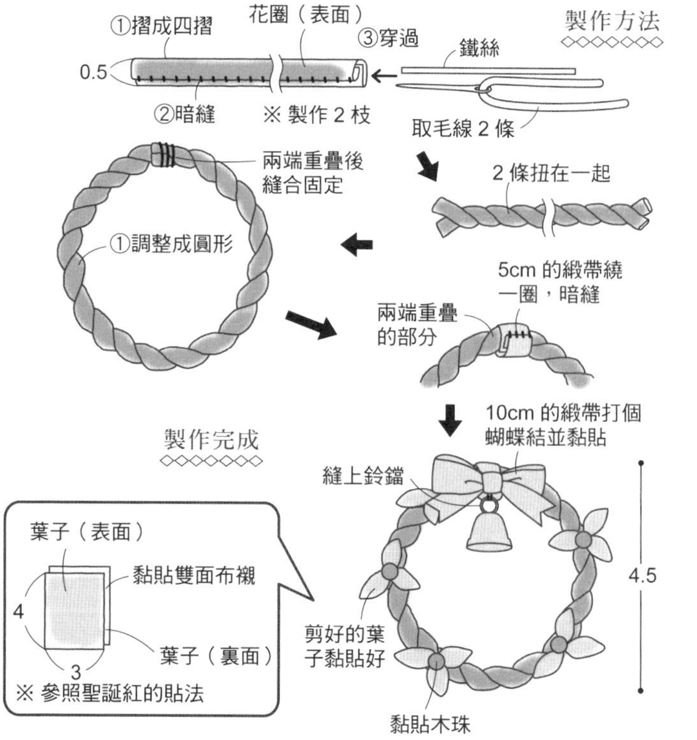

製作方法

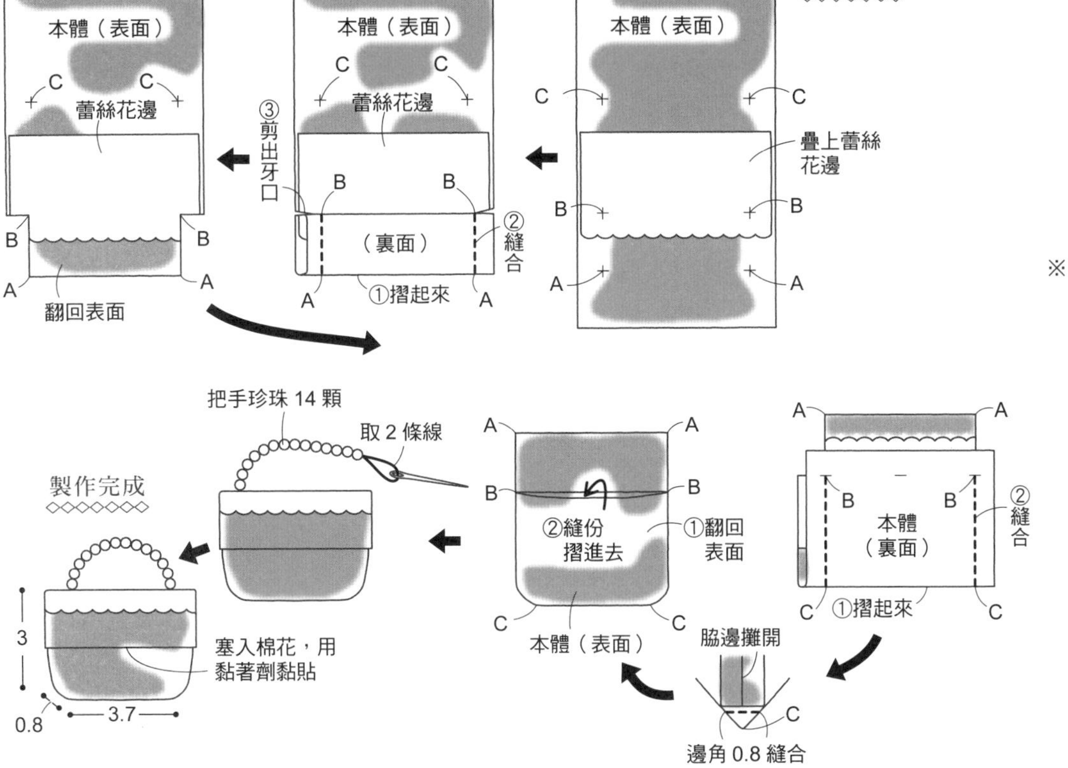

本體（表面）
C
C
蕾絲花邊
B
B
A
A
翻回表面
③剪出牙口
(裏面)
①摺起來
②縫合
疊上蕾絲花邊
把手珍珠 14 顆
取 2 條線
製作完成
②縫份摺進去
①翻回表面
本體（表面）
本體（裏面）
脇邊攤開
邊角 0.8 縫合
塞入棉花，用黏著劑黏貼
3
3.7
0.8

18 提袋材料

A 布（縮緬 · 素色）6cm 寬 12cm
蕾絲花邊（2.5cm 寬）6cm
珍珠（3mm）14 顆
手藝用棉花　適量

實物大紙型—A 面

本體

※ □框起來的數字是附加的縫份

紙型

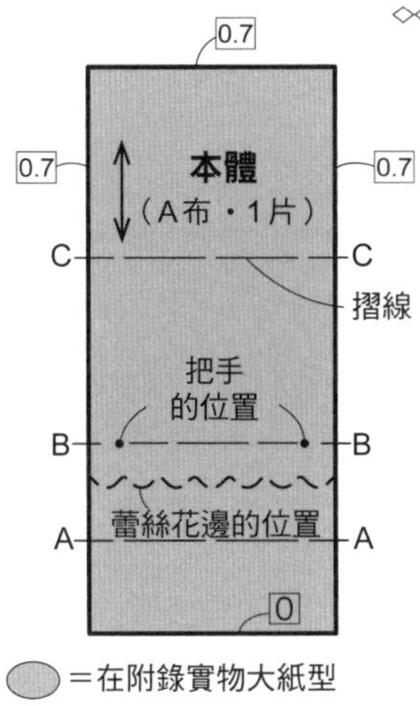

0.7
0.7
0.7
本體
（A 布・1 片）
C
C
摺線
把手的位置
B
B
蕾絲花邊的位置
A
A
0
＝在附錄實物大紙型

完成圖

各個配件和椅子均衡地擺設著。
yoyo 拼布用黏著劑黏貼。

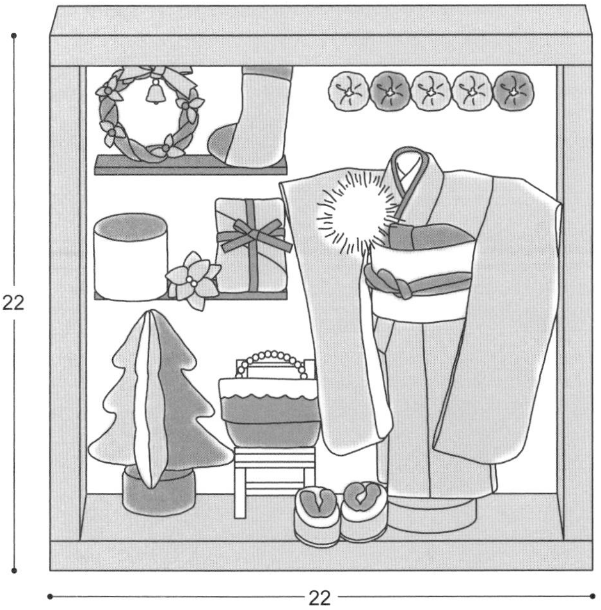

22
22

實物大紙型—A 面

盒蓋、盒蓋襯、側面、底

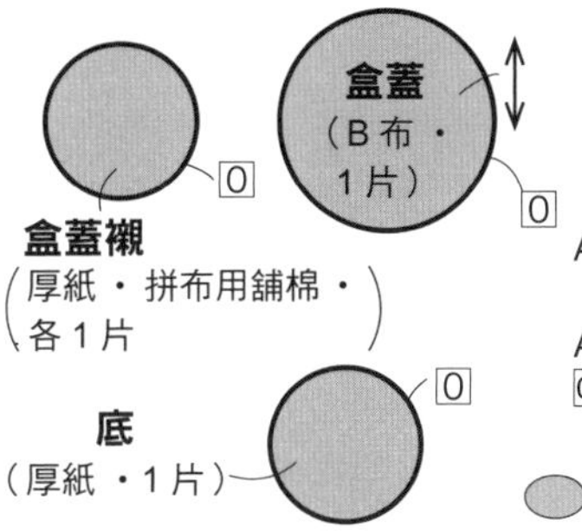

盒蓋
（B 布・1 片）
0
0
盒蓋襯
（厚紙・拼布用鋪棉・各 1 片）
底
（厚紙・1 片）
0

※ □框起來的數字是附加的縫份

18 圓盒材料

A 布（聖誕圖案）11cm 寬 4.5cm
B 布（縮緬 · 花紋）6cm 寬 6cm
拼布用鋪棉 4cm×4cm
厚紙 7cm×10cm

準備紙型和縫份尺寸

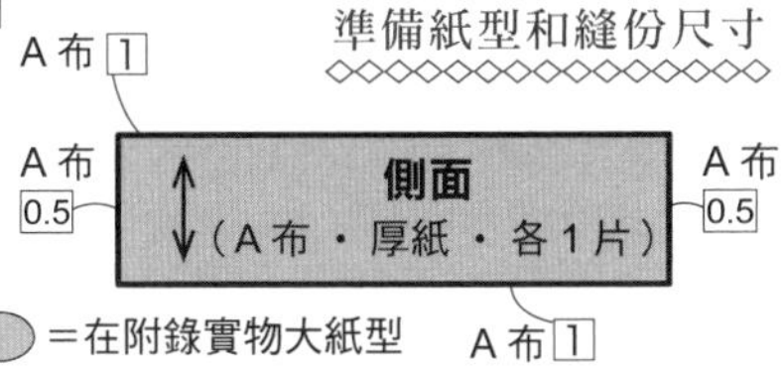

A 布 1
A 布 0.5
側面
（A 布・厚紙・各 1 片）
A 布 0.5
A 布 1
＝在附錄實物大紙型

製作方法

1 側面的製作

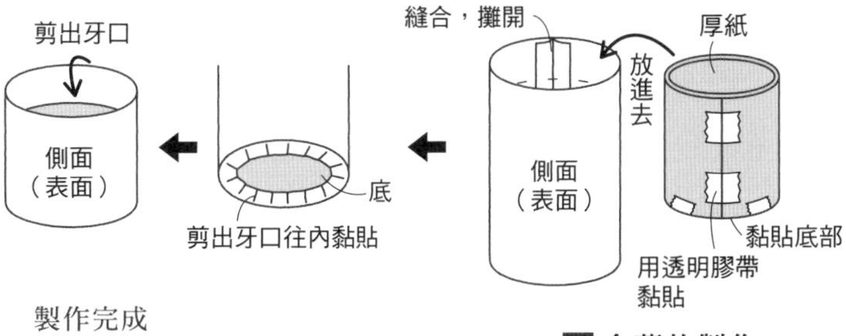

縫合，攤開
厚紙
放進去
側面（表面）
黏貼底部
用透明膠帶黏貼
底
剪出牙口往內黏貼
剪出牙口
側面（表面）

2 盒蓋的製作

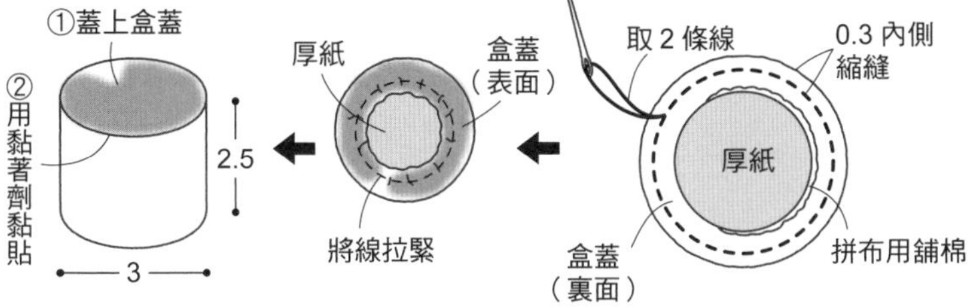

取 2 條線
0.3 內側縮縫
厚紙
盒蓋（裏面）
拼布用鋪棉
厚紙
盒蓋（表面）
將線拉緊
製作完成
①蓋上盒蓋
②用黏著劑黏貼
2.5
3

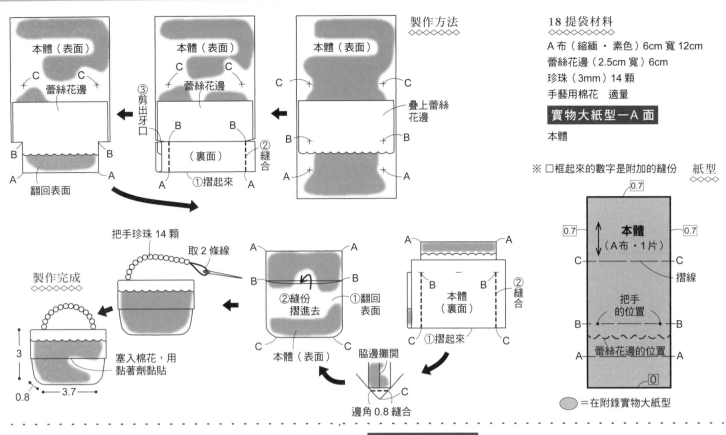

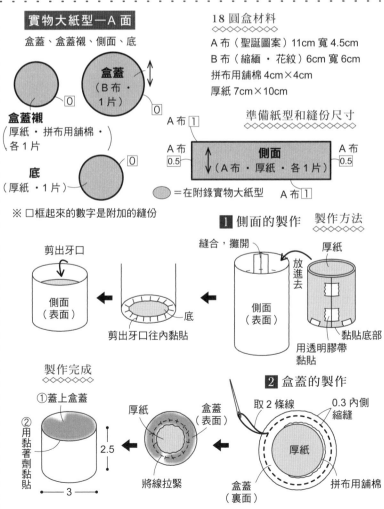

實物大紙型－B面

和服：衣服前片④、衣服後片④、衣襟④、衿③、袖子⑧、袖翻邊④、下襬內裡之衣服前片②、下襬內裡之衣服後片②、下襬內裡之衣襟②

人台：身體②　**被布：**衣服前片、衣服後片、脇邊、前衿、衿

42頁 19

和服和被布材料

和服：A布（和風圖案）41cm 寬 22cm
　　　B布（棉・素色）30cm 寬 11cm
　　　棉質扁帶（9mm 寬）18cm2 條
被布：C布（縮緬・花紋）30cm 寬 11cm
　　　D布（棉・素色）30cm 寬 11cm
　　　暗釦（6mm）1 組
　　　附C圈的流蘇（1.5cm）2 個
人台：不織布 13cm×10cm
　　　木棒（厚度 5mm）12cm
　　　圓木（直徑 4cm 厚 1cm）1 枝
　　　手藝用棉花　適量

準備紙型和縫份尺寸

被布

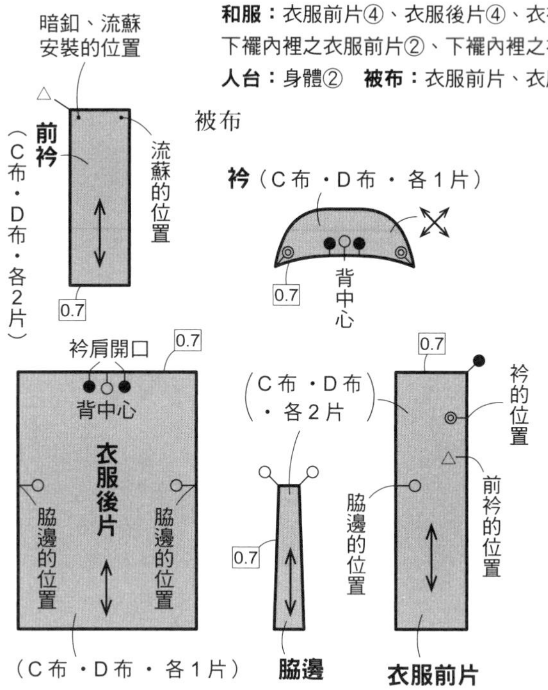

暗釦、流蘇安裝的位置
前衿
（C布・D布・各2片）
流蘇的位置
0.7
衿（C布・D布・各1片）
背中心
0.7
衿肩開口
0.7
背中心
衣服後片
脇邊的位置
脇邊的位置
（C布・D布・各1片）
（C布・D布・各2片）
0.7
脇邊
0.7
衿的位置
前衿的位置
脇邊的位置
衣服前片

※ 口框起來的數字是附加的縫份
＝在附錄實物大紙型

和服

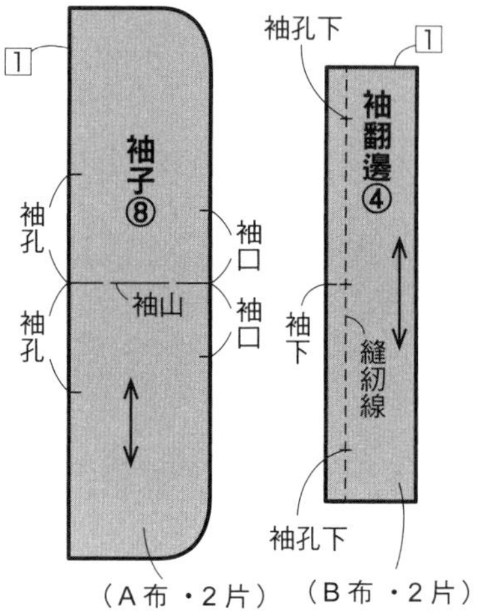

1
袖子⑧
袖孔
袖孔
袖山
袖口
袖口
（A布・2片）
袖孔下
1
袖翻邊④
袖下
縫紉線
袖孔下
（B布・2片）

和服（袖子、袖翻邊以外）、人台的紙型和 61、62 頁同樣方法製作

製作方法

1 和服和人台的製作

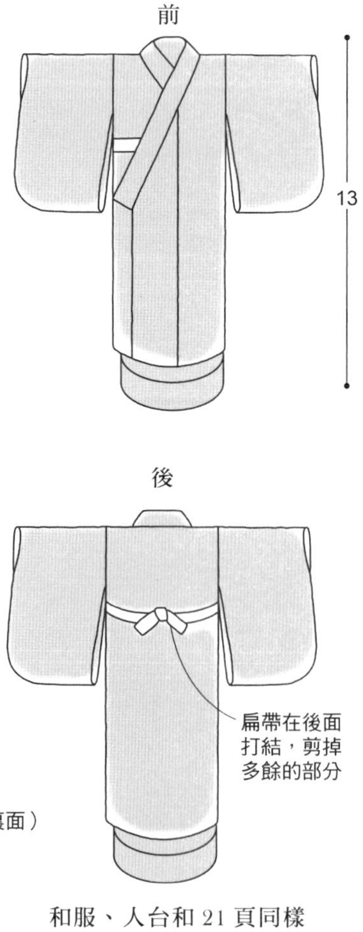

前
13
後
扁帶在後面打結，剪掉多餘的部分

和服、人台和 21 頁同樣方法製作。
不需要在胸口加長方形不織布。

2 本體和脇邊的縫合

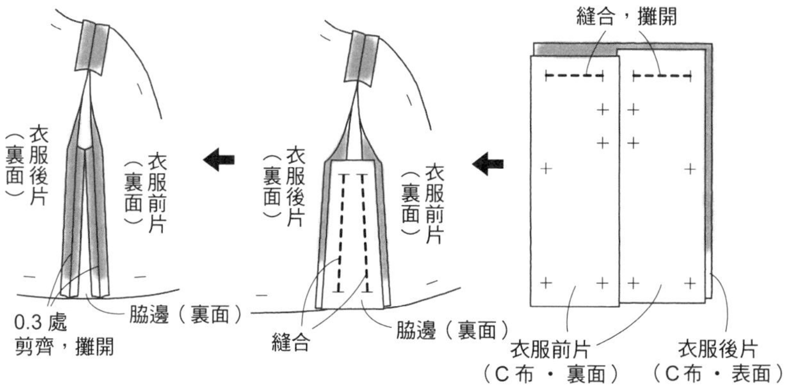

縫合，攤開
衣服前片（C布・裏面）
衣服後片（C布・表面）
衣服後片（裏面）
衣服前片（裏面）
縫合
脇邊（裏面）
衣服後片（裏面）
衣服前片（裏面）
0.3處剪齊，攤開
脇邊（裏面）

3 衿的製作

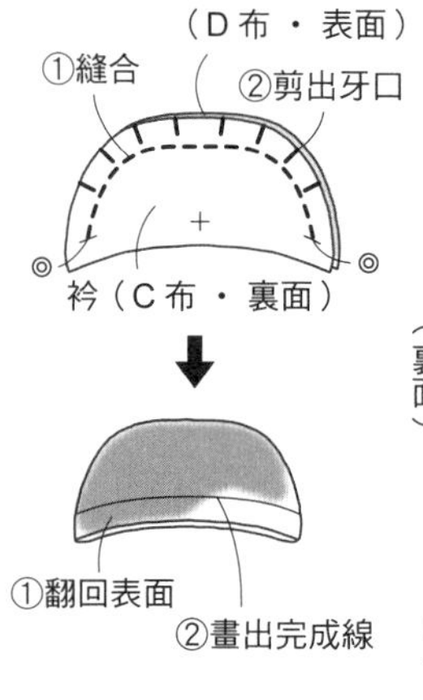

（D布・表面）
①縫合
②剪出牙口
衿（C布・裏面）
①翻回表面
②畫出完成線

4 衿的連接

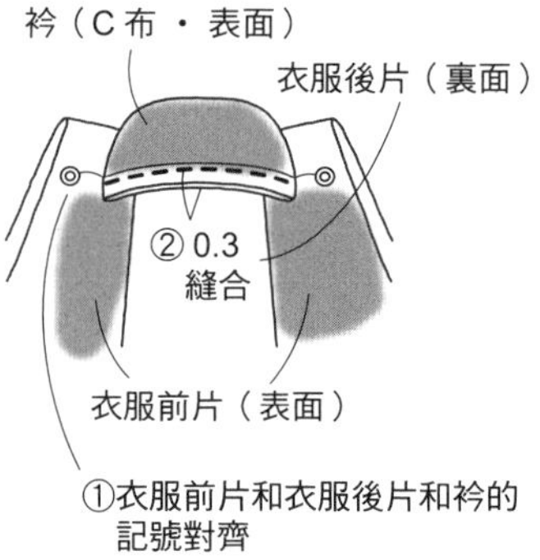

衿（C布・表面）
衣服後片（裏面）
②0.3 縫合
衣服前片（表面）
①衣服前片和衣服後片和衿的記號對齊

5 前衿的連接

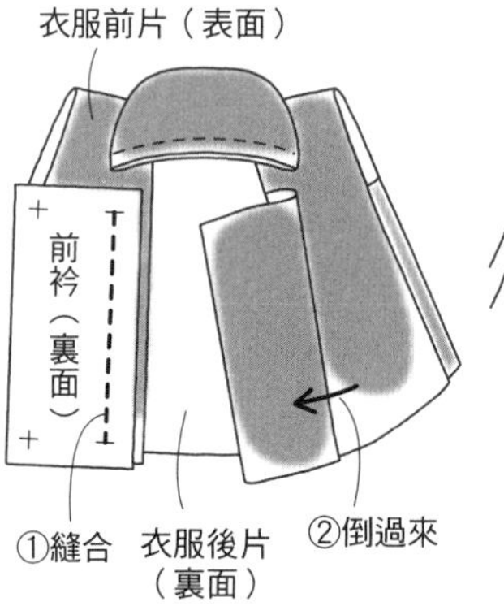

衣服前片（表面）
前衿（裏面）
①縫合
衣服後片（裏面）
②倒過來

6 本體對齊後縫合一圈

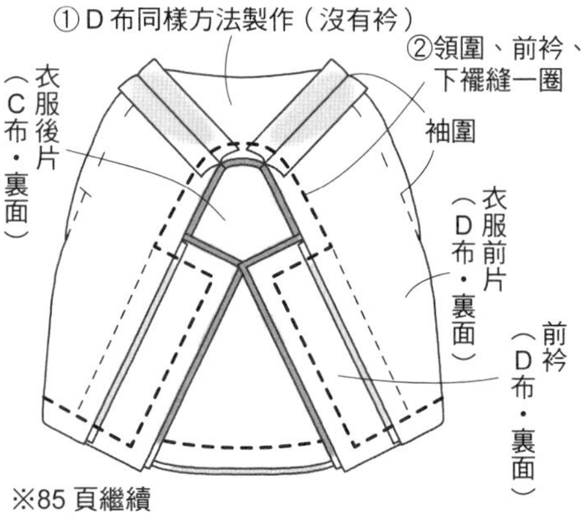

①D布同樣方法製作（沒有衿）
②領圍、前衿、下襬縫一圈
衣服後片（C布・裏面）
袖圍
衣服前片（D布・裏面）
前衿（D布・裏面）

※85頁繼續

製作完成

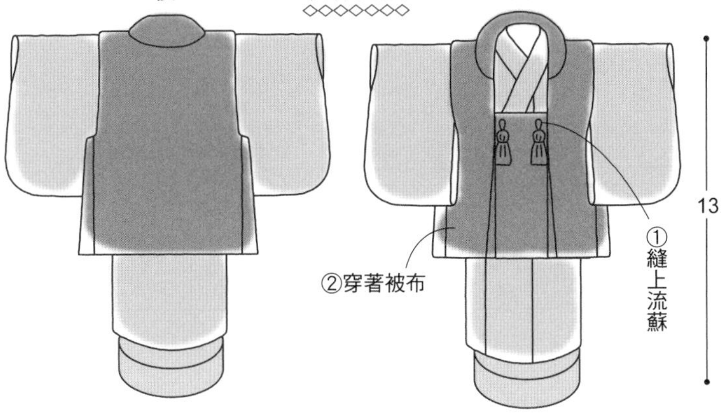
後
前
13
①縫上流蘇
②穿著被布

8 暗釦和流蘇的安裝

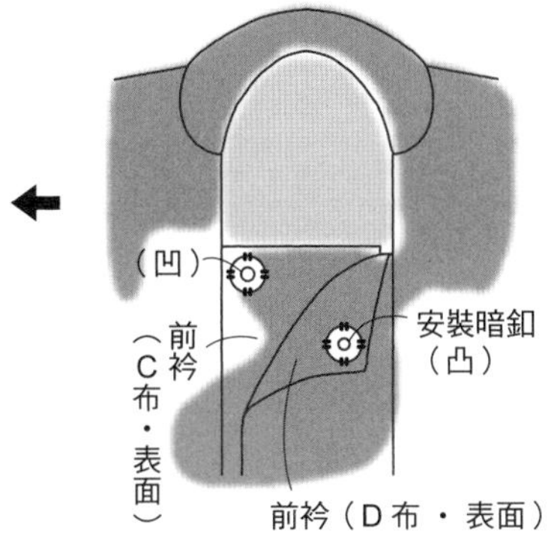
（凹）
安裝暗釦（凸）
前衿（C布・表面）
前衿（D布・表面）

7 翻回表面

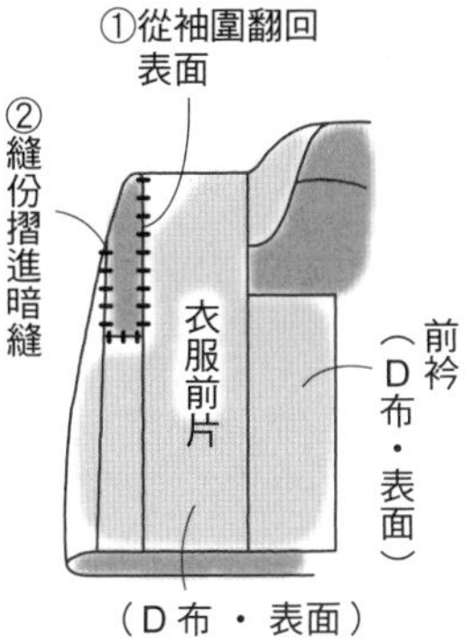
①從袖圍翻回表面
②縫份摺進暗縫
衣服前片
前衿（D布・表面）
（D布・表面）

19 兔子人偶材料（1隻份）

A布（和風圖案）10cm寬11cm
B布（棉・素色）10cm寬11cm
C布（棉・素色）6cm寬6cm
手藝用棉花　適量

實物大的紙型－B面

和服、袖子、身體

準備紙型和縫份尺寸

※□框起來的數字是附加的縫份

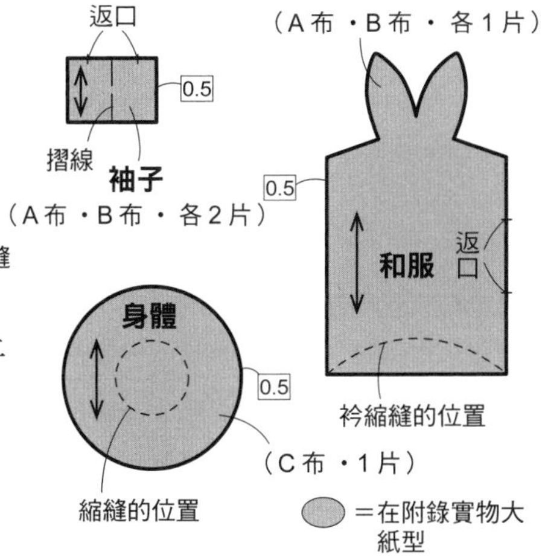
返口
0.5
摺線
袖子
（A布・B布・各2片）
（A布・B布・各1片）
0.5
和服
返口
身體
0.5
衿縮縫的位置
（C布・1片）
縮縫的位置
=在附錄實物大紙型

製作方法

1 和服的製作

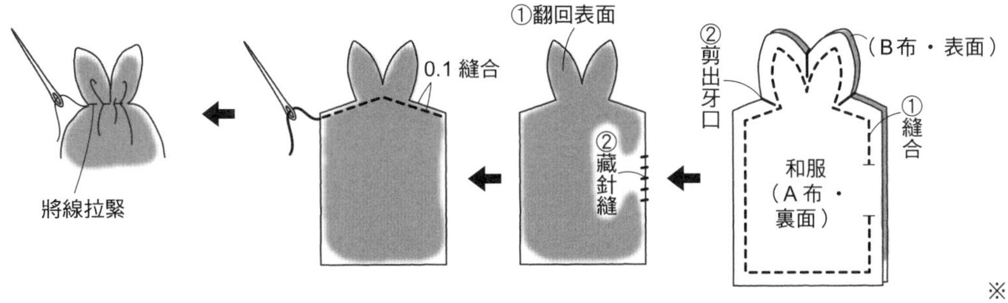
②剪出牙口
（B布・表面）
①縫合
和服（A布・裏面）
①翻回表面
②藏針縫
0.1縫合
將線拉緊

2 頭和身體的製作

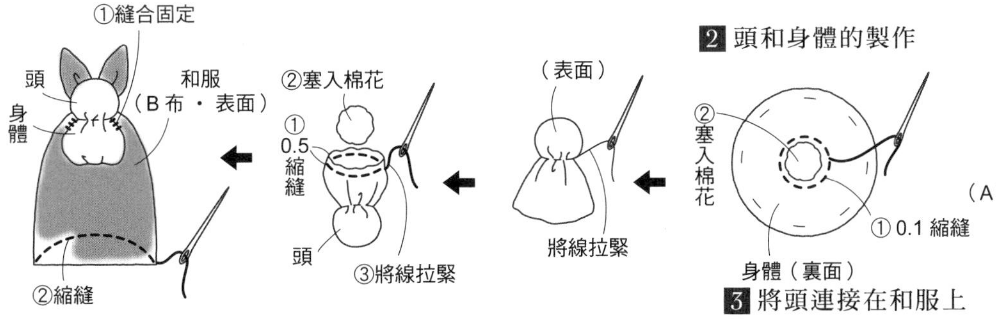
②塞入棉花
①0.1縮縫
身體（裏面）
（表面）
將線拉緊
②塞入棉花
①0.5縮縫
頭
③將線拉緊
①縫合固定
頭
和服（B布・表面）
身體
②縮縫

3 將頭連接在和服上

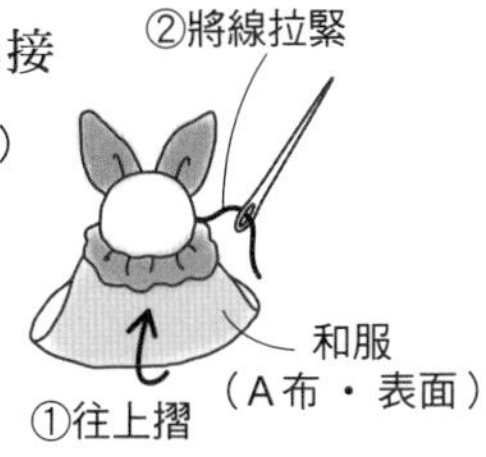
②將線拉緊
①往上摺
和服（A布・表面）

4 袖子的製作、連接

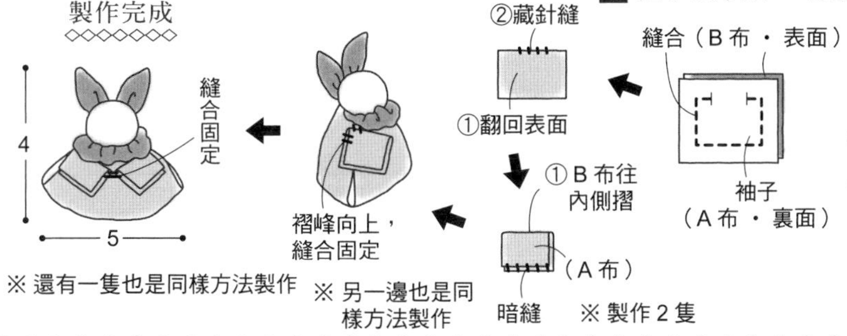
縫合（B布・表面）
袖子（A布・裏面）
②藏針縫
①翻回表面
①B布往內側摺
（A布）
暗縫
※製作2隻
褶峰向上，縫合固定
※另一邊也是同樣方法製作
製作完成
縫合固定
4
5
※還有一隻也是同樣方法製作

19 菱餅材料

A布（縮緬・素色）17.5cm寬2cm
B布・C布（縮緬・素色）
各14cm寬1.5cm
木板（厚3mm）3cm×1.5cm 6片

實物大紙型－B面

本體、側面

準備紙型和縫份尺寸

※不用加縫份

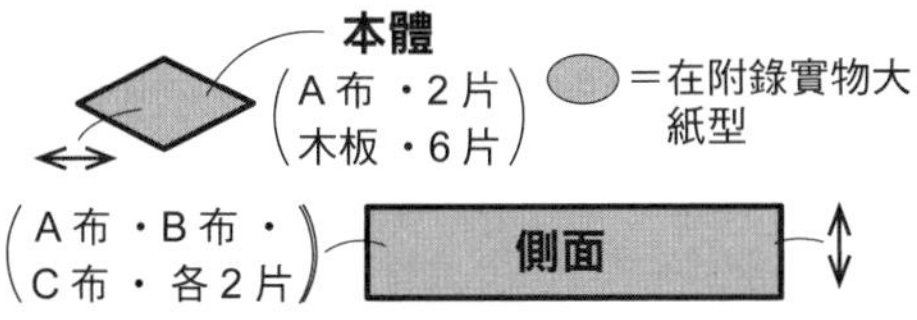
本體
（A布・2片
木板・6片）
=在附錄實物大紙型
（A布・B布・C布・各2片）
側面

製作方法

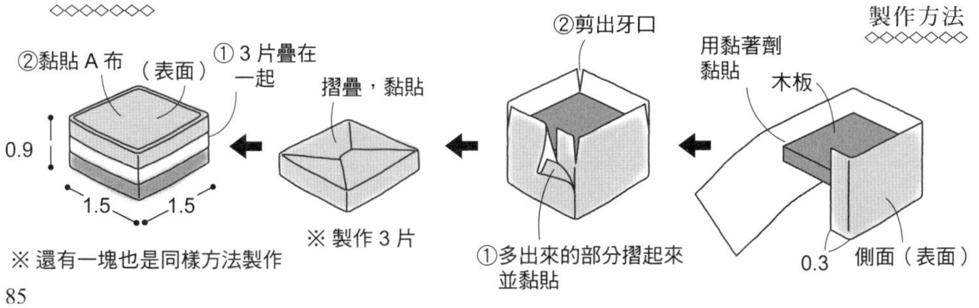
用黏著劑黏貼
木板
0.3
側面（表面）
②剪出牙口
①多出來的部分摺起來並黏貼
摺疊，黏貼
※製作3片
製作完成
②黏貼A布
（表面）
①3片疊在一起
0.9
1.5
1.5
※還有一塊也是同樣方法製作

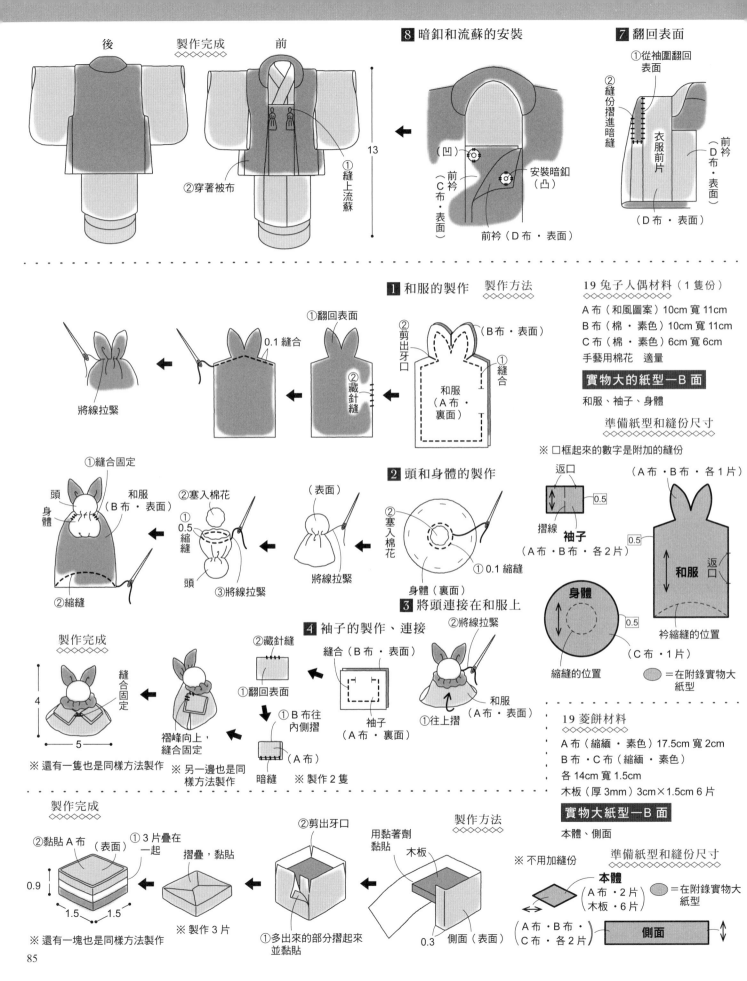

實物的大紙型—B面 毽子板、毽子板ⓐ、毽子板ⓑ、袋口布、袋布、花

準備紙型和縫份尺寸

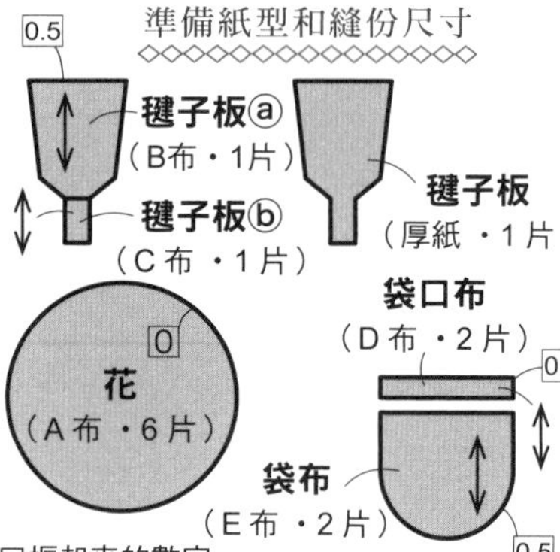

0.5
毽子板ⓐ
（B布・1片）
毽子板
（厚紙・1片）
毽子板ⓑ
（C布・1片）
0
花
（A布・6片）
袋口布
（D布・2片）
0.5
袋布
（E布・2片）
0.5

※口框起來的數字是附加的縫份

（灰色）＝在附錄實物大紙型

製作完成

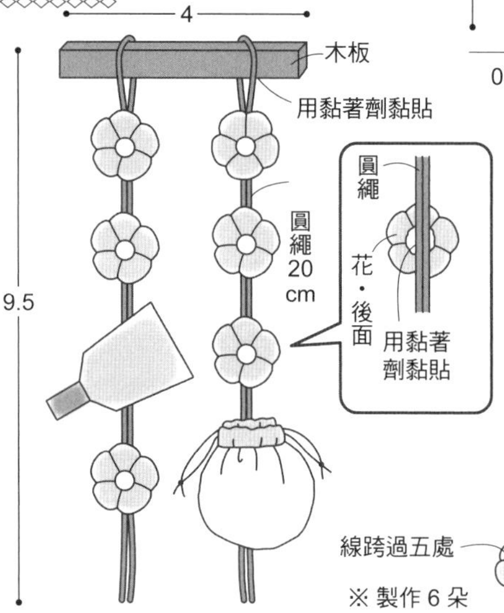

4
木板
用黏著劑黏貼
9.5
圓繩 20 cm
圓繩
花・後面
用黏著劑黏貼

製作方法

毽子板

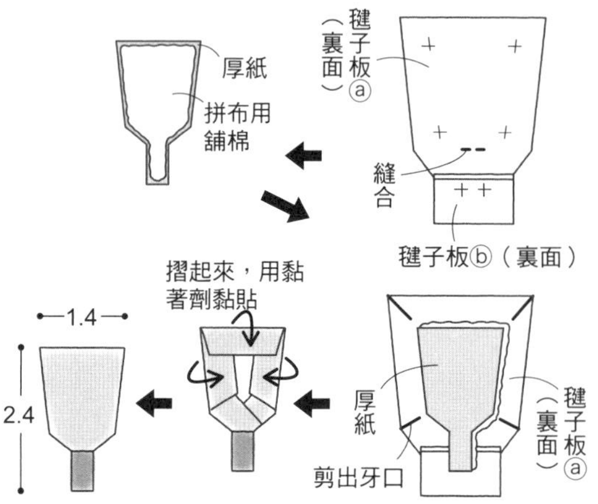

毽子板ⓐ（裏面）
縫合
毽子板ⓑ（裏面）
厚紙
拼布用鋪棉
摺起來，用黏著劑黏貼
1.4
2.4
厚紙
毽子板ⓐ（裏面）
剪出牙口

花

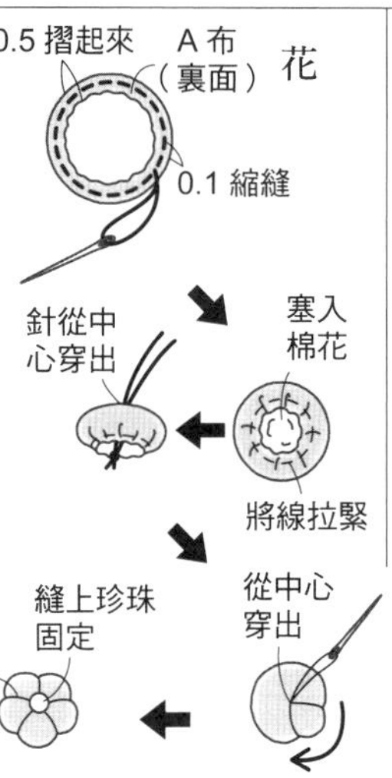

0.5 摺起來
A布（裏面）
0.1 縮縫
針從中心穿出
塞入棉花
將線拉緊
從中心穿出
縫上珍珠固定
線跨過五處
※製作6朵

19 女兒節吊飾材料

花：A布（縮緬・素色）5cm寬5cm 6片
　珍珠（3mm）6顆
　25號刺繡線 30cm
　手藝用棉花　適量

毽子板：B布（和風圖案）3cm寬3cm
　C布（棉・素色）2cm寬2cm
　厚紙、拼布用鋪棉各2cm×3cm

抽繩布袋：D布（縮緬・素色）7cm寬1.5cm
　E布（和風圖案）7cm寬3cm
　25號刺繡線20cm

木板（厚2mm）4cm×0.5cm

繩子（粗1mm）40cm

抽繩布袋

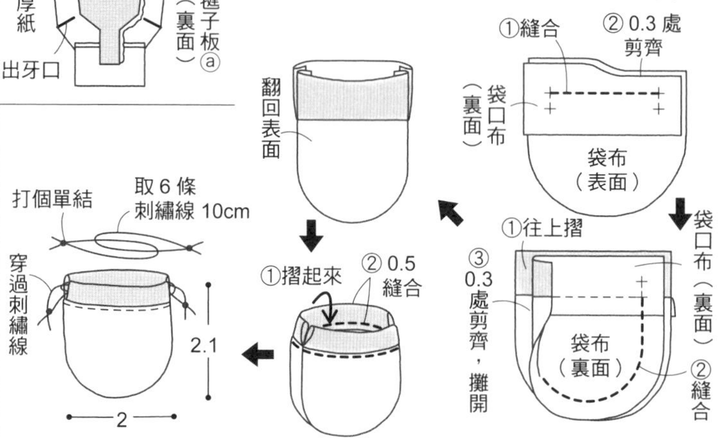

①縫合
② 0.3 處剪齊
袋口布（裏面）
袋布（表面）
①往上摺
③ 0.3 處剪齊，攤開
袋口布（裏面）
袋布（裏面）
②縫合
翻回表面
①摺起來
② 0.5 縫合
打個單結
取6條刺繡線 10cm
穿過刺繡線
2.1
2

完成圖

各個配件和迷你小物均衡地擺設著。
女兒節吊飾的木板用黏著劑黏貼。

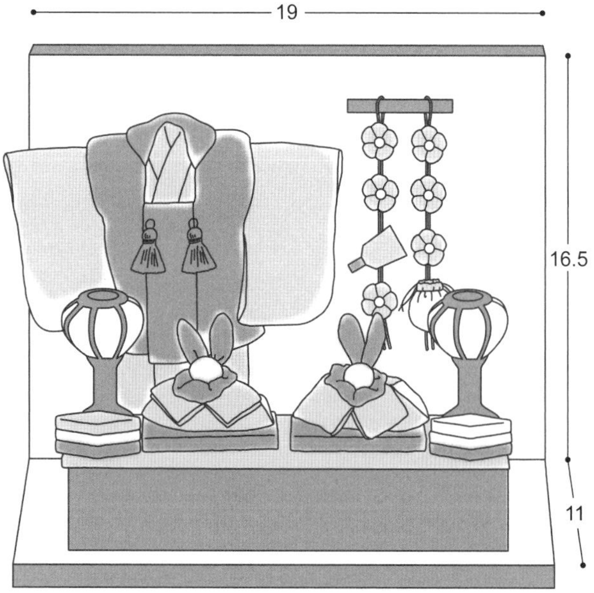

19
16.5
11

19 女兒節人偶展示台材料

A布（縮緬・素色）16cm寬6.5cm

木板（厚0.3cm）4.5cm×3cm 2片

※不用外加黏貼的部分

製圖

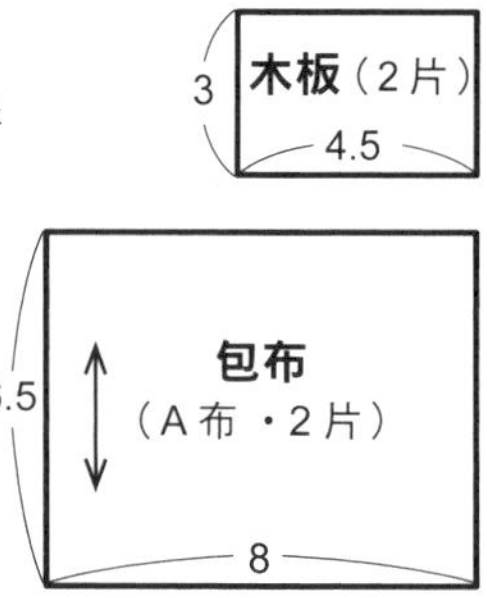

木板（2片）
3
4.5
包布
（A布・2片）
6.5
8

製作方法

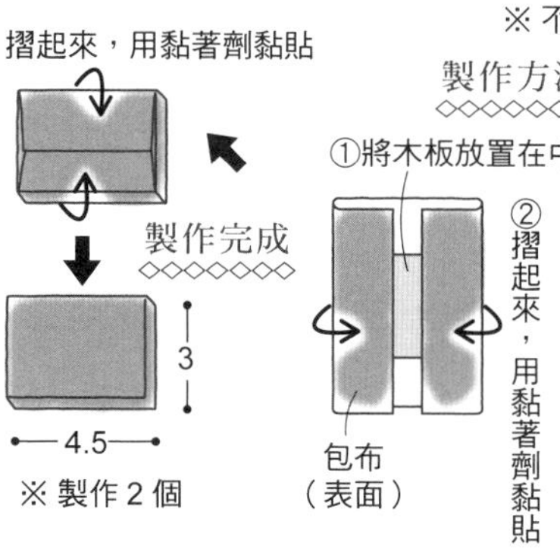

摺起來，用黏著劑黏貼
①將木板放置在中央
②摺起來，用黏著劑黏貼
包布（表面）
製作完成
3
4.5
※製作2個

19 裝飾台材料

木板ⓐ（厚0.3cm）15cm×5cm 1片

木板ⓑ（厚0.3cm）5cm×3cm 2片

木板ⓒ（厚0.3cm）15.6cm×3cm 2片

紅色毛氈布 15.6cm×5cm

製作完成

製作方法

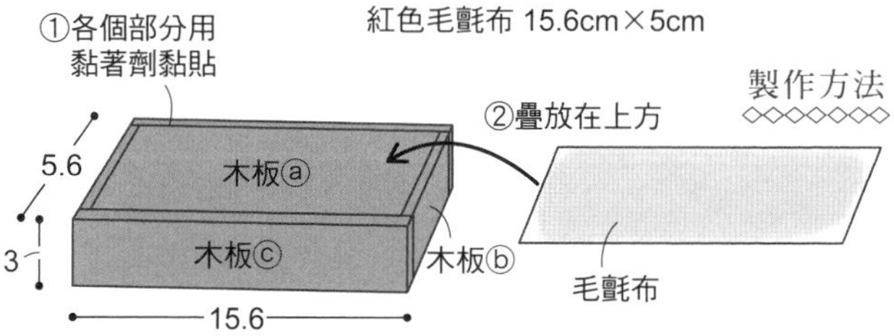

①各個部分用黏著劑黏貼
②疊放在上方
5.6
3
木板ⓐ
木板ⓒ
木板ⓑ
毛氈布
15.6

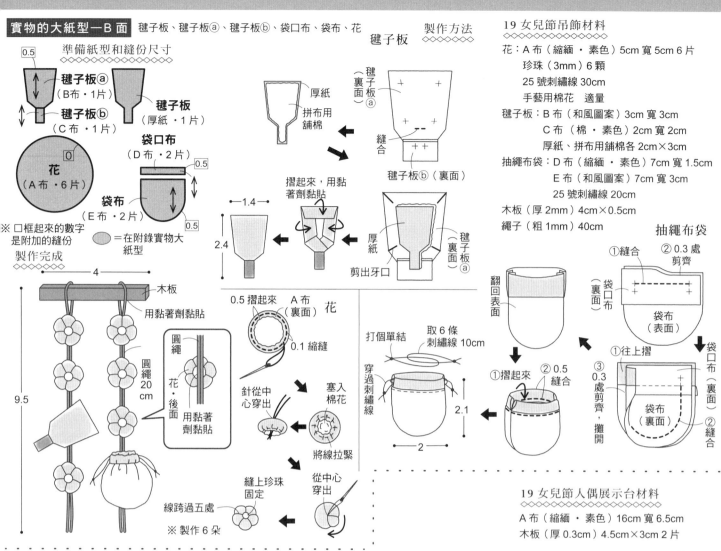

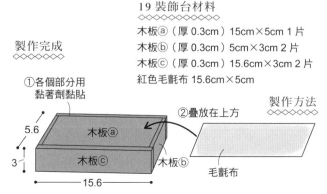

娃娃尺寸

6～43 頁標示著「娃娃可以穿著的」的作品是 22cm 大小的娃娃可以穿著的。請使用附錄實物大紙型裏標示有娃娃尺寸框線的紙型來製作。此時寬度和長度多加 5～8cm。

實物大紙型

附錄實物大紙型裏標記著娃娃尺寸的紙型有外側線（●—●），能做成娃娃尺寸。只有一條線的部分是人台和娃娃共通尺寸。

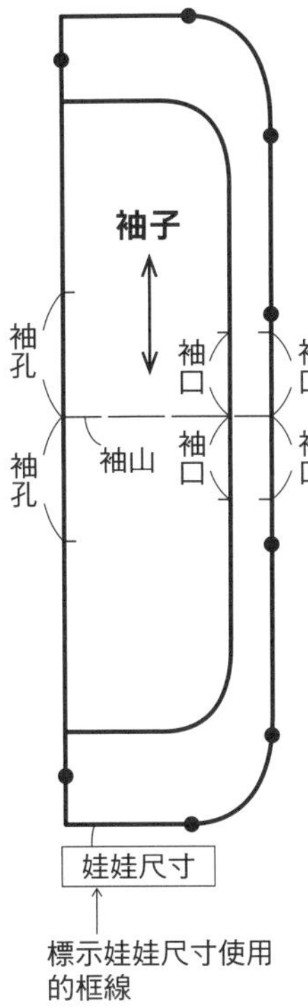

袖子
袖孔
袖口
袖口
袖孔
袖山
袖口
袖口
娃娃尺寸
標示娃娃尺寸使用的框線

製作方法

和服、袴、羽織、圍裙、廚房工作圍裙、腰帶等各個作品的製作方法相同。

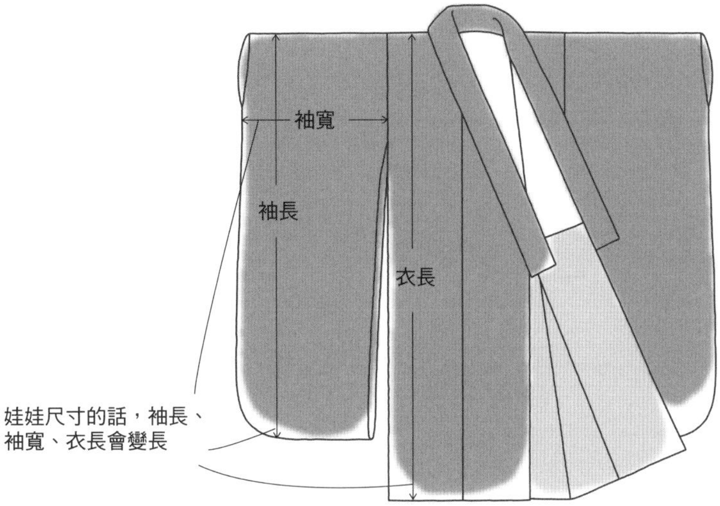

袖寬
袖長
衣長
娃娃尺寸的話，袖長、袖寬、衣長會變長

開始製作之前

＜基本的手縫＞

縫合（平針縫）

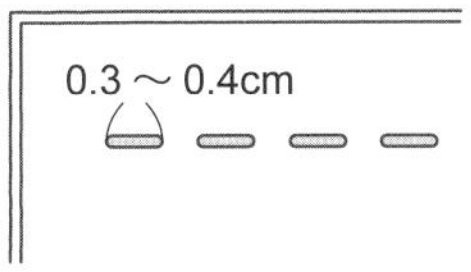

0.3～0.4cm

縮縫

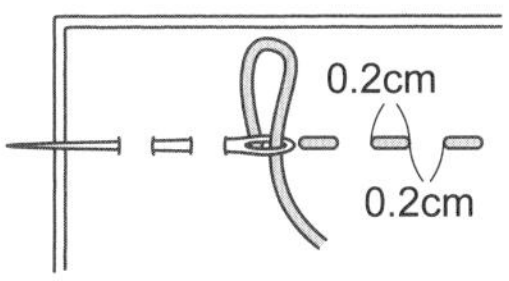

0.2cm
0.2cm

藏針縫

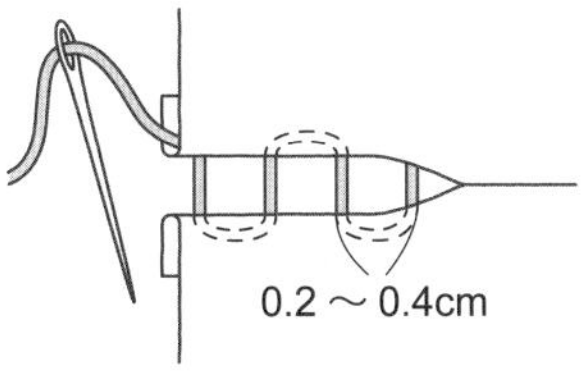

0.2～0.4cm

暗縫

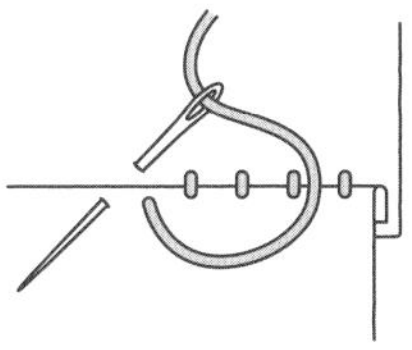

毛邊繡

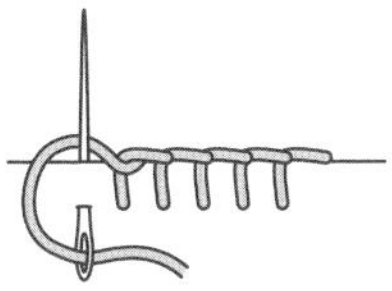

捲針縫

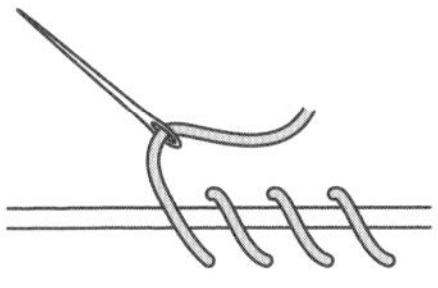

＜縫紉的開始和縫紉的結束＞

1 針回針縫

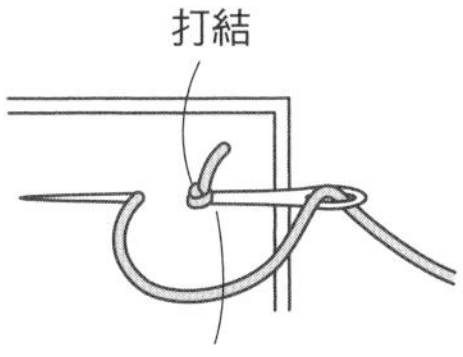

打結
1 針同樣的位置縫紉

＜縫份＞

由於在附加指定的縫份後剪裁下來。縫製後，翻回表面或保持原樣攤開縫份時會有很多種情況，此時剪齊縫份，留下 0.3cm。彎曲或凹陷部分在翻回表面時，在接縫前方 0.1cm 處剪出牙口，可以完美地翻回表面。

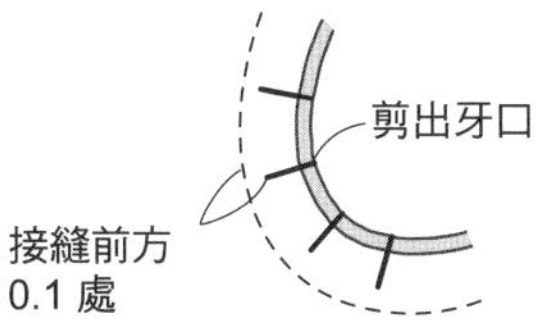

剪出牙口
接縫前方 0.1 處

＜製圖記號＞

完成線	縫紉線	摺線
———	----------	— — —
布紋線	摺疊形的標示	
←→	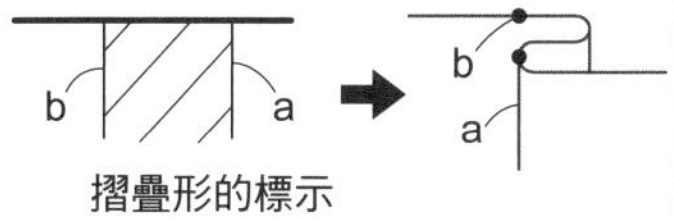b a b a	

＜縫份的指示＞

製作方法頁面的紙型標記著口框起來的數字是附加的縫份。只有一處標記縫份表示周圍全部附加相同的縫份。各邊都有標記縫份表示附加各個指定的縫份。

上、左右各加 1cm 縫份，下方加 1.5cm 縫份

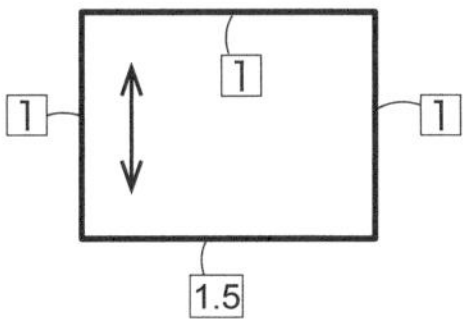

1
1
1
1.5

全部附加 1cm 的縫份

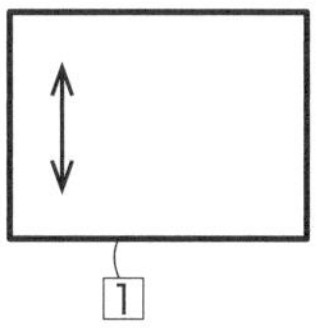

1

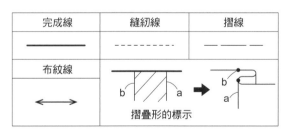

作品製作協力

秋田順子、五十嵐輝子、石井千枝子、內田時江、梅田萬里、加賀惠美子、北村辰子、多賀佐和、溝井和子、村石幸子、柳橋きよみ

STAFF

編輯　井上真實
攝影　小池洋子
　　　久保田あかね
　　　腰塚良彥（作法過程）
書籍設計　牧陽子
企劃　たけうちみわ（trille-biz）
校閱　三城洋子

攝影協力

AWABEES ☎03-5786-1600
UTUWA ☎03-6447-0070

【SHARE ON SNS】

如果製作了這本書刊登的作品，請自由地上傳到如 Instagram、Facebook、Twitter 等社群媒體。各位讀者可以製作看看、穿在人偶身上、當做禮物等，快樂地手作，和大家一起分享吧！加上 hashtag，和你喜歡的用戶聯繫吧！

・ブティック社官方臉書帳號 facebook boutique.official
請搜尋「ブティック社」。請按讚！。

・ブティック社官方 Ins 帳號 Instagram btq_official
hashtag #ブティック社 #ミニチュア着物

・ブティック社官方推特帳號 twitter Boutique_sha
有用的新刊情報隨時 tweet。請愉快地 follow！

讓娃娃也能穿出樂趣滿點
和布一針一針縫製的迷你和服

作　　者 / 秋田廣子
翻　　譯 / 李冠慧
發 行 人 / 陳偉祥
出　　版 / 北星圖書事業股份有限公司
地　　址 / 234 新北市永和區中正路 458 號 B1
電　　話 / 886-2-29229000
傳　　真 / 886-2-29229041
網　　址 / www.nsbooks.com.tw
E-MAIL / nsbook@nsbooks.com.tw
劃撥帳戶 / 北星文化事業有限公司
劃撥帳號 / 50042987
製版印刷 / 皇甫彩藝印刷股份有限公司
出 版 日 / 2019 年 8 月
I S B N / 978-957-9559-11-9
定　　價 / 400 元

國家圖書館出版品預行編目 (CIP) 資料

和布一針一針縫製的迷你和服：讓娃娃也能穿出樂趣滿點 / 秋田廣子作；李冠慧翻譯 . -- 新北市：北星圖書，2019.08
面；　公分
ISBN 978-957-9559-11-9（平裝）

1. 洋娃娃　2. 手工藝

426.78　　108003955

精選推薦

荒木佐和子の紙型教科書　娃娃服の原型、袖子、衣領

ISBN / 9789866399596　作者 / 荒木佐和子　定價 / 350

從最初的款式設計開始思考，透過本書學習正確知識，製作出理想的型紙和漂亮衣裳。單元以「決定設計稿」、「製作原型」、「製作袖子」、「紙型的修飾完成」、「紙型的放大縮小」等詳細解說，卷末更附贈30種原尺寸大的「型紙原型」。

平裝．全彩．94頁．21 x 27.5 cm

荒木佐和子の紙型教科書2　娃娃服の裙子、褲子

ISBN / 9789866399657　作者 / 荒木佐和子　定價 / 350

以深入淺出的大量圖解，替各位說明裙子和褲子的紙型製作技巧，內容雖然專業，但並不複雜，還提供豐富範例、布料特色說明，還大方附贈30款娃娃的基本褲紙型。

平裝．全彩．94頁．21 x 27.5 cm

Y.J.Sarah娃娃服裝裁縫工坊　想要跟著Y.J.Sarah做娃娃服裝和配件

ISBN / 9789579559126　作者 / 崔睿晋　定價 / 650

本書包含了許多專屬於「Y.J. Sarah」的色彩和獨家技巧，從人形娃娃到時尚娃娃、芭比、Neo Blythe小布娃娃以及韓國國產六分娃等。
由於書中收錄的服裝都是以少許的手縫和家用裁縫機製作而成的，因此只要會一點基礎裁縫，不管是誰都可以製作出來。書中附有各式各樣的紙型，可以應用於各種類型的服裝！

平裝．全彩．268頁．18.8 x 25 cm

Radio的娃娃服裝裁縫書

ISBN / 9789866399923　作者 / 崔智恩　定價 / 400

如何精細地使用刺繡、蕾絲及蝴蝶結，如何一絲不苟地處理袖口、縫份、鈕釦等，為了讓初次製作娃娃服裝的各位也能輕易理解，盡可能一步步地做說明。即使是做了一整套的服裝，與其只作為單品來穿，不如跟其他衣服混搭，運用能讓風格自由多變的單品進行搭配。

平裝．全彩．111頁．19 x 25.7 cm

HANON 娃娃服飾縫紉書

ISBN / 9789866399602　作者 / 藤井里美　定價 / 350

形狀雖然簡單，但能製作出理想的外形輪廓為目標。即使是縫紉的初學者，也能夠嘗試挑戰本書的內容。可以添加更多的蕾絲，選擇摩登現代又精簡洗練的暗色調，也可搭配讓人愛不釋手的粉彩色調，將自己喜歡的元素添加其中配合季節變化，使用不同布料，好好地去享受不同的搭配樂趣吧！

平裝・全彩・94頁・19 x 25.7 cm

Dolly bird Taiwan vol.01　新世代人偶娃娃特輯

ISBN / 9789869712392　作者 / Hobby Japan　定價 / 450

新世代娃娃種類很多，有「黏土人偶」、「PICCO NEEMO BOY」、「LIL' FAIRY」、「HARMONIA BLOOM」、「宇宙兔」、「B.M.B CHERRY」、「CHUCHU DOLL」等。以他們的身高比例、身體特徵等進行詳細的解說，另外還有可愛娃娃們的服飾縫製技巧說明。

平裝・全彩・112頁・21 x 30 cm

服裝打版師善英的娃娃服裝打版課

ISBN / 9789866399909　作者 / 俞善英　定價 / 650

從製作簡單且活用度高的基本 T 恤、裙子和褲子開始介紹，作為重點單品的西裝背心、綁帶軟帽、包包、襪子不用說也包含在內，一直到光是用看的就想擁有的夾克、雨衣、風衣都有，為了娃娃遊戲而推薦的最佳選擇！

平裝・全彩・256頁・19 x 26 cm

袖珍人偶娃娃造型服飾裁縫手冊　從基礎入門到應用修改

ISBN / 978989712385　作者 / 関口妙子　定價 / 450

將小巧的洋裝送給娃娃當禮物，並向她們提議說「一起開心地玩吧！」
首先從簡單的手縫開始，熟練後就試著挑戰機縫吧。縫上小領子，加上細緻的裝飾刺繡，也能做出很逼真的洋裝，看上去與大尺寸的洋裝沒兩樣。

平裝・全彩・128頁・19 x 26 cm